全国页岩气资源潜力调查评价
及有利区优选系列丛书

中下扬子及东南地区页岩气
资源调查评价与选区

国土资源部油气资源战略研究中心等／编著

科学出版社
北京

内 容 简 介

本书系"中国重点地区页岩气资源潜力及有利区优选""全国页岩气资源潜力调查评价及有利区优选项目（2010~2013 年）"研究成果，是关于中、下扬子及东南地区页岩气资源潜力与分布状况的首次较系统的总结。全书展示了丰富的基于页岩（油）气勘探和基础研究的第一手资料，并在多学科密切结合的基础上，就中、下扬子及东南地区海相、海陆过渡相及陆相三套主要页岩层系富有机质页岩发育的沉积 - 构造背景、时空分布特征、有机地球化学、岩矿特征、物性、含气性等地质、地化与岩矿条件进行了系统对比、总结，划分了页岩（油）气的有利区带，计算了页岩（油）气的资源量。

本书可供从事非常规油气资源勘探的科研人员、大学教师、研究生阅读。

图书在版编目（CIP）数据

中下扬子及东南地区页岩气资源调查评价与选区 / 国土资源部油气资源战略研究中心等编著. —北京：科学出版社，2017
（全国页岩气资源潜力调查评价及有利区优选系列丛书）
ISBN 978-7-03-050290-2

Ⅰ. ①中… Ⅱ. ①国… Ⅲ. ①油页岩资源－资源调查－中国 Ⅳ. ① TE155
中国版本图书馆 CIP 数据核字（2016）第 255143 号

责任编辑：吴凡洁 刘翠娜 / 责任校对：桂伟利
责任印制：张 倩 / 封面设计：黄华斌

科 学 出 版 社 出版
北京东黄城根北街 16 号
邮政编码：100717
http://www.sciencep.com

中国科学院印刷厂 印刷
科学出版社发行 各地新华书店经销
*
2017 年 1 月第 一 版　　　开本：787×1092 1/16
2017 年 1 月第一次印刷　　　印张：16 1/4
字数：334 000
定价：**168.00 元**
（如有印装质量问题，我社负责调换）

参加编写单位

国土资源部油气资源战略研究中心

中国地质大学（北京）

中国石油大学（北京）

成都理工大学

长江大学

中国石化江汉油田分公司勘探开发研究院

中国石化江苏油田分公司地质科学研究院

中国石化华东分公司石油勘探开发研究院

浙江大学

江西省地质矿产研究中心

江西省地质工程（集团）公司

指导委员会

赵先良　　张大伟　　吴裕根

编 著 者

潘继平　　周东升　　刘小平　　黄　宇　　郭建锋　　何金平
徐国盛　　胡明毅　　胡忠贵　　高玉巧　　陈洪旭　　马若龙
邱小松　　金爱民　　刘建锋　　金　宠　　许林峰　　宋修艳
黄晓伟　　王东升　　张梦萦　　章　伟　　章　亚　　孙雪娇
黄邱贝　　原帅帅　　袁永乐

前言

页岩气成藏机理特殊，成藏条件多样，具有普遍发育、广泛分布的特点。我国古生代地层分布范围广、地层厚度大、有机质含量普遍较高，可作为区域上页岩气勘探研究的重要层系，其中，南方及西北地区页岩气的成藏条件最好、资源量最大。在剖面上可分为古生界和中－新生界两大套特点差异较大的重点层系，中－古生界泥页岩地层厚度大，有机质含量高，有机质热演化程度适中，是页岩气发育最有前景的地区。我国页岩气地质储量大，是值得高度重视且具有广泛勘探意义的非常规油气资源类型。在我国南方最有利的页岩气勘探层位中，扬子地区是最为有利的勘探区域。

中下扬子地区是页岩气发育的良好区域，是开展页岩气研究及勘探开发的重要区域。该地区虽然页岩气基础地质条件良好，但也存在两个方面的问题：一是有机质演化程度普遍较高，二是有些地区后期抬升作用强烈，对已形成气藏的影响和破坏作用明显。本书的研究成果必将对新一轮的页岩气勘探开发起到推动作用，对我国南方地区页岩气勘探与研究具有重要的现实意义。

按照全国页岩气资源调查总体规划，2010年3月国土资源部设立了"中下扬子及东南地区页岩气资源调查评价与选区"子项目，研究期限为2010年3月～2013年3月。本书即是在项目成果报告的基础上总结、提炼而成。

书中依据野外地质调查、参数井钻探、岩心观察、老井复查、典型井解剖、地震资料处理和解释及大量分析测试，采用重点地区解剖与对比分析的方法，综合分析了中下扬子及东南地区海相、海陆过渡相及陆相三套主要页岩层系富有机质页岩发育的沉积－构造背景、时空分布特征、有机地球化学、岩矿特征、物性、含气性等地质、地球化学与岩矿条件，总结了影响页岩气富集的主控因素，认为高热演化与强构造是控制研究区页岩气成藏的两大关键要素；指出湘鄂西地区的震旦系陡山沱组，下寒武统的水井沱组及上奥陶统五峰组—下志留统龙马溪组，下扬子地区的下寒武统荷塘组、幕府山组，上二叠统的龙潭组，赣西北九瑞盆地下寒武统王音铺组，萍乐拗陷的上二叠统乐平组及湘中地区的龙潭组皆具有较好的页岩气形成条件；指出江汉盆地新生界新沟嘴组、潜江组及苏北盆地的中生代泰二段，古近系的阜二段和阜四段具有较好的页岩油形成与聚集条件。

估算了研究区页岩气地质资源量为 $28.79 \times 10^{12} \mathrm{m}^3$，可采资源量为 $5.89 \times 10^{12} \mathrm{m}^3$，页

岩气资源量主要分布在中扬子、下扬子、湘中－湘东南及萍乐拗陷；页岩油地质资源量为 $21.05 \times 10^8 t$，可采储量为 $1.54 \times 10^8 t$，页岩油主要分布在江汉盆地的潜江凹陷、江陵凹陷及苏北盆地的高邮凹陷、金湖凹陷。

同时，优选出页岩气远景区 24 个、有利区 14 个，页岩油有利区 4 个。其中，中扬子页岩气远景区 5 个、有利区 8 个；下扬子远景区 10 个（包括九瑞盆地）、有利区 6 个；湘中地区远景区 3 个；东南地区小盆地远景区 6 个（包括萍乐拗陷）。

另外，作为国土资源部公益项目，很重要的一项任务是根据研究成果向国土资源部提供页岩气有利区招标区块。3 年来，子项目一共提供了安徽南陵、浙江临安、湖北鹤峰、湖北来凤、江西修武、湖南永顺、湖南龙山、湖南保靖等 10 个有利区招标区块，为 2011 年、2012 年国土资源部进行页岩气区块招投标作出了贡献。

"中下扬子及东南地区页岩气资源调查评价与选区"以国土资源部油气资源战略研究中心为负责单位，采取产、学、研相结合开展研究工作。先后有 10 家单位、共计 119 名科研人员参加。参加研究的单位有中国石油化工股份有限公司江汉油田分公司勘探开发研究院、中国石油化工股份有限公司江苏油田分公司地质科学研究院、中国石油化工股份有限公司华东分公司石油勘探开发研究院、中国地质大学（北京）、中国石油大学（北京）、浙江大学、长江大学、成都理工大学、江西省地质矿产开发研究中心及江西省地质工程（集团）公司。主要参加人员有潘继平、周东升、刘小平、徐国盛、胡明毅、高玉巧、楼章华、李尚儒、欧华焕、何金平、黄宇、许林峰、宋修艳、胡忠贵、张梦萦、马若龙、邱小松、黄晓伟、陈洪旭、章伟、王东升、黄邱贝、原帅帅、袁永乐、章亚、孙雪娇、董谦、金爱民、刘建锋、金宠、江林、陶耀鹏等。

本书的编写是集体智慧的结晶。前言、第一章、第二章及第九章由国土资源部油气资源战略研究中心潘继平研究员负责编写；第三章至第六章、第八章由中国地质大学（北京）周东升负责编写；第七章由长江大学胡明毅、中国石油大学（北京）刘小平负责编写；第八章由成都理工大学徐国盛负责编写。王东升、黄邱贝、原帅帅、袁永东等硕士研究生参加了部分图件的清绘工作。全书由潘继平研究员审核、定稿。

中下扬子及东南地区页岩气资源调查评价工作及本书编写工作，得到了国土资源部油气资源战略研究中心赵先良主任、原副主任张大伟、吴裕根副主任、乔德武副总工程师、李玉喜研究员、姜文利博士、李世臻博士等的大力支持与帮助，同时得到了中国工程院康玉柱院士、中国地质调查局油气资源调查中心包书景教授级高工、中国石化石油勘探开发研究院张抗教授级高工、中国石油咨询中心高瑞琪教授级高工、中国石油勘探开发研究院董大忠教授级高工的指导，在此一并表示感谢。

因知识与水平有限，书中难免存在不足之处，敬请批评指正。

作者

2016 年 6 月

目录

第一章

概　　述

第一节　目标与内容

一、工区范围

从区域构造单元上，本书涉及的研究区主要包括中扬子地区、下扬子地区及华夏陆块；从地理行政上，主要包括湖北、湖南、江西、浙江、安徽、江苏及福建、广东、广西九省区（图 1-1）。

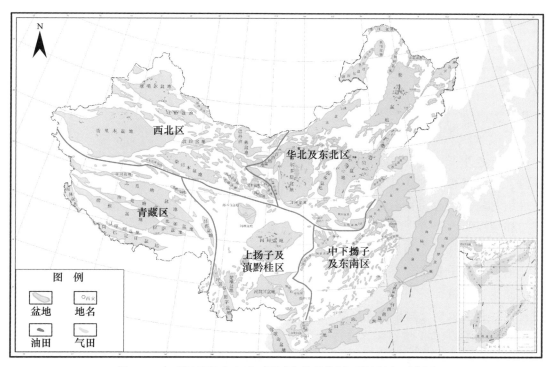

图 1-1　中下扬子及东南地区页岩气资源调查项目研究区范围

其中，中扬子地区主要包括湖北省、湖南省西北部，区域构造上地跨两大构造单元——中扬子地块和华南褶皱系，北以襄广断裂为界，西以湘鄂西地区的花果坪复向斜为界，南以江南隆起为界，属于中扬子地块，而湘中地区、洞庭湖地区属于华南褶皱系，包括江汉盆地、秭归盆地、湘鄂西地区、湘中盆地和洞庭盆地等。

下扬子地区一般指长江下游，被郯庐及江绍两大断裂所分割组成的大型沉积盆地，包括苏北、苏南、皖南、浙西等地区。下扬子地区是我国海相页岩重要分布区，晚震旦世至三叠纪漫长的海相沉积演化中，形成了广泛而巨厚的海相沉积。

东南地区主要包括江西、福建、广东等，区域构造上为主要位于江绍断裂—郴州临武断裂—博白岑溪断裂以东的华夏陆块之上，包括赣西北和闽西南的永梅盆地、浙江的金衢盆地、广东的三水盆地等。

二、目标任务

（一）总体目标

结合研究区已有油气地质研究与勘探成果和资料，通过开展中下扬子及东南地区页岩气（油）资源潜力调查评价和地质研究，掌握富有机质页岩发育的构造背景、沉积相，掌握富有机质页岩发育层段及其时空展布特征，获取页岩有机地球化学、储层和含气（油）性等基本参数，开展页岩气（油）的保存条件研究，研究富有机质页岩含气（油）性特征，计算页岩气（油）资源量，优选出页岩气（油）有利区。

（二）总体任务

主要实施中下扬子及东南地区老井复查、岩心观察描述、野外地质考察、分析测试和实验、地球物理资料处理解释、编图及综合研究等具体工作，具体工作任务体现在以下几个方面。

1. 富有机质页岩时空发育特征分析

通过老井资料复查、地球物理资料重新处理解释、野外地质调查及分析测试化验等手段，研究富有机质页岩发育的构造背景、沉积环境，进一步研究富有机质页岩层系的岩性组合特征，分析富有机质页岩发育层段及其空间展布特征，包括层段、有效厚度、分布和埋深等。

2. 页岩气（油）富集地质条件研究

主要通过分析测试等手段，研究富有机质页岩有机地球化学特征，分析其矿物组成、储集物性特征。同时，通过老井钻井、录井、测井、测试等方面复查，研究其含气性特征。开展页岩气富集主要影响因素分析，特别是保存条件研究。

3. 页岩气（油）保存条件研究

从页岩层系的沉积埋藏史、埋深及上覆岩层、构造位置以及构造运动、火山活动、地下流体活动等多个方面探讨页岩气（油）富集保存条件。

4. 富有机质页岩含气（油）性特征研究

系统研究并进一步丰富重点层位富有机质暗色泥页岩有机质含量及类型、热演化程度等有机地球化学特征参数、岩石矿物组成、孔隙度、渗透率、裂隙及其发育程度等储层物性参数，获取含气性特征参数，并划分含气层段。通过现场解吸实验和等温吸附实验等方法，分析富有机质页岩的含气性特征。

在分析储层物性、岩石矿物类型及含量、有机地球化学参数、泥页岩的吸附和解吸模拟实验的基础上，分析研究区主要页岩层段含气性的影响因素，建立储集物性、矿物含量、地球化学参数与储层含气性之间的对应关系。

5. 页岩气（油）资源潜力评价

在富有机质页岩空间展布特征、有机地球化学特征、储集物性特征、含气（油）性等研究的基础上，开展页岩气（油）资源潜力评价，获取工区内页岩气（油）资源量。

6. 页岩气（油）有利区优选

基于页岩气（油）资源潜力评价结果，结合页岩气（油）富集影响因素和保存条件研究，优选页岩气（油）有利区。

三、工作内容

（一）区域构造与沉积环境分析

在前人成果的基础上，研究中下扬子及东南地区的区域构造背景、构造演化、热事件等，分析不同构造背景下的沉积环境，研究富有机质页岩发育的区域构造背景和有利的沉积相带。

（二）富有机质页岩时空展布特征研究

通过老资料（探井、物探）复查、野外地质调研等，研究整个工区范围内富有机质页岩发育的层位，分析其空间展布特征，包括厚度、埋深、平面分布等。

在下扬子地区，重点研究下寒武统、上二叠统富有机质页岩空间分布，同时兼顾上奥陶统—下志留统海相富有机质页岩和上白垩统泰州组、古近系阜宁组陆相富有机质泥页岩分布特征。

加强泾县—宣城以北、宁镇山脉以南龙潭组富有机质页岩地质特征研究，圈定富有机质页岩分布面积。加强皖南地区北部寒武系页岩地质特征调查与研究。开展下奥陶统宁国组、上奥陶统五峰组、下志留统高家边组、中二叠统孤峰组富有机质页岩地质特征研究，进一步优选有利层位，并开展选区评价。深化皖南宣城地区下寒武统荷塘组富有机质页岩地质特征研究。

在中扬子地区，海相地层以下震旦统陡山沱组、下寒武统水井沱组—天河板组、上奥陶统五峰组—下志留统和湘中地区泥盆系—下石炭统等海相泥页岩为重点层位；陆相地层以下侏罗统和古近系为主。

在东南地区，在对中小盆地初步筛选的基础上，重点研究古生界海相页岩和中、新生界陆相泥页岩。

（三）页岩气富集地质条件研究

通过老井复查、实验分析测试、单井评价及含气性模拟等，研究下扬子地区富有机质页岩有机地球化学、储集物性和含气性特征等页岩气富集的基本地质条件，主要包括有机质类型、TOC、成熟度、矿物组成、储集空间类型、孔隙度、渗透率及含气性等。

在苏北地区，主要通过老井复查和分析测试，重点研究下寒武统幕府山组、上二叠统龙潭组海相富有机质页岩和上白垩统泰州组、古近系阜宁组陆相暗色泥页岩富气地质条件。

在苏南—浙西地区、皖南地区，主要通过宣页1井、长页1井的详细解剖，结合老井复查和野外地质考察，重点研究下寒武统荷塘组、上二叠统龙潭组海相富有机质页岩富气地质条件研究。

在中扬子地区，主要通过老井复查、分析测试和新钻井（建111井、河页1井）的典型解剖，重点分析下寒武统、上奥陶统—下志留统、泥盆系—下石炭统等海相页岩和下侏罗统、古近系陆相暗色泥页岩富气页岩地质条件。

在东南地区，主要通过野外样品的分析测试，结合收集的老井资料，重点分析赣西北地区等下古生界富有机质页岩和广东三水盆地陆相暗色泥页岩富气地质条件。

（四）页岩气富集保存条件综合研究

页岩气富集保存条件是下扬子地区页岩气研究的关键内容，也是影响页岩气富集的关键要素。从以下几个方面综合分析页岩气保存条件。

（1）构造稳定性研究，包括构造演化、后期改造等。

（2）断裂发育、演化及断裂系统分布等。

（3）火山活动及相应的热事件及其对页岩气形成富集的影响。

（4）埋深与上覆封盖层厚度，分析页岩剖面岩性结构特征（顶底板条件分析）。

（5）富有机质页岩生烃史、埋藏史恢复研究。

（6）地下流体地球化学特征分析与水文地质环境研究等，判断地层流体交替活动程度，进而分析其保存性、封闭性。

（五）页岩气资源潜力评价

在页岩气富集地质条件及其影响因素分析，特别是在保存条件综合研究的基础上，参考总项目有关技术要求、标准和规范，探索中下扬子及东南地区页岩气地质评价参数和标准。

采用体积法等，进行主要富有机质页岩的页岩气资源潜力评价，分析其资源丰度和分布特征，初步估算页岩气资源量。

（六）页岩气远景区初步优选

综合富有机质页岩空间展布特征、页岩气富集基本地质条件、保存条件、资源潜力与分布等，参考总项目远景区优选的有关标准和规范，探索建立中下扬子及东南地区页岩气选区标准，在此基础上，初步优选页岩气远景区。针对今后页岩气调查与勘探，对中扬子、苏北、皖南宣城等地区优选的远景区开展初步的地质风险分析。

第二节　组　织　实　施

"中下扬子及东南地区页岩气资源调查评价与选区"子项目由国土资源部油气资源战略研究中心组织，由中国地质大学（北京）、中国石油大学（北京）、浙江大学、成都理工大学、长江大学、中国石油化工股份有限公司（以下简称中国石化）江汉油田分公司勘探开发研究院、中国石化华东分公司石油勘探开发研究院、中国石化江苏油田分公司地质科学研究院、江西省地质矿产开发中心、江西省地质工程（集团）公司 10 家企事业单位联合承担，分工协作，开展中下扬子及东南地区页岩气资源潜力调查评价与选区工作。

一、课题设置

为了充分发挥油田企业和高校各自优势，加强产学研结合，将子项目工作任务划分成五个部分，下设五个课题。具体工作分解如下。

1. 课题一：苏北地区页岩气（油）资源潜力调查评价与选区

研究期限为 2011 年 3 月～2013 年 3 月，由中国石油大学（北京）与中国石化江苏油田分公司地质科学研究院共同完成。主要任务是：在苏北油气田区及邻近地区，通过油气探井资料和区域地质资料收集、分析处理和必要的分析测试等，研究富有机质页岩发育层位、分布、厚度、埋深，获取页岩的有机地球化学、储层和含气性等参数，分析苏北地区页岩气富集的主控因素，计算苏北地区评价页岩气（油）资源潜力，优选页岩气（油）远景区与有利区。

2. 课题二：皖南宣城地区页岩气资源潜力调查评价与选区

研究期限为 2011 年 3 月～2013 年 3 月，由中国石化华东分公司石油勘探开发研究院承担，主要在安徽省南部宣城地区（宣城—宁国—广德区块），通过收集整理已有资料、野外地质调查、钻井和分析测试等工作手段，研究富有机质页岩发育层位、分布、厚度、埋深，获取富有机质页岩有机地球化学、储层和含气性基本参数，评价页岩气资源潜力，初步优选有利区。具体工作任务和部署以该课题设计为准。

3. 课题三：下扬子地区页岩气资源潜力调查评价与选区

研究期限为 2010 年 3 月～2013 年 3 月，由中国地质大学（北京）承担。2010 年调查工区为下扬子地区（不包括矿权登记区），2011～2013 年，进行工区范围调整，但因项目延续性要求，课题名称没有作进一步改动，其工区主要以苏南、皖南、浙西地区为主，通过资料调研、老井复查、野外考察、地球物理资料解释及样品测试，研究富有机质页岩发育层位、分布、厚度、埋深，获取页岩有机地球化学、储层物性和含气性等参数，深化富有质机页岩地质特征及页岩含气性影响因素研究，计算页岩气资源量，优选远景区及有利区。

4. 课题四：中扬子地区页岩气资源潜力调查评价与选区

研究期限为 2011 年 3 月～2013 年 3 月，由中国石化江汉油田分公司勘探开发研究院承担，成都理工大学、长江大学参加，相互协助，共同完成。在中扬子地区及湘中地区，通过收集中扬子地区的基础地质资料和钻井、录井、测井、测试、分析化验等资料，分析页岩气形成的地质条件与富集规律，初步评价页岩气资源潜力，优选页岩气远景区和勘探目标。具体工作任务和部署以该课题设计为准。

5. 课题五：东南地区页岩气资源潜力调查评价与选区

研究期限为 2011 年 3 月～2013 年 3 月，由浙江大学承担，江西省地质矿产开发中心、江西省地质工程（集团）公司参加，协作共同完成。在东南地区（江西、福建、广东），收集、整理区域基础地质资料，实施野外地质调查和剖面实测、分析测试等工作，研究富有机质页岩发育层位、分布面积和埋藏情况，对具有一定面积和埋藏深度的富有机质页岩，进一步研究其厚度和埋深，并获取其有机地球化学、储层等基本参数，初步评价页岩气资源潜力，优选页岩气远景区。具体工作任务和部署以该课题设计为准。

二、具体实施

根据《全国油气资源战略选区项目管理办法》及有关规定，在国土资源部油气资源战略研究中心选区项目的统一组织领导下，按照"全国页岩气资源潜力调查评价及有利区优选"总项目的要求，以国土资源部油气资源战略研究中心（以下简称油气中心）为主，组织中国地质大学（北京）、中国石油大学（北京）、浙江大学、中国石化江汉油田分公司勘探开发研究院、中国石化华东分公司石油勘探开发研究院、中国石化江苏油田分公司地质科学研究院、成都理工大学、长江大学、江西省地质矿产开发中心、江西省地质工程（集团）公司等力量，开展该子项目工作。借助专家力量，对该子项目重大问题及其质量把关，提出建议。具体组织实施上，在 2010 年"下扬子页岩气资源战略调查与选区"子项目工作基础上，通过设置"中扬子地区页岩气资源调查评价与选区""下扬子地区富有机质页岩地质特征与选区""苏北地区页岩气（油）资源潜力调查评价与选区""皖南宣城地区页岩气资源潜力调查评价与选区""东南地区页岩气资源调查评价与选区"五个课题来开展。

（一）组织管理

为使项目高质量、高效率完成，严格执行国土资源部和油气中心有关科研管理的规程、规定和标准。对资料、数据的来源及其适用性进行严格筛选，定期咨询专家咨询组成员意见，及时准确把握项目的目标定位和关键问题。

项目成员组成精干、技术过硬，分工明确，确保研究成果质量。项目充分利用以往油气勘探和基础地质调查资料、研究成果，加强野外地质调查和室内分析测试等实物工作量部署，尽量获取第一手资料数据，确保优选出有利页岩气远景区域。

（二）机构与人员安排

子项目由油气中心研究员潘继平研究员全面负责，下设五个课题，分别由来自中国石化江汉油田分公司勘探开发研究院、中国石化江苏油田分公司地质科学研究院、中国石化华东分公司石油勘探开发研究院、中国地质大学（北京）、中国石油大学（北京）、浙江大学、成都理工大学、长江大学、江西省地质矿产开发中心、江西省地质工程（集团）公司等单位的119名科研人员组成，其中，教授／研究员13人、副教授／高级工程师46人、讲师／工程师／博士后21人、助理工程师9人、博士及硕士研究生30人。研究人员专业涵盖石油地质、沉积储层、构造地质、地球物理等多学科专业，专业匹配合理，年富力强，技术过硬，分工明确，以确保研究成果质量。

（三）质量管理体系

子项目严格执行国土资源部和油气中心有关油气资源战略选区相关管理办法、规定、技术要求和标准。对资料、数据的来源及其适用性进行严格筛选，定期咨询项目专家组成员意见，及时准确把握子项目的目标定位和关键问题，确保子项目质量。加强子项目内部不同课题之间、不同单位之间的协调及分工合作，加强该项目与其他项目之间以及与总项目之间的沟通、交流。

第三节　主　要　成　果

项目组在收集、整理前人研究成果的基础上，通过野外调查、结合室内研究工作，取得了以下主要成果及认识。

（1）分析富有机质泥页岩发育的构造与沉积背景，筛选并确定页岩气（油）的重点地区与层位：中下扬子下寒武统、中二叠统孤峰组、上二叠统龙潭组与大隆组；江汉盆地古近系；苏北盆地中生代、古近系是页岩油重点目标层位。

通过对中下扬子及东南地区盆地演化及区域地层研究，分析富有机质页岩发育的岩相古地理特征，厘定出 10 个研究分区古生代—新生代发育的 21 套富有机质页岩，认为中扬子地区的上震旦统（陡山坨组）—下寒武统（水井沱组）、下扬子地区的下寒武统下荷塘组／幕府山组、上奥陶统五峰组—下志留统高家边组、中二叠统孤峰组、上二叠统龙潭组与大隆组、苏北地区上白垩统泰州组、古近系阜宁组是中下扬子地区富有机质页岩发育的重点层位。

（2）研究富有机质泥页岩的空间发育与分布特征，认为页岩类型多、分布广，不同类型泥页岩有效厚度差别大，以海相页岩为主，且具有分布面积大、单层厚度大等特点。

古生界海相／海陆过渡相富有机质页岩主要分布于中扬子地区的湘鄂西、下扬子地区的苏南—皖南—浙西地区、湘中—湘东南—湘东北地区及赣西北的九瑞盆地。

（3）研究富有机质泥页岩有机地球化学特征，认为海相页岩有机质类型以 Ⅰ 型、Ⅱ 型为主，有机碳含量高，TOC 大于 2.0%，热演化程度高，R_o 普遍大于 3.0%。

中下扬子及东南地区下古生界富有机质页岩有机质丰富，以 Ⅰ 型、Ⅱ 型为主，热演化程度高，上古生界暗色泥页岩有机质丰富，以 Ⅱ 型、Ⅲ 型为主，中–高热演化程度；新生界陆相暗色泥页岩有机质含量较高，中–低热演化程度。总体上，陡山坨组、水井沱组、荷塘组／幕府山组、二叠系页岩分布范围广、厚度大，有机质丰度较五峰组—高家边组高，是主要的页岩气富集层系。陆相中、新生界主要位于江汉盆地及苏北盆地，有机质丰度高，但成熟度总体不高，是页岩油富集的主要层系。

（4）对比分析页岩储层的岩石矿物学特征及孔隙类型，认为海相页岩脆性矿物含量高，发育多类型微孔、微裂隙，储集物性良好，海陆过渡相泥页岩脆性矿物相对偏低，发育原生、次生孔隙，物性较好。

中扬子地区的湘鄂西地区水井沱组与下扬子地区的荷塘组／幕府山组和赣西北地区的王音铺组及观音堂组页岩相比，其显著特点是黏土含量低、碳酸盐岩含量高、石英含量高；对于海陆过渡相的龙潭组，不同地区黏土矿物类型及黏土矿物含量差别不大。

陆相的苏北盆地与江汉盆地岩矿特征基本相似，苏北盆地的泰二段、阜二段、阜四段的石英＋长石＋黄铁矿含量范围分别为 23.3%～37%，黏土矿物含量为 45.5%～56%，碳酸盐岩矿物含量为 7%～21.3%。

古生界页岩储集空间主要分为微孔隙及微裂缝两大类。孔隙度较小，一般小于 2%，大多分布于 0.05%～3.15%，渗透率相对较小，大部分小于 0.02mD [①]。中新生代页岩储集空间以粒间孔、粒内溶孔、粒间溶孔和胶结物内溶孔及微裂缝为主。

（5）开展含气性特征研究，普遍具有较好气显示，实测含气量普遍低于 1.0m³/t，等温吸附实验普遍大于 1.5m³/t，含油率为 0.2%～0.7%。

① 1mD＝0.986923×10⁻¹⁵m²。

中扬子地区海陆过渡相页岩显示较好成气潜力，其中湘中拗陷的湘页 1 井有气流产出并点火成功。等温吸附实验表明，富有机质页岩的吸附气含量均大于 $1.5m^3/t$。

（6）运用体积法初步计算页岩气、页岩油资源潜力，页岩气地质资源量为 $28.78 \times 10^{12}m^3$，可采资源量为 $5.89 \times 10^{12}m^3$；页岩油地质资源量为 21.05×10^8t，可采资源量为 1.55×10^8t。其中，中扬子地区岩气地质资源量为 $13.19 \times 10^{12}m^3$，可采储量为 $2.22 \times 10^{12}m^3$；湘中—湘东南—湘东北地区页岩气地质资源量为 $2.69 \times 10^{12}m^3$，可采储量为 $0.66 \times 10^{12}m^3$；下扬子地区页岩气地质储量为 $11.37 \times 10^{12}m^3$，可采资源量为 $2.88 \times 10^{12}m^3$；东南地区地质资源量为 $1.52 \times 10^{12}m^3$，可采资源量为 $0.12 \times 10^{12}m^3$。

页岩油地质资源量为 21.05×10^8t，可采储量为 1.54×10^8t，主要分布在江汉盆地的潜江凹陷与江陵凹陷以及苏北盆地的高邮凹陷与金湖凹陷。

（7）优选出页岩气 / 油勘探的有利区、远景区。页岩气有利区主要分布于中扬子湘鄂西和湘中地区、下扬子苏北地区、苏南—皖南地区，萍乐凹陷及赣西北的修武 – 九瑞盆地也具有较大的潜力；江汉盆地潜江凹陷和江陵凹陷，以及苏北盆地高邮凹陷和金湖凹陷是页岩油有利区。

参照总项目有关海相、海相过渡相页岩选区标准，结合研究区客观地质条件，采取多参数叠合法，共优选出页岩气远景区 24 个、有利区 14 个；页岩油有利区 4 个。

第二章

研究区页岩气勘探进展

第一节　常规油气勘探

　　中下扬子及东南地区常规油气的产量主要分布于苏北盆地与江汉盆地，截至 2012 年 12 月底，苏北盆地累计探明石油技术可采储量为 $7511.03 \times 10^4 t$，累计生产原油 $4195.51 \times 10^4 t$；江汉盆地累计探明技术可采储量为 $4788.20 \times 10^4 t$，累计产油 $3459.5 \times 10^4 t$。另外，在苏北盆地累计探明凝析油技术可采储量约为 $1.60 \times 10^4 t$，

一、下扬子地区

　　苏北地区在近 60 年的常规油气勘探开发过程中，部署实施了大量地震（包括非地震）及钻探工作。苏北地区目前全区为 1：20 万重磁覆盖，局部地区有高精度非地震勘探工作量，包括高精度航磁（1：5 万、1：10 万）$9151km^2$、高精度重力 $9800km^2$、建场法勘探剖面 9 条 127km、MT（大垱电磁测深）区域大剖面 9 条 816 个物理点、MT 短剖面 12 条 491km、MT 面积测量 80 条 1835 个物理点。针对中古生界实施二维地震 7389.5km，主要分布于苏北盆地东部涟阜、建湖隆起、小海及海安地区；针对古近系实施的三维地震约 $6097km^2$，主要分布于高邮、金湖及海安地区。区内共有探井 1413 口，其中，中古生界探井 201 口，主要分布于真武断层南部断阶带、博镇低凸起、荻垛及滨海地区；古近系探井 1212 口，主要分布于苏北盆地各凹陷的深凹带、内斜坡及断阶带。

　　下扬子地区苏南及邻区海相中古生界领域的常规油气勘探工作已经历了近 60 年历程，开展了大量的油气勘探工作，施工一批物化探、钻井等工作量。完成了全区 1：20 万重磁普查和 1：5 万油气地质大剖面及大地电磁测深剖面（自南东向北西向横穿下扬子地区），完成了 1：20 万遥感及 2 条海相剖面（宁国—广德、石台—贵池）、3 条 1：500 的海相基干剖面、1：5 万区域构造地质剖面、苏南地区 1：20 万重力详查和皖南溧水—南陵地区 1：20 万重力详查。

　　截至目前，下扬子地区实施了 1km×1km～2km×2km 二维地震测网，黄桥地区

5302.86km（包括模拟地震、数字地震、宽线地震等）、三维地震 78.73km^2（一次覆盖）、句容地区二维地震 394.26km。在黄桥地区针对下扬子海相中古生界油气普查勘探累计施工钻井 29 口，油气显示井 22 口。句容地区累计钻探各类探井 87 口，钻达下古生界的深井有 2 口，揭露最老地层为寒武系，其中见油气显示井 63 口。皖南地区实施了皖宁 1、皖宁 2 两口区域地质探井，无地震资料覆盖。通过上述勘探工作，取得了一些油气发现以及大量地面和井下油气显示。超过 60% 的钻井中见到良好的油气显示，包括可燃气、凝析油、轻质油和原油，在黄桥地区发现黄桥大型含烃 CO_2 气田、溪桥浅层氦（He）天然气田和梅垛不整合面（T_g0）油藏，在多口井发现了良好含油气层，试获低产油气流。句容地区在容 2 井、容 3 井分获 5.75t、7.94t（最高日产）工业油流。多口井分别在志留系（S_2f、S_3m）、泥盆系（D_3w）、石炭系（C_2h、C_3c）、二叠系（P_1q）、三叠系和白垩系（K_2p）共八个层位获得少量油流和可燃气（烃类气体）。其中，苏 174 井的二叠系、石炭系、志留系中试获得日产 $20 \times 10^4 \sim 30 \times 10^4 m^3$ 以二氧化碳为主的天然气和轻质油，黄检 1、N9、N4、N6、N5、容 2 井、容 3 井等井均在上古生界试井获低产原油和轻质油。

皖南宣城地区宣城—桐庐区块勘探程度较低。1958～1959 年实施的 1 : 20 万苏南重力详查覆盖该区东北部分地区；2000～2001 年实施的溧水—南陵重力详查覆盖该区东北角。目前区内物探工作有 2010 年完成的 4 条二维地震剖面，长度 330km；钻井资料掌握 3 口，分别为地质探井皖宁 1 井、皖宁 2 井和页岩气探井宣页 1 井。皖宁 1 井位于江南隆起北东端梅林向斜西南翼，于 1983 年 6 月 5 日开钻，开钻层位第四系、上奥陶统于潜组＋黄泥岗组，同年 10 月 1 日完钻，完钻井深 1100.15m，完钻地层为下奥陶统印渚埠组（未穿）。皖宁 2 井位于江南隆起北东端施姑萍背斜北东倾伏部位，于 1983 年 11 月 5 日开钻，开钻层位第四系之下为中寒武统杨柳岗组，1984 年 6 月 2 日完钻，完钻地层为震旦统西尖山组（未穿）。皖南宣城地区区块北部宣城—广德一带有为数众多的二叠系煤田地质钻井，但相关地质和钻井资料尚缺。

二、中扬子地区

中扬子地区油气地质调查、勘探工作始于 1958 年，江汉平原及周缘地区以陆相勘探为主，针对海相油气勘探施工的二维地震 5685km，钻井 14 口，进尺 4.8×10^4m；湘鄂西地区 701.27km，各类钻井 28 口，进尺 8×10^4m；秭归盆地二维地震试验线 128.9km；湘中盆地共完成地震 538km（试验线 66.2km），大地电磁 450km，重力 1127.5km^2。完成钻井 52 口，总进尺 85556.9m；洞庭湖盆地模拟二维地震勘探 4887km，1981 年以前共钻探井 111 口，进尺 13×10^4m，2000 年以后钻探井 2 口，进尺 5628m。多年的勘探积累了较为丰富的钻井、录井、测试、地震、分析化验资料和研究成果。

江汉盆地油气勘探工作始于 1958 年，截至 2010 年年底，已经完成二维地震 46097km，

三维地震 $5275km^2$；钻探井 1590 口，获得工业油流井位 418 口，进尺 348.44×10^4m。共发现新近系广华寺组、古近系潜江组、荆沙组、新沟嘴组和白垩系五套含油层系，探明石油地质储量 15025×10^4t，资源探明率为 28.38%，其中砂岩资源量探明率为 40.1%，盐间资源探明率为 2.2%。

洞庭盆地自 1958 年以来，除 1：20 万地质调查和 1：20 万重力及航磁普查遍及全盆地及周缘地区外，盆地内部地震、钻井工作不多。全盆地共完成地震测线总长 4993km，平均每平方千米仅 0.25km，地震剖面品质普遍较差，多数剖面只能反映古近系部分构造现象，深层反射零星或缺失，这对了解深部构造和研究白垩系及基底，都带来了困难或不确定性。洞庭盆地钻地质浅井 79 口，探井 35 口，共 114 口，总进尺 13.64×10^4m。有 90 余口井钻遇古近系，钻穿古近系的有 46 口井。钻入白垩系厚度大于 500m 的井只有 9 口。盆地边缘有 8 口井钻入前白垩系基底岩系（澧 1、沅 14、沅 19、沅 24、湘深 26、湘深 28、湘深 29、阴 7 井）。在 40 口钻井中见到不同类型、不同程度的油气显示，其中古近系 36 口、白垩系 4 口。

秭归盆地表面地质工作始于 1958 年，全区完成 1：20 万地质填图，在川东、湘鄂西、黄陵背斜东及鄂北地区进行过 1：10 万的地质详查，对宜都、四望山进行过 1：5 万的构造详查。在地球物理勘探方面，湘鄂西地区秭归盆地投入的工作量极少，仅在 2009 年施工试验地震测线 2 条，共计 100.4km，目前尚无钻井。

三、其他地区

除上述地区之外，湘中地区于 20 世纪 60 年代也进行了常规油气的勘探与普查工作，其勘探历程大致分为三个阶段。

第一阶段（1963～1976 年），石油地质调查阶段。这一阶段实测各类剖面总长 492.5km，发现和调查了油气苗 10 余处，沥青点 9 处。

第二阶段（1977～1985 年），石油地质普查阶段。实测地层、构造剖面总长 355.5km，完成重力勘查 $1127.5km^2$（1：5 万）。地震实验剖面 102km，施工各类钻井 48 口，总进尺 60116.63m，其中 29 口井是以地球化学采样和兼顾地下构造为目的部署的，打出了一批气喷井和少量见油井。

第三阶段（1991 年至今），煤成气及浅层天然气勘探阶段。共部署浅井 4 口，其中煤层气探井 2 口，浅层气探井 2 口，总进尺 2606m，均见到了一定成效。

第二节　页岩气勘探进展

截至 2014 年 6 月，中下扬子及东南地区共部署钻探页岩气探井 9 口，其中，中扬子地区钻探了河页 1 井（中国石化）；湘中拗陷钻探了湘页 1 井（中国石化）；下扬子宣城地区钻探了宣页 1 井（中国石化），国土资源部油气资源战略研究中心于 2011 年 2 月在浙西北长兴县钻探了长页 1 井，中国海油于 2014 年 3 月 1 日在芜湖地区钻探了徽页 1 井；浙江国土资源厅委托浙江煤炭地质局于 2014 年在浙西地区分别钻探了淳页 1 井与安页 1 井，江西省在赣西北地区钻探了修页 1 井和丰页 1 井。另外，部分地区开展了地震、测井等物探工作（表 2-1）。

表 2-1　中下扬子及东南地区页岩气勘探完成工作量

地区	井号	进尺 /m	岩心长度 /m	地震	测井
中扬子地区	河页 1	2208			√
湘中拗陷	湘页 1	87.82	81.68		√
下扬子地区	宣页 1	2848.8	179.8	√	√
	长页 1	460.71	434.91		√
	修页 1	447.35	160.25		√
	丰页 1	562			√
	淳页 1				√
	安页 1				√
	徽页 1	3001			√

一、下扬子地区

2010 年中国石化华东分公司在江南隆起梅林向斜南西翼部署宣页 1 井，该井与皖宁 1 井直线距离约 300m，与皖宁 2 井直线距离约 8.3km。该井于 2010 年 5 月 6 日开钻，开钻地层为第四系，之下为下奥陶统宁国组，同年 10 月 22 日完钻，完钻井深 2848.8m，完钻层位为下寒武统荷塘组（未穿）。其中，皖宁 1 井和皖宁 2 井全井段取心，并掌握相关测井、录井、岩心分析化验资料。

2011 年 2 月 25 日，针对上二叠统龙潭组为目的层位，钻探了一口页岩气地质参数井——长页 1 井，它是下扬子皖南—苏南—浙西北地区唯一一口针对二叠系页岩气勘探的参数井。该井位于浙江省长兴县煤山镇，井口坐标为：E119° 41′ 52.95″，N 31° 04′ 27.58″；在构造位置上，它位于浙江长兴的煤山向斜南翼。

2011 年，江苏油田在苏北地区高邮凹陷联东地区联 38 块钻探一口开发井联 38-1 井，于 2011 年 10 月 21 日开钻，2011 年 12 月 30 日完井，完钻井深 3700m，完钻层位 E_1f^4。

2012 年，江西省地质矿产开发研究中心在江西省修水县竹坪乡部署修页 1 井，2012 年 9 月 26 日开钻，10 月 9 日完钻，完井井深 447.35m，完成测井一井次。获取目标层位观音堂组和王音铺组黑色页岩岩心共 160.25m。

2013 年，江西省地质工程（集团）公司在萍乐拗陷丰城地区开展 15km 广域电磁法勘探，在江西省丰城市湖塘乡李广坑村部署丰页 1 井，于 2013 年 1 月 15 日开钻，设计井深 1000m，终孔直径 95mm，目的层位为上二叠统乐平组，终孔层位为中二叠统南岗组。

二、中扬子地区

2010 年，江汉油田在中扬子湘鄂西褶断带花果坪复向斜新塘向斜轴部部署的参数井——河页 1 井于 10 月 1 日开钻，11 月 22 日完钻，设计井深 2100m，完钻井深 2208m，完钻层位为奥陶系宝塔组。

江汉油田在潜江凹陷部署页岩油井 5 口（潜页平 2 井、王云 15 井、潭 HF3-1 井、新 1171 井、新 1-1HF 井），其中，王云 15 井、新 1171 井为针对页岩油钻探的直井，潜页平 2 井与潭 HF3-1 井、新 1-1HF 井为针对页岩油钻探的水平井。

三、其他地区

2011 年，中国石化华东分公司在湘中拗陷涟源凹陷桥头河向斜中部部署页岩气参数井——湘页 1 井，位于湖南省娄底市涟源市桥头河镇白刘村西南方向 1000m 处。该井于 2011 年 5 月开钻，同年 10 月完钻，井深 2068m。目的层位是上二叠统大龙组—龙潭组、下石炭统测水组。该井自上而下揭示的地层依次为：新生界第四系（Qd）、三叠系下统大冶组（T_1d）、二叠系上统大隆组（P_2d）、二叠系上统龙潭组（P_3l）、二叠系下统茅口组（P_1m）、二叠系下统栖霞组（P_1q）、石炭系上统船山组（C_3c）、石炭系中统黄龙组（C_2h）、石炭系下统梓门桥组（C_1d_3）。通过钻探，进一步补充、完善了桥头河向斜梓门桥组（C_1d_3，未穿）及其以上地层的地质剖面，了解了地层发育、保存情况和岩性、岩相特征，特别是更了解了大隆组的页岩发育、展布情况。

第三章

页岩发育地质背景

大地构造演化过程，是指在复杂的深部地球动力学机制的控制下，地壳不断运动而又分阶段发展的过程。大地构造环境演化控制着沉积盆地的形成和演化，不同构造发展阶段产生不同性质的沉积盆地。对于页岩（油）气资源，沉积盆地的性质、类型与演化特征直接控制着页岩的时空展布和发育条件，关系着页岩（油）气的生成、储集与保存，甚至决定了页岩气开采过程中的技术要素。

中国南方构造发展演化的外部因素是特提斯洋内的地块、块体，在劳亚大陆、冈瓦纳大陆、古太平洋等周缘构造单元活动的控制下，发生、发展和演化，形成三维空间内的极复杂镶嵌结构。中国南方构造发展演化的内部因素，是特提斯洋中的地块和块体、小洋盆本身特有的壳幔结构，具有复杂的成层性和断块性，导致不同构造环境下发生不同的动力学过程。

第一节　区域构造背景

中国南方现位于亚欧板块东南缘，大地构造结构多样、演化复杂，前震旦系基底形成于格林威尔造山运动之后，是从罗迪尼亚大陆分裂出的多个洋中碎块，具有结晶和褶皱双重基底。扬子板块结晶基底主要形成于新太古代—古元古代。南华纪以来，扬子板块、华南褶皱系及华夏陆块三大构造单元，经历了加里东期、海西期、印支期、燕山期和喜马拉雅期等多期多次构造运动及板块间的相互作用，形成了被动大陆边缘、前陆盆地、克拉通拗陷盆地以及陆内断陷等多种类型的沉积盆地，沉积了海相、海陆过渡相及陆相三套地层，不同时代、不同类型的沉积地层皆发育了富有机质页岩。

一、中扬子地区及邻区

中扬子地块介于襄广断裂和江南断裂之间（图 3-1），是扬子板块的一个构造单元，晚太古代—晚元古代基底形成，晋宁运动使地块由地槽构造向地台构造转化，中三叠世末期的安源运动，使长期稳定沉降的地台构造体制，转化为后地台阶段的环太平洋板块构造体制。中扬子先后经历了加里东期、海西期、印支期、燕山期以及喜马拉雅期等大型构造运动，沉积了震旦系—侏罗系厚达万米的海相地层。在不同时期发育不同类型的沉积盆地：震旦纪—早奥陶世发育被动大陆边缘盆地，中晚奥陶世—志留纪为前陆盆地，泥盆纪—中三叠世为克拉通拗陷盆地，晚三叠世—侏罗纪发育前陆盆地，白垩纪—古近纪为陆内断陷盆地，不同时代沉积盆地的发展均从早期广泛沉降、海侵开始，以晚期大规模的隆升海退萎缩、消亡，纵向上具有多旋回沉积的特点（图3-2、图3-3）。

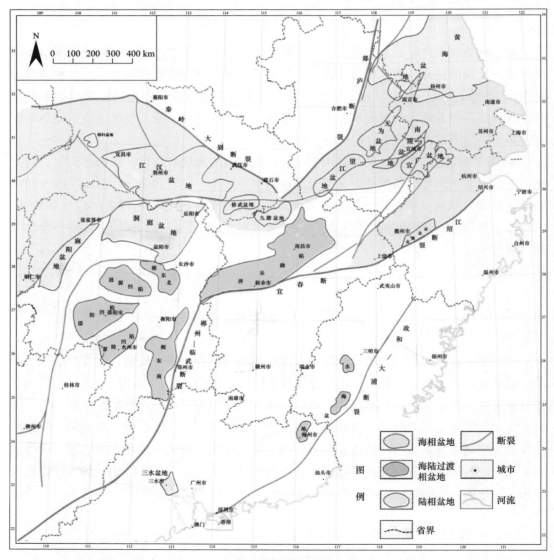

图 3-1　中下扬子及东南地区构造位置及沉积盆地分布图

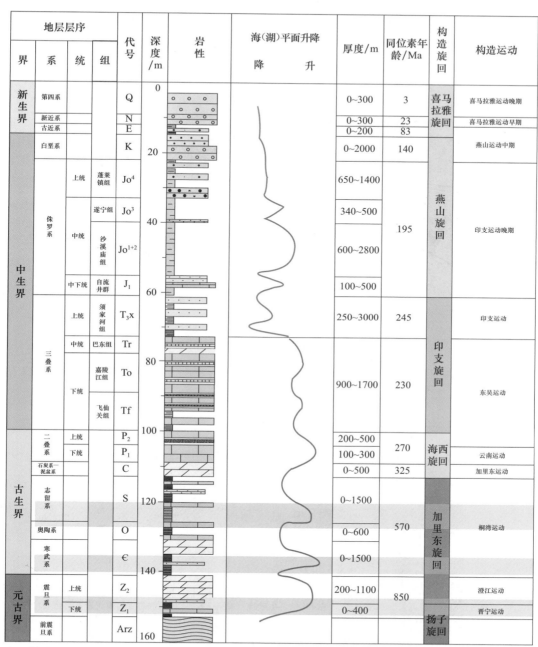

图 3-2 中扬子地区构造-沉积演化柱状图及页岩重点发育层位分布

中扬子地块的构造–沉积演化大致经历了以下几个阶段。

1）基底形成阶段

中扬子陆壳的形成以晚太古代江汉微型陆核为基础，在中、晚元古代通过南北陆缘

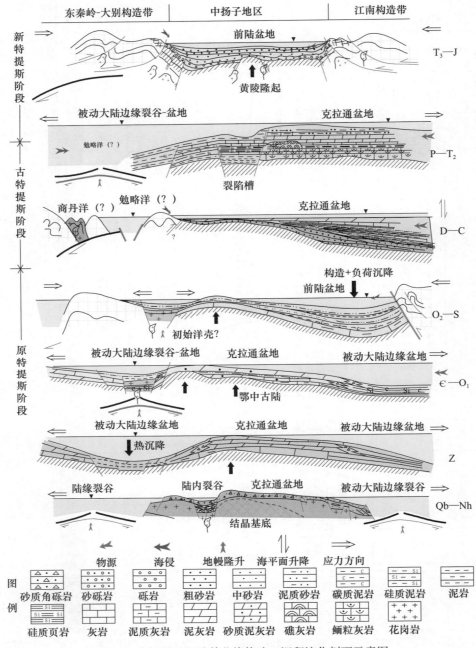

图 3-3　中扬子地区及其北缘构造 – 沉积演化剖面示意图

带多期沉降、褶皱固结作用形成。

2）地台发育阶段

距今 10 亿~8 亿年的晋宁运动是中扬子构造体制大转变的重要事件，即由地槽转化为地台。之后，自震旦纪至中三叠世，形成总厚度为 6000～10000m 以海相碳酸盐岩沉积为主的地台型沉积建造。

（1）震旦纪—加里东期沉积旋回。晋宁运动区域陆壳变质基底形成以后，中扬子南、北缘均处于以拉张为主的构造环境，发育成被动大陆边缘，形成了南、北缘深水陆架盆地。晚震旦世—早奥陶世，随着华南海域的不断扩张，中扬子地块广泛沉陷，接受了 2000～4000m 的浅海碳酸盐岩为主的沉积。晚奥陶世末，地壳一度短暂隆升，造成一些地方的观音桥组遭受剥蚀，志留系自下而上为一变浅序列，由盆地相—陆棚相—滨海相的陆源碎屑组成，代表造山期的残留盆地，因此中扬子总体上属于浅水陆架盆地类型。

（2）海西期—早印支期沉积旋回。加里东运动以后，扬子和华南联合成统一的陆块，称华南陆块。泥盆纪—早石炭世，华南陆块南部发生微裂陷，北部陆缘出现强烈扩张裂谷，晚石炭世—二叠纪华南陆块以区域稳定沉降作用为主，早三叠世—中三叠世南北陆陆发生碰撞褶皱造山构造运动。海西期—早印支期，中扬子区内继续接受以浅海碳酸盐岩为主的沉积，并有一定的分隔性，北部为北大巴山裂谷沉积盆地，中部为大型浅海台地型沉积盆地，南部为湘赣裂谷沉积盆地。

3）后地台改造阶段

中三叠世末期的安源运动，是中扬子地区构造发展史上一次重大的变格运动，它使南、北陆间海槽关闭，发生陆陆碰撞、陆内俯冲活动；使中扬子地区由长期稳定沉降的地台构造体制转化为后地台阶段的环太平洋板块构造体制；使全区结束海相沉积，进入中国板块形成演化的新阶段。随后相继发生的燕山期—喜马拉雅运动，对早期地台沉积有不同程度的改造。燕山早、中期各幕运动对先期构造的改造方式，主要表现为挤压或压扭性的形变特征，燕山晚期—喜马拉雅运动对先期构造的改造，则以张扭性形变为主。空间上，中扬子地区可分为三种类型，即相对稳定区（石柱—万县地区）、后期裂陷沉降区（江汉平原腹地）和后期强烈褶皱隆起区（湘鄂西褶皱区）。

中扬子地块现今地貌类型复杂多样，以山地为主，兼备丘陵、岗地和平原。构造上可划分为江汉平原和湘鄂西地区。邻区包括鄂东盆地和麻阳盆地。鄂东盆地位于中扬子前陆盆地东缘，北邻秦岭－大别碰撞带，南至绍兴－武功山－十万大山拼合带，在盆地级别上属于中扬子前陆盆地的次一级盆地，是印支期—燕山期以来以挤压推覆形成的前陆盆地。麻阳盆地属于江南古陆上的内部坳陷，盆地呈北东向延伸（图 3-1）。

（一）江汉盆地

伴随古生代沉积相变小，中扬子地块形成整体沉陷的克拉通盆地，燕山运动中改造强烈。晚白垩世—古近纪，强烈伸展形成独立的江汉盆地。

江汉盆地位于中扬子准地台的东部，北邻秦岭－大别构造带，南接华南造山带。晚侏罗世—早中白垩世，华南地区在扬子范围内形成各自封闭的陆相盆地，江汉盆地作为造山、造盆过程中的产物，形成于晚燕山期—喜马拉雅期，在区域伸展构造环境下，形成江汉白垩系—古近系和新近系陆相断陷盆地。

1. 白垩纪—古新世的早期断陷阶段

早白垩世起，盆地发生初始沉降作用，以江汉平原—宜昌一带沉降最快，形成一套以湖相红色砾岩为主的磨拉石建造。早白垩世中、晚期，江汉平原地区率先沿早期逆断层、剪切断层等发生张性活动而引发断陷，初步形成江汉盆地箕状断陷的格局。

晚白垩世，断陷活动范围和强度进一步增加，尤其是中部地区的江汉盆地，断陷强烈，沉积环境燥热，沉积了内陆河湖相以红色为主的砂泥岩建造，沉积厚度最大可达1000m以上。周缘的褶皱山地，早期的逆冲断裂也相继发生张性活动而断陷，鄂北地区形成一系列北西向条带状展布的半地堑式、地堑式盆地，如远安地堑、荆门地堑等。

晚白垩世末—古新世时期，强烈的断陷活动出现短时间歇，盆地逐渐萎缩，除江汉盆地扔在接受充填式沉积（沙市组）外，周缘众多山间盆地相继消亡。

2. 始新世—渐新世早期大规模的断陷阶段

进入古近纪始新世早期，区域拉张作用增强，盆地中部广泛发育规模较大的北东—北北东向张性断裂，并与前期的北西向、东西向张性断裂相互截切，形成数个大小各异的菱形断块。在强烈的块断作用下，江汉盆地进一步发展，被分割成"十一凹"和条带状展布的"六凸"构造格局，凹陷区沉积了厚度近万米的盐湖盆相含盐砂泥岩，并发育丰富的烃源岩。进入渐新世早期，大规模的伸展作用再次出现间歇，湖盆逐渐萎缩，江汉盆地伸展期的张性构造格局趋于定型。

3. 渐新世末—第四纪张性盆地的消亡、隆升阶段

渐新世荆河镇组沉积末期，盆地整体抬升遭受强烈剥蚀，古近纪—第四纪，在区域拗陷背景下，接受了河湖、沼泽相沉积，形成新近系和古近系间的不整合接触关系。其后在区域隆升构造背景下，发生褶皱运动，造成江汉盆地的进一步萎缩，直至消亡，而晚燕山期—喜马拉雅旋回的成盆作用及拉张盆地的发展演化历史也宣告结束。

（二）秭归盆地

秭归盆地处于扬子地块中部，属扬子克拉通的一部分，南与宜都–鹤峰复背斜相接，北与神农架复背斜相接，东为黄陵隆起，向西以巴东–奉节构造带与川东构造带相接（图3-4）。

南华纪—早奥陶世，扬子克拉通盆地受伸展和热沉降影响，形成拗陷盆地，中奥陶世—志留纪，拗陷盆地受挤压影响。志留纪末至早泥盆世初，扬子板块与华夏板块碰撞成统一的南方板块。中泥盆世晚期开始，秭归地区发育与裂谷作用有关的克拉通盆地；中二叠世开始受热沉降影响，发育克拉通盆地，二叠纪中晚期具有时间不长的挤压和伸展背景；中三叠世开始受特提斯构造域挤压和汇聚作用的影响，印支早幕运动（中三叠世中晚期）形成的隆拗相间的构造导致秭归地区东部成为相对古地理高（黄陵古隆的一部分）。在晚三叠世—早白垩世时期，扬子板块与华北板块碰撞的持续幕式挤压，使包

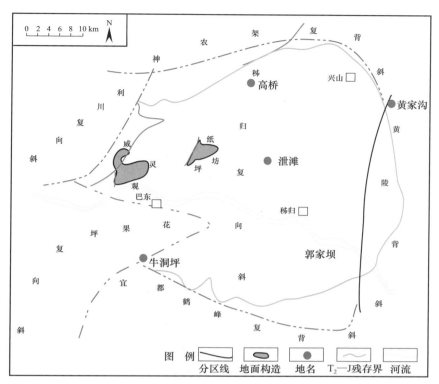

图 3-4　秭归盆地位置图

括秭归地区在内的广大地区形成了由逆冲断裂、褶皱等一系列相关联的构造组成的大洪山、大巴山两个明显的弧形构造带；由于黄陵隆起和神农架古老基底的屏蔽作用以及远离作用边界，秭归地区未遭受来自北、北东和东的强烈挤压作用，仅仅发育了低幅度的褶皱构造，早燕山期的这种构造改造作用奠定了秭归地区的构造格架。燕山晚期秭归地区及周缘均处于伸展作用状态，由于燕山晚期边界作用和莫霍面起伏的联合作用，秭归地区是一个弱伸展作用区。在喜马拉雅期挤压背景下，秭归地区总体隆升剥蚀，该区仍然是一个弱作用区。现今秭归地区表现为复式向斜，核部为上侏罗统蓬莱镇组红色岩系，产状平缓，一般为 $10°\sim20°$。两翼由上三叠统沙溪镇组—上侏罗统遂宁组组成，呈环带状沿盆地四周分布，向中心倾斜。褶皱东翼较狭窄，宽 $7\sim10$km，倾角为 $30°\sim50°$；西翼较宽，最宽处超过 25km，倾角变化大。受西部东西向褶皱的影响，在该构造盆地的西部与东西向褶皱交接，形成一些次一级的小型复式褶皱。同时在地区腹部亦不排除发育复式背斜的可能。

（三）洞庭盆地

白垩纪—新近纪，西太平洋板块向亚洲大陆俯冲，造成壳幔再度调整，深部地幔挤压和浅层地壳拉张，两种应力场背景之下，洞庭盆地逐渐发展起来，形成断陷－拗陷型内陆沉积盆地，从晚始新世以后洞庭盆地抬升较早并逐渐萎缩至消亡。盆地北面以华容隆起与江汉盆地分隔，盆内分为三凸、四凹 7 个次级构造单元（图 3-5）。

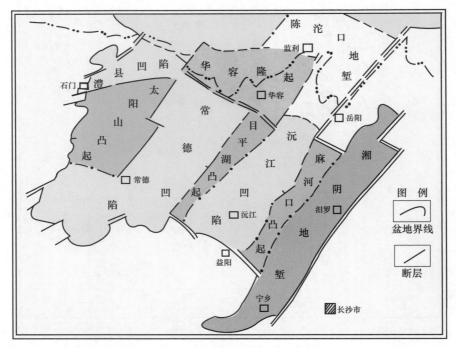

图 3-5　洞庭盆地构造单元划分图

洞庭盆地经历两个断陷－拗陷发展过程。中白垩世断陷阶段，盆地处于分割状态，主要在各负向单元内有沉积填充。晚白垩世拗陷阶段，产生大范围的超覆沉积，白垩系地层在盆地广泛分布，其中湘阴地堑沉积最厚，白垩纪末期发生的燕山运动晚幕，湖盆地抬升遭受剥蚀，结束白垩系沉积。洞庭盆地第二个断陷－拗陷构造旋回发生在古近纪，早古新世，盆地被分割解体，沉积范围较小，形成多个小型湖盆。晚古新世湖盆逐渐扩大，至早始新世沉江期，湖盆扩至最大，水体最深，是主要的泥页岩发育期。中始新世—晚始新世，洞庭盆地开始缓慢隆升，晚始新世新河口期，盆地继续隆升，湖盆继续萎缩；新河口后期，受喜马拉雅运动的影响，洞庭盆地全面抬升，从而结束了古近纪的沉积。

二、下扬子地区

下扬子地区一般系指长江下游，被郯城－庐江及江山－绍兴两大断裂所分割组成的大型沉积盆地。下扬子盆地呈北东—南西向展布，东北部是南黄海、东海海域，西南部和中扬子地区区相连，西北部分别以连云港断裂—黄梅断裂—郯庐断裂为界与华北板块相连；东南部以绍兴－江山断裂为界与华南板块相邻，在构造上属于扬子板块的一部分。

但是也有学者存在不同观点，认为下扬子地区在古特提斯洋演化阶段（泥盆纪—三叠纪）可能是独立于华北和扬子板块之外的一个构造单元，晚印支期楔入华北、扬子地块间，晚侏罗世—早白垩世时因苏鲁洋的削减闭合而与华北地块（东南部的胶辽地块）发生碰撞。

　　根据沉积建造和构造特征差异，下扬子内部可以分为苏北斜坡带、南京拗陷、江南隆起、钱塘拗陷四个不同性质的构造单元（图 3-6）。海相中、古生界是下扬子地区主要油气勘探远景区。

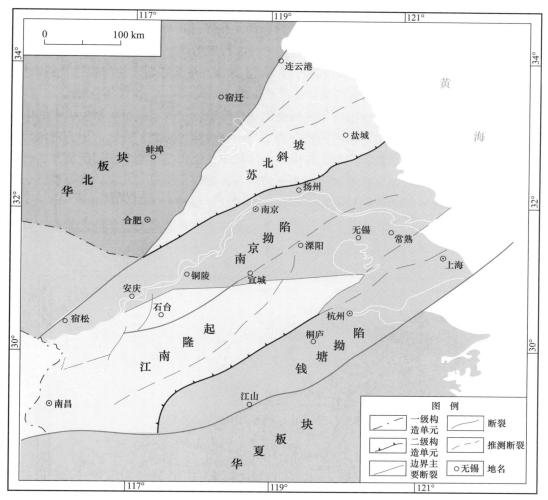

图 3-6　下扬子地区构造单元划分

　　盆地自晚震旦世形成至早三叠世解体，经历了 7 亿年的漫长历史演化，可划分为三个阶段：印支运动前为平稳沉降阶段；印支期—燕山中期为挤压推覆阶段；晚燕山期—喜马拉雅期为拉张裂陷阶段，此阶段为大型断陷 – 拗陷复合盆地发育。现今，印支期—

燕山期挤压推覆造成上古生界地层剥蚀殆尽，多数地区为下志留统覆盖。下志留统高家边组为主要滑脱层，处于滑脱面之下的早古生代早期寒武纪—奥陶纪地层构造形变较弱，保存较好。

1. 印支运动前平稳沉降阶段

震旦纪—三叠纪时下扬子地区构造环境比较稳定，以振荡运动为特征，属于连续沉积的陆缘海和陆表海，极少火山活动。加里东期、海西期等构造作用平稳，构造形成简单、平稳，以隆拗构造格局为特征。

2. 印支期—燕山中期挤压推覆阶段

三叠纪末，扬子板块与华北板块相拼接，使下扬子地区隆起造山，形成冲褶构造，这是古生代以来，下扬子地区遭受的最强烈的一次构造运动，强烈的隆升、推覆造山使中、古生界遭受错断、走滑、褶曲和侵蚀。大量地表、井下和邻区地球物理资料表明，下扬子地区上古生界发育较大规模的冲断推覆构造。

由于晚三叠世末的扬子板块与华北板块的拼接运动，在地层接触关系上表现为中下侏罗统象山群与下伏老地层之间的不整合和平行不整合两种形式。在栖霞山、南象山等盆地边缘地区表现为不整合。例如，在南象山采坑中，象山群不整合于岩层陡立的栖霞组灰岩之上，灰岩接触处发育不规则的喀斯特溶洞；栖霞山梅墓村北象山群不整合于龙潭组之上，龙潭组砂岩构成倒转背斜，而象山群产状平缓，变为明显的角度不整合（图3-7）。浙江长兴温塘一带，见中下侏罗统角度不整合于青龙群之上，这些都表明印支期存在强烈的构造活动。

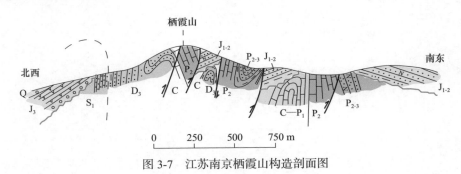

图 3-7　江苏南京栖霞山构造剖面图

3. 燕山晚期—喜马拉雅期拉张裂陷阶段

晚白垩纪—古近纪时，下扬子地区应力场由原来的挤压转变为南东—北西向的拉张，表现为整体下降，广泛接受晚白垩世沉积，该阶段构造活动较强，除使中新生代陆相地层形成北北东向以箕状凹陷和潜山凸起为特征的构造格局外，还对中古生界冲褶构造进一步改造，使其更加复杂化。"箕凹单隆"相接的陡翼部位发育延伸上陡下缓的正向滑移断层，该断层处于先期逆冲断层的段坡部位，正、逆断层共同组成新型的犁式断裂组合。拉张正滑大断层既控制着古近系的沉积，又改造推覆冲褶构造，形成今日新面貌。

在这一构造背景的制约下，全区为晚白垩世拗陷所统一，最早沉积的浦口组具有广泛的代表性。晚白垩世拗陷沉积之后，古近纪出现具分割性较强的半地堑为基本构造单元的断陷沉积，断陷的发育集中在苏北地区（苏北盆地），苏南地区晚白垩世后处于区域抬升状态（苏南隆起）。

综上所述，下扬子地区经历了晚震旦世—中三叠世海相碳酸盐岩台地–大陆边缘盆地、晚三叠世—中侏罗世前陆盆地、晚侏罗世—早白垩世火山盆地、晚白垩世—古近纪伸展断陷盆地和新近纪拗陷盆地等不同性质沉积盆地的叠合（表3-1），其中中—晚燕山期的造山作用则彻底改造并破坏了其前的各类盆地，成为支离破碎的构造拗陷（或者是燕山期造山带）。晚燕山期及其后的伸展断陷，则是在早—中燕山期基底拆离冲断层强

表 3-1　下扬子地区构造演化阶段划分

地质时代			构造发展阶段		构造活动		岩浆活动	盆地类型	
代	纪	代号	阶段	构造旋回	构造事件	运动性质			
新生代	第四纪	Q	西太平洋活动大陆板块边缘阶段	晚喜马拉雅旋回	黄海事件三垛事件	差异上升、沉降、推覆	多期基性喷发	弧后盆地	拗陷
	新近纪	N						近海内陆大型盆地	
	古近纪	E		晚燕山–早喜马拉雅旋回		拗陷–断陷			断陷
中生代	白垩纪	K₂					多期中、酸性岩浆侵入喷发		拗陷
		K₁		印支–早燕山旋回	早燕山事件	逆冲推覆			裂陷
	侏罗纪	J₃						陆相	
		J₂							4
		J₁							
	三叠纪	T₂₋₃	扬子板块稳定大陆板块边缘阶段	广西–印支旋回	印支事件	振荡运动	微弱	陆表海盆地	
		T₁							
古生代	二叠纪	P₂						陆缘海盆地	
		P₁						陆表海盆地	
	石炭纪	C							3
	泥盆纪	D₃		桐湾–广西旋回	东吴事件			陆缘海盆地	
		D₁₋₂							
	志留纪	S			云南事件皖南事件广西事件桐湾事件			陆表海盆地	2
	奥陶纪	O							
	寒武纪	Є							
上元古代	震旦纪	Z		晋宁–桐湾旋回				陆缘海盆地	1

烈反转活动（包括燕山造山带高原的坍塌）基础上形成的，进一步改造了前白垩系构造层；晚喜马拉雅期反差明显的升降运动又开始新一轮的盆地改造和解体、破坏。因此下扬子地区海相古生界—中生界盆地，无论是盆地性质还是盆地类型，均属于多旋回叠合构造改造型残留盆地。燕山中期以前处于挤压应力场，燕山晚期之后处于拉张应力场。

三、东南地区

中国东南地区包括浙江、福建、广东、江西四省份，盆地群主要分布在赣杭带、赣江带、南岭东段、武夷山、常德–泸溪带和东南沿海。中国东南部以大埔–政和断裂、江绍断裂带为界，可划分为江南造山带、华夏陆块和晚中生代岩浆岩带三个次级构造单元。构造区内，深大断裂主要有江绍断裂、政和–大埔断裂、长乐–南澳断裂和赣江断裂（图3-8）。政和–大埔断裂南东侧的盆地群均呈北东向展布，其北西则为北东向与近东西向共存；在南岭东段的闽西—赣南—粤北一带发育近东西向盆地群。

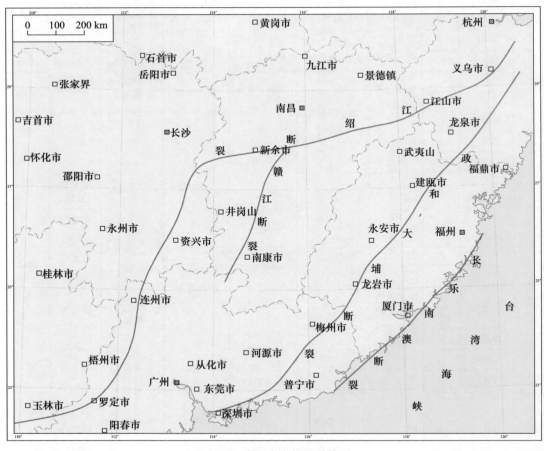

图3-8　中国东南部地质简图

中国东南地区经历了多期构造运动，原型盆地被抬升剥蚀、断裂破碎、冲断推覆、火山活动、岩浆侵入等地质作用强烈改造，油气保存条件受到不同程度的破坏，油气分布规律复杂多变，其构造历史演化划分为四个阶段。

（1）南华纪前，不同地体俯冲、拼合，形成中国东南地区基底。

（2）南华纪—早古生代，在统一基底上分裂，形成稳定地块和裂陷槽，二者对立发展。

（3）晚古生代—中生代早期，为海陆过渡相向陆相盆地的转化过程，华南板块为统一的沉积体系，南方大陆稳定发展。

（4）中生代后期，形成封闭的陆相盆地，进入陆相沉积阶段。

各期地层可以划分为三大构造层，系指由现今分布于中上扬子地区基底界面、加里东构造界面、印支构造界面和地表四个代表构造变形和剥蚀界面所限定的，三个不同时代构造运动造成的陆壳构造 – 建造单元（表 3-2）。

表 3-2　中国南方主要构造变革期时限

构造期次		地层		距今起始年龄 /Ma	特征
喜马拉雅期		全新统	Q	0.015	整体抬升、剥蚀
		新近系	N	23	
		古近系	E	65	
燕山期	晚期	白垩系	K	145	先期强烈褶皱，逆冲推，后期发育断陷小盆地，走滑、岩浆、火山作用明显
			J₃	161	
	早期	侏罗系	J₂	175	
	过渡		J₁	200	
		三叠系	T₃	228	
海西期—印支期			T₂	245	华南一次完整的地裂旋回，经历了陆内拉张 – 裂谷（裂陷槽）作用，其间为峨嵋地裂运动。东南地区印支运动结束了海相沉积历史，进入陆相沉积阶段
			T₁	251	
		二叠系	P	299	
		石炭系	C	359	
		泥盆系	D	416	
加里东期		志留系	S	443	雪峰山及其东部强烈褶皱，岩浆岩侵入强烈变质
		奥陶系	O	488	
		寒武系	€	542	
		震旦系	Z	630	
晋宁期		南华系	Nh	850	南华系与元古界角度不整合

（表中距今年龄位于中构造层、下构造层标注栏：白垩系至三叠系上构造层；二叠系至泥盆系中构造层；志留系至震旦系下构造层）

中生代以来的岩浆、火山活动是东南地区最显著的特点，原有盆地被肢解得支离破碎。岩浆活动包括以花岗岩为主的侵入杂岩和以流纹岩为主的火山岩系，分侏罗纪燕山早期和白垩纪燕山晚期。岩浆岩展布均为北东向条带状，同时岩浆岩的产出，向洋年轻化和做带状迁移（图3-9），此期岩浆作用为伸展构造成因。出露于中国东南部宽阔的晚中生代钙碱系列火山－侵入杂岩带是古太平洋板块沿日本中央构造线—台湾纵谷带—菲律宾民都洛—巴拉望带朝东亚陆缘俯冲消减的产物。

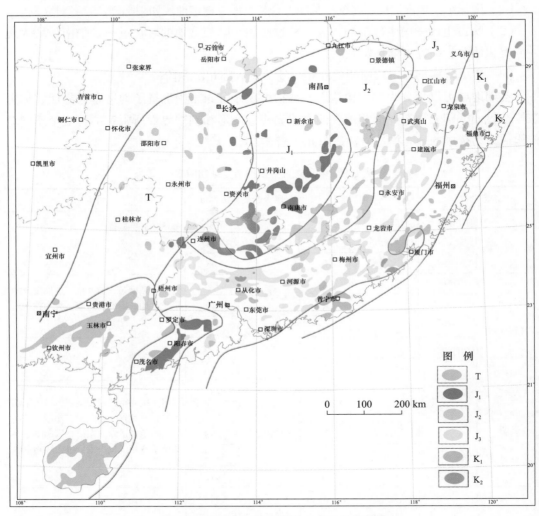

图3-9 华南中生代花岗岩－火山岩分布图

第二节 沉积与岩相古地理

地质历史时期内，盆地古地理的变革和沉积环境的演化，均受到盆地构造性质以及构造活动类型的控制，即使统一板块内，不同盆地因边界构造活动类型的不同，盆地的沉降速率、沉积物性质和沉积速率、沉积相的时空展布以及古地理演化也存在显著差异。因此，构造控盆、盆地控相是所有盆地必须遵守的原则。

沉积-岩相古地理的研究可提供地质历史时期原型盆地的形成、演化、沉积相配置和页岩的展布，及其内在联系。

一、震旦纪—早古生代

震旦纪—早古生代中国南方构造古地理主体格架是扬子板块和华夏板块，两个大陆上为克拉通和大陆边缘向前陆盆地演化的过程，古地貌东高西低。陆地的范围随着海平面上升而缩小，早寒武世海域达到最大。中奥陶世后，海平面逐渐下降，海域由东向西、由南向北退缩，至中晚志留世，除扬子板块西部和三江构造带为海域外，华南均隆升为陆。在此背景下，中国南方先后发育了碎屑岩陆架、碳酸盐岩小台地、碳酸盐岩大台地以及碳酸盐岩淹没台地等海相沉积相带。

（一）震旦纪的碎屑岩陆架与碳酸盐岩小台地

早震旦世的快速海侵沉积，形成扬子和华夏两个地块大陆架边缘碎屑岩垫板，为发育碳酸盐岩建立了基座。中上扬子克拉通盆地形成第一段白云岩（陡山沱组下部）。下震旦统陡山沱组沉积序列可分为四段：第一段、第三段为白色碳酸盐岩，第二段、第四段为黑色碳质页岩，俗称"两白两黑"。陡山沱期江汉平原及鄂东区主要发育开阔-局限碳酸盐岩台地，沉积厚度较大的碳酸盐岩沉积；湘鄂西区主要发育台地边缘-台缘斜坡相碳酸盐岩和泥页岩；麻阳盆地主要为盆地相沉积物主要沉积硅质泥页岩。陡山沱组第二段、第四段主要为黑色碳质页岩是较好的生气岩，尤以第二段沉积厚度巨大，其岩性主要为深灰色至灰黑色碳质泥页岩、硅质泥页岩夹灰色含粉砂质泥页岩、泥质粉砂岩。富含有机质泥页岩主要发育于台缘斜坡-盆地环境（图3-10）。

（二）寒武纪—早奥陶世碳酸盐岩大台地

寒武纪时，海平面快速上升为最大的海侵，在沉积、构造、层序上形成一个完整的旋回。中下扬子地块在沧浪铺期形成碎屑岩陆架，龙王庙期开始形成碳酸盐岩台地建设。

早寒武世水井沱期，随着海平面的上升，在中上扬子地区造成缺氧环境，主要在上扬子地区沉积了内陆架灰黑色粉砂岩、砂质页岩夹细砂岩为主的浅色碎屑岩系，在中扬子地区沉积了外陆架黑色含碳质页岩为主，夹少量粉砂岩、粉砂质页岩的黑色碎屑岩系。在水井沱期江汉平原区主要为碳酸盐岩缓坡相，以灰色-深灰色泥-微晶灰岩沉积为主；湘鄂西区及鄂东区远离物源，主要为碎屑岩深水陆棚相，以深灰色-灰黑色泥页岩沉积为主；麻阳盆地主要为盆地相，主要沉积硅质碳质泥页岩及硅质岩。纵观研究区，区内自北东—南西方向依次发育碳酸盐岩缓坡-碎屑岩深水陆棚-盆地相带，其中富有机质页岩主要赋存于深水陆棚-盆地环境中（图3-11）。

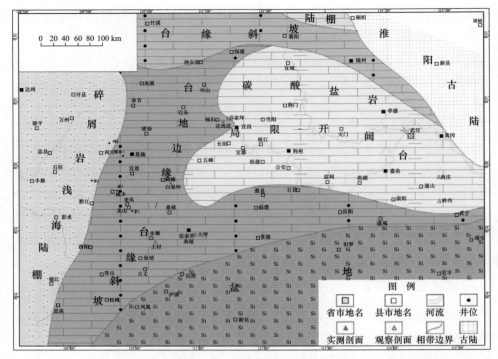

图 3-10　中扬子地区及麻阳盆地早震旦世陡山沱期岩相古地理分布图

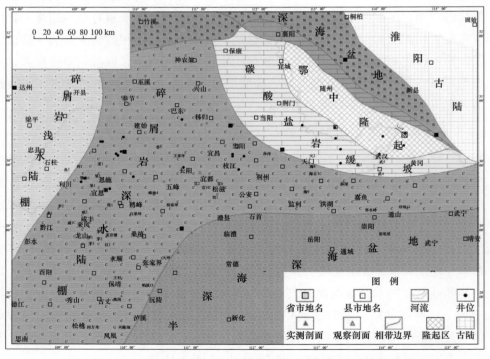

图 3-11　中扬子地区及麻阳盆地早寒武世水井沱期岩相古地理分布图

下扬子地区早寒武世梅树村期属于浅海环境，具潮坪－浅滩相组合特征。此相带呈北东向展布于巢县、句容、泰县一带，向北西或南东都是由斜坡进入陆坡深水盆地。下扬子幕府山组一段为灰色颗粒白云岩、泥粒状白云岩、泥状白云岩、叠层石白云岩，以叠层石鸟眼构造颗粒、泥粒状结构为特征，生物有小壳化石和蓝绿藻等。浙北、苏南等地区为大陆坡相，主要岩性为灰黑色薄层硅质岩夹黑色页岩及少量凝灰岩，沉积厚度几米至数十米。上斜坡为磷结核、硅质岩－泥岩相，含放射虫和海绵骨针，属于苏－皖次深海上部环境。下陆坡为页岩、硅质岩相组合（图 3-12）。

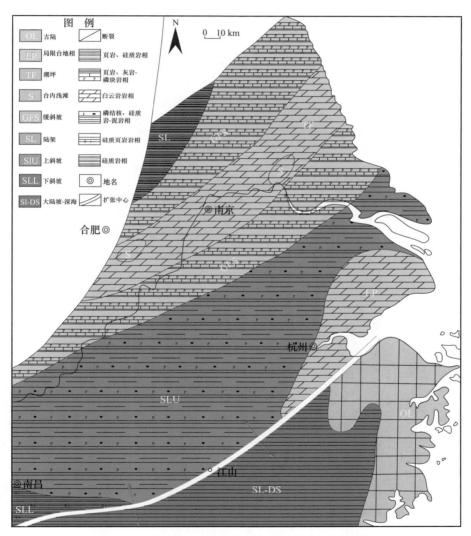

图 3-12 下扬子地区早寒武世梅树村期岩相古地理图

　　筇竹寺期，基本上继承了梅树村期的古地理景观，海侵达最高位，主要形成于滞流缺氧环境，下扬子区总体面貌仍是一个碳酸盐缓斜坡（图 3-13）。在巢县、句容、泰县一带的狭窄地区，主要为碳酸盐潮坪沉积。由该区向北或南均为缓斜坡，以含泥质灰岩、碳质泥岩 – 泥岩组合为主，水平纹层发育，生物贫乏。在江南区，黑色碳质页岩十分发育，其底部含磷结核，夹石煤及硅质岩，生物稀少，主要为海绵骨针，沿层分布。

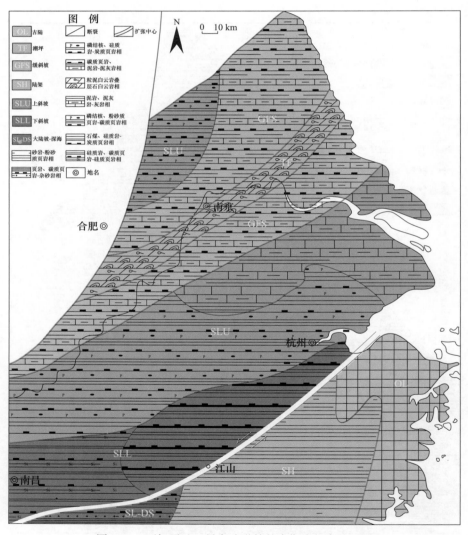

图 3-13　下扬子地区早寒武世筇竹寺期岩相古地理图

沧浪铺期海平面相对下降（图 3-14），主要属于碳酸盐缓坡。碳酸盐岩碳、氧同位素资料表明海水咸化程度较高，反映海水具有一定程度的相对循环作用，为间歇性开放的潮间高能环境。南京、高邮到滨海一带有抬升，海水咸化程度较高，形成大量泥状白云岩，海水循环不畅通，为闭塞的潟湖环境，总体特征为潮坪、潟湖、浅滩相结合。向北西或向南东都由缓坡进入陆坡深水盆地。上陆坡（浙西北、苏南等地）以碳质页岩、泥岩相为主，水平纹层发育，生物贫乏；下陆坡亚相主要为碳质页岩、硅质页岩相，水平纹层发育。

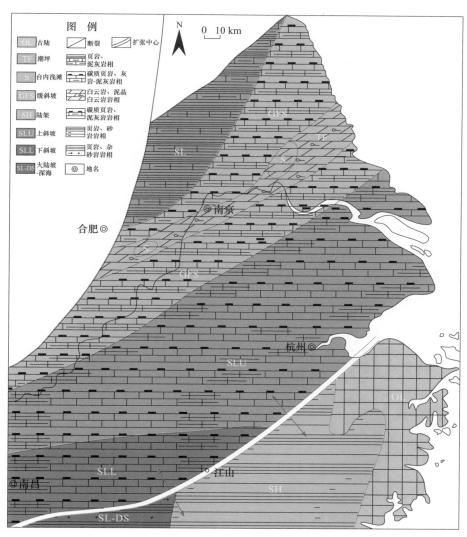

图 3-14 下扬子地区早寒武世沧浪铺期岩相古地理图

龙王庙期，由于海平面进一步下降，为典型的碳酸盐缓斜坡模式，发育一套浅水低能的朝下缓坡沉积，主要为灰白色薄–中层含生物碎片或陆源碎屑的云化泥晶云岩，以细纹层，水平层理，砂纹层理为主。发育广海型生物群——Redlicha（Pteroredlichia）chinensis 和 Redlicha（Pteroredlichia）murakamii 等，偶见水平虫迹，构成具有特色的广阔的浅水缓斜坡。

（三）中、晚奥陶世碳酸盐岩淹没台地

晚奥陶世五峰期，康滇古陆及黔中古隆起、川中古隆起较前期有所扩大，中上扬子海域被古隆起围限，为一局限海盆，海域面积缩小，中、下扬子地区为浅海深水环境，发育碎屑岩深水陆棚–半深海–深海沉积（图 3-15）。沉积的五峰组黑色岩系厚度薄且分布稳定，生物以笔石占绝对优势。岩性主要为黑色页岩、碳质页岩、硅质页岩、粉砂质页岩，也有薄层硅质岩，上部见少量泥灰岩，富含笔石，但含硅质岩和放射虫，为低能沉积环境。

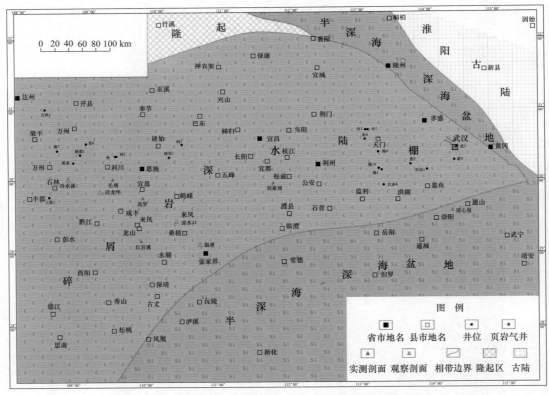

图 3-15　中扬子地区及麻阳盆地晚奥陶世五峰期岩相古地理分布图

二、晚古生代—中三叠世

晚古生代—中三叠世，进入印支期—海西期旋回，华南大陆隆升，中国南方成为统一的华南大陆，形成晚古生代的新盆地，古地貌呈现北高南低、东西高中间低的特点。早泥盆世—早二叠世华南大陆海平面以上升为主，二叠纪达到最大，晚三叠世后，海平面开始下降。该阶段中国南方沉积的页岩主体为海陆过渡相，且集中分布于二叠纪。

1. 泥盆纪

盆地与古特提斯洋的扩张同步。早泥盆世新盆地逐步扩大，中下扬子地区及东南地区均未接受沉积，以侵蚀、夷平为主。中、晚泥盆世，由于北西向及北东向走滑拉张活动加剧、海平面上升，中、下扬子和湘中地区接受沉积。沿中扬子物源区的海岸上超带边缘发育碎屑岩沉积，下扬子地区发育河流相砂岩、泛滥平原相砂岩、粉砂岩和页岩，湘中台地间沉积了薄板状的泥岩、泥灰岩和硅质岩、硅质页岩等海相硅灰泥组合。

2. 石炭纪

古特提斯洋扩张的关键时期。早石炭纪海域盆地缩小，中扬子地区呈现喀斯特地貌，沉积了风化壳型铝质岩、铝土矿和菱铁矿；下扬子地区沉积相为沼泽和浅海环境交替变化，沉积了砂泥质岩夹泥炭含煤地层，向上发育碳酸盐岩。晚石炭纪，中国南方大陆受古太平洋的海侵，均为浅海碳酸盐岩相沉积。

3. 二叠纪

中国南方地史时期中古地理环境发生巨大变化的时期，海水进退十分频繁，沉积相、古地理的分异很明显。

（1）栖霞期：晚古生代以来中国南方的最大海侵时期，古地理格局上，江南隆起以北为碳酸盐岩缓坡沉积体系，江南隆起及其以南为台–坡–盆沉积体系，整个中国南方几乎全部为碳酸盐岩沉积；垂向上呈逐渐向上变深的沉积序列。苏北滨海平原，胶南古路南侧的江苏滨海、射阳等地，发育石英砂岩、夹生物碎屑粒泥灰岩地层，为陆源碎屑滨岸潮坪–潟湖沉积组合［图 3-16（a）］。

（2）茅口期：为海退期，也是一个地壳活动性增强、活动差异性明显的时期。为此，茅口期海底地形差异明显，岩性、岩相、生物群及地层厚度亦各地不同。下扬子盆地为受洋流上翻影响的深水缺氧饥饿盆地，是锰矿形成和富集的有利环境，沉积深灰色和黑色薄层硅质岩、硅质泥岩、泥岩组合，浙西出现含煤沉积，煤层的分布由东向西逐渐抬高，反映三角洲相不断向西推进，古陆范围不断扩大。苏北滨海平原，由于北部胶南古陆的抬升和响水–江阴断裂的影响，本区沉降幅度较大，是由潮坪、潟湖、小型潮控浅水三角洲组成的滨海平原环境，区内发育一套厚的细–中粒石英砂岩、粉砂岩、泥岩等。水平层理、波状层理、脉状层理及透镜状层理、小型交错层理发育 [图 3-16（b）]。

（3）吴家坪期 / 龙潭期：发生大规模海退，是中国南方二叠纪陆地面积最大时期，陆源碎屑含煤沉积及陆源碎屑沉积分布广泛。碳酸盐台地及深水盆地范围缩小，海水变浅 [图 3-16（c）]。苏北冲积平原，主要为细砂岩、粉砂岩、泥岩、黑色泥岩及劣质煤。吴家坪期河湖沉积、滨岸沉积、三角洲沉积发育，是成煤的主要时期。湘中拗陷仅在南侧发育大陆相区的河湖相沉积，形成了一套滨海含煤建造和硅质岩沉积以及浅海薄层灰岩、泥灰岩（图 3-17）。湘东南拗陷受东吴运动影响，盆内发育大规模三角洲，聚煤作用广泛，是龙潭期的重要聚煤期，富煤带位于衡山—郴州一带，呈南北向展布，聚煤中心位于永耒向斜及南部的嘉禾向斜。江西省乐平组沉积区主要属海滨 – 湖沼区，以淡水湖沼为主，除局部地段（如莲花地区）具备较好的成煤条件外，大部地区处于不利成煤的环境（图 3-18），所以仅存碳质页岩和煤线。

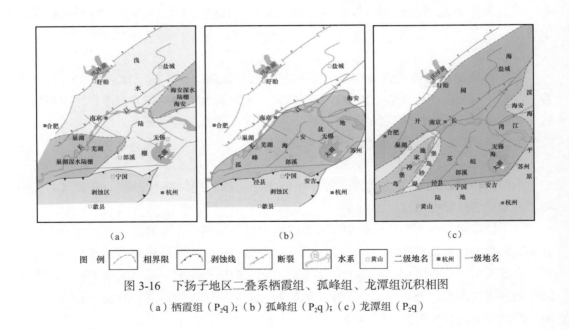

图 3-16　下扬子地区二叠系栖霞组、孤峰组、龙潭组沉积相图

（a）栖霞组（P_2q）；（b）孤峰组（P_2q）；（c）龙潭组（P_2q）

三、晚三叠世—侏罗纪

晚三叠世，华南板块转为前陆盆地的主要发展时期，中扬子地区为海陆过渡相的三角洲环境，后转为陆相环境，发育砂岩、页岩和煤系。下扬子地区为陆相环境，浙西—皖南地区沉积了安源组含煤碎屑岩。

侏罗纪中、下扬子地区发育小盆地，为山麓平原相。皖南 – 浙西造山陆源区为冲积平原，湘赣地区为滨岸 – 三角洲相。晚侏罗世，由于华南陆内挤压造山作用强烈，中下扬子和东南地区均无沉积。

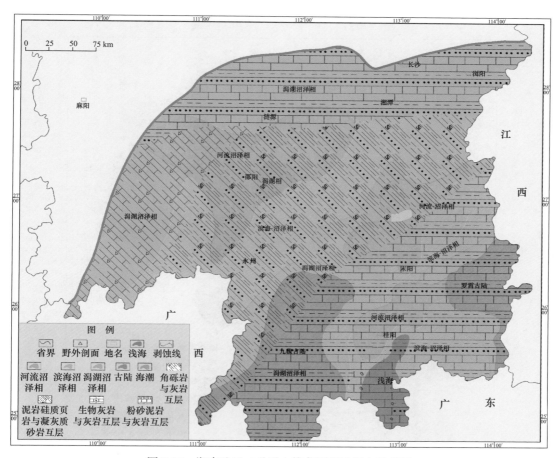

图 3-17 湘中地区二叠系上统龙潭组岩相古地理图

四、早白垩世—新近纪

早白垩世，下扬子与中扬子和大别发生陆-陆碰撞，形成湖泊体系，主要在苏北盆地、汉江盆地和麻阳盆地发生沉积，盆内均发育陆源碎屑岩。江汉盆地白垩纪古气候为亚热带—干旱气候，多凸多凹的古地貌，导致多沉积中心和多源、近源的碎屑物质供给及水动力条件多样化，平面上岩性、岩相变化复杂，由物源区向中心构成冲积扇-河流（冲积平原）-三角洲-湖泊沉积体系（图 3-19）。

苏北盆地泰州组下段以一套砂砾岩、砂岩夹泥岩的粗碎屑沉积为特征，上段以一套灰黑色泥岩为主，夹薄层泥灰岩、粉砂岩，富含女星介化石为其特征。江汉盆地渔洋组纵向上自下而上为多个由粗到细的正旋回构成，潜江组由于古气候相对干旱与潮湿，水介质相对咸化与淡化的多期次周期变化，呈现多韵律和复韵律的规律极为明显的含盐系沉积。

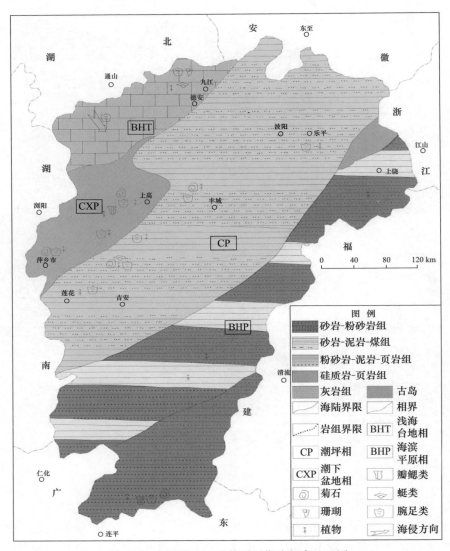

图 3-18   江西省上二叠统乐平期岩相古地理图

古近纪时期，古气候属于亚热带干旱 – 半干旱气候，在此干热环境下，苏北盆地阜宁组沉积了一套以暗色泥岩为主的陆相淡水的河流相地层，后因地壳运动使盆周隆起作用加剧，沉积了大量三角洲砂体。此期，江汉盆地为最大的湖盆，沙市组和新沟咀组主要为三角洲 – 湖泊沉积体系（图 3-20）。

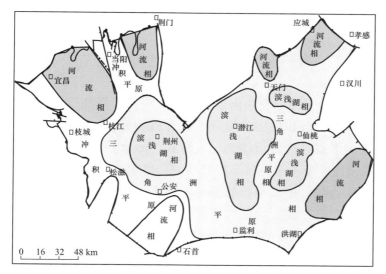

图 3-19 江汉盆地白垩系上部盖层发育层段沉积相示意图

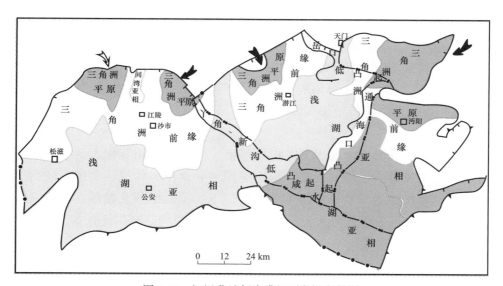

图 3-20 江汉盆地新沟嘴组下段沉积相图

综上所述，震旦纪—中奥陶世，由于华南大陆海平面的上升，中下扬子和东南地区沉积相为深海相，发育碳酸盐岩台地以及深海相的硅质泥页岩。晚奥陶世—中三叠世，华南大陆隆升，中国南方海平面开始下降，中扬子地区沉积浅海相碳酸盐岩，下扬子和东南地区为海陆过渡相。中—新生代，海平面持续下降，下扬子地区转为陆相沉积，东南地区未接受沉积。中下扬子地区形成湖泊体系，盆地内发育陆源碎屑岩、暗色泥岩和三角洲砂体。

第三节　富有机质泥页岩分布

地质历史时期，中下扬子及东南地区沉积了海相、海陆过渡相、陆相三套地层，不同时代、不同类型的沉积地层皆发育了富有机质页岩。海相页岩发育的层位主要有：中扬子地区的下震旦统陡山沱组、下寒武统的水井沱组、上奥陶统—下志留统的五峰组—龙马溪组；下扬子地区下寒武统的荷塘组/幕府山组、上奥陶统—下志留统的五峰组—高家边组、中二叠统的孤峰组与上二叠统的大隆组；赣西北地区下寒武统的王音铺组、观音堂组。海陆过渡相页岩主要有：中下扬子地区上二叠统的龙潭组、赣西北地区的乐平组。陆相页岩主要分布在江汉盆地的新生界及苏北盆地的中新生界。

一、地层发育与分布

（一）震旦系—寒武系

中扬子地区、下扬子地区、赣西北地区古生代地层，震旦系—下古生界自下而上发育三套页岩层系，分别为下震旦统陡山沱组、下寒武统水井沱组/荷塘组/幕府山组/王音铺组/观音堂组、上奥陶统五峰组—下志留统（高家边组）。这三套地层主要为海相沉积，且后两套页岩地层区域稳定分布，构成研究区主要页岩气最有可能发育层系。

震旦系生物化石稀少，地理分布极不平衡，岩性、岩相变化大。中扬子地区及麻阳盆地震旦系发育上、下两统，下统由莲沱组和南沱组构成，上统由陡山沱组和灯影组构成，陡山沱组以含磷质沉积为主体。下扬子地区苏北盆地震旦系发育陡山沱组，在皖南—浙西—赣西北地区发育雷公坞组，主要为一套广泛分布的冰碛岩沉积（表 3-3）。

表 3-3　寒武纪地层发育及分布地区

地层系统		中扬子地区			湘中—湘西北地区	下扬子地区	
		宜昌	长阳	通山		苏北	皖南、浙西及赣西北
下寒武统		ϵ_1	ϵ_1	ϵ_1	ϵ_1	ϵ_1	ϵ_1
震旦系	上统	灯影组	灯影组	灯影组	老堡组 留茶坡组	灯影组	皮园村组
		陡山沱组	陡山沱组	陡山沱组	陡山沱组	陡山沱组	雷公坞组

续表

地层系统		中扬子地区			湘中—湘西北地区	下扬子地区	
		宜昌	长阳	通山		苏北	皖南、浙西及赣西北
震旦系	下统	南沱组	南沱组	南沱组	南沱组	苏家湾组	南沱组
			大唐坡组	莲沱组	大唐坡组	周岗组	休宁组
			古城组		铁丝拗组		
		莲沱组	莲沱组		两河界组		
下伏地层		黄陵花岗岩	三斗坪群	冷家溪群	板溪群	张八岭群	沥口群

中下扬子地区及麻阳盆地寒武纪地层均发育齐全，为一套以浅海碳酸盐岩及泥质岩为主的沉积，鄂西北地区有火山碎屑岩并经较轻微变质。寒武系发育与分布情况见表3-4。

表 3-4　中下扬子及东南地区寒武纪地层发育及分布

地层		中扬子地区				下扬子地区		赣西北地区
		鄂西峡东	湘鄂西			南京	皖南—浙西	九江—瑞江
上覆地层		西陵峡组	南津关组			仑山组	印诸埠组	印诸埠组
上寒武统	凤山阶	三游洞组	雾渡河组	江坪组	追屯组	观音台组	西阳山组	西阳山组
	长山阶				比条组			
	崮山阶				车夫组		华严寺组	华严寺组
中寒武统	张夏阶	覃家庙组	新坪组	孔王溪组	花桥组	炮台山组	杨柳岗组	杨柳岗组
	徐庄阶		官山垴组		敖溪组			
	毛庄阶		磕膝泡组	高台组				
下寒武统	龙王庙阶	石龙洞组	清虚洞组			幕府山组	大陈岭组	观音堂组
	沧浪铺阶	天河板组	耙榔组				荷塘组	王音铺组
		石牌组						
	筇竹寺阶	水井沱组	木昌组					
	梅树村阶	天柱山段	留茶坡组					
上震旦统	灯影阶	白马沱段	灯影组			灯影组	皮园村组	灯影组

中扬子地区寒武系主要出露于鄂北、鄂西、湘西北及鄂东南地区，与梅树村期层位相当的是下震旦统灯影组顶部的天柱山段（或西蒿坪段）或岩家河组。此段地层与灯影

组呈整合接触，厚度薄（0～10m），上与水井沱组黑色（含）碳质页岩呈平行不整合接触。因此，在中扬子地区，习惯地以大套云岩结束，出现黑色碳质页岩或硅质灰岩、泥质条带灰岩作为划分震旦系与寒武系的依据。湖北宜昌泰山庙、长阳刘家坪及湖南古丈罗依溪等剖面，寒武系与震旦系呈平行不整合接触。

下扬子地区寒武系分布比较广泛，皖南—浙西地区自下而上分别为荷塘组、大陈岭组、杨柳岗组、华严寺组、西阳山组。南京一带及苏北盆地自下而上分别为幕府山组、炮台山组、观音台组。赣西北地区自下而上分别为王音铺组、观音堂组、杨柳岗组、华严寺组、西阳山组。荷塘组主要代表剖面有宁国万家剖面、石台皂角树剖面、临安叶坑坞剖面及开化底本剖面，其岩性主要为硅质岩、硅质泥岩、泥岩、碳质泥岩，部分夹薄层灰岩、钙质泥岩。幕府山组出露较少，以南京燕子矶幕府山剖面为代表，其岩性主要为灰黑色泥岩、碳质泥岩夹泥晶白云岩、泥质白云岩；滨海地区主要发育灰黑色硅质岩、碳质页岩、白云岩、泥质白云岩及泥晶灰岩、云质灰岩。杨柳岗组/炮台山组主要发育深灰色、灰黑色、灰色泥晶和粉晶白云岩、凝块石、核形石白云岩、硅质白云岩、假角砾状硅质岩夹白云质泥岩、灰色细砂岩条带，属于开阔台地–局限台地相沉积。观音台组/华严寺组/西阳山组分布较广，发育灰色粉细晶白云岩夹硅质、泥质、灰质白云岩，凝块石白云岩，白云质灰岩、灰岩夹页岩，属于台地相。

（二）奥陶系—志留系

中下扬子及东南地区奥陶系—志留系分布广泛，详见表3-5。

表3-5　中下扬子及东南地区奥陶系—志留系发育及分布

地层系统			中扬子地区	湘西北地区	下扬子地区		
					安徽青阳	江苏句容	安徽胡乐
上覆地层			D_2	D_2	D_3	D_3	D_3
志留系	上统	王龙寺阶					
		秒高阶			茅山组	茅山组	茅山组
	中统	关底阶		小溪组			
		秀山阶	纱帽组	吴家院组 辣子壳组	坟头组	坟头组	畈村组
	下统	白沙阶	罗惹坪组	溶溪组	河沥溪组	高家边组	河沥溪组
		石牛栏阶		小河坝组			
		龙马溪阶			霞乡组		霞乡组

续表

地层系统			中扬子地区	湘西北地区	下扬子地区		
					安徽青阳	江苏句容	安徽胡乐
奥陶系	上统	五峰阶	五峰组	五峰组	五峰组	五峰组	新岭组
		临湘阶	临湘组	涧草沟组	汤头组	汤头组	黄泥岗组
		宝塔阶	宝塔组	宝塔组	宝塔组	宝塔组	砚瓦山组
		庙坡阶	庙坡组	牯牛潭组	风洞岗组	大田坝组	胡乐组
	中统	牯牛潭阶	牯牛潭组			牯牛潭组	牛上组
		大湾阶	大湾组	大湾组	大湾组	大湾组	宁国组
	下统	红花园阶	红花园组	红花园组	红花园组	红花园组	
		两河口阶	分乡组	分乡组	仑山组	仑山组	谭家桥组
			南津关组	南津关组			
			西陵峡组	西陵峡组			
下伏地层			三游洞组	娄山关组	唐村组	观音台组	酉阳山组

中扬子地区奥陶系—志留系发育较为齐全，分上、中、下三统。页岩主要发育于上统五峰组（O_3w）—下志留统龙马溪组（S_1g），以泥岩、碳质页岩为主，中—下统以碳酸盐岩沉积为主。在湖北省东南部与江西省交界处，为过渡类型的类复理式碳酸盐岩-泥质岩沉积。

下扬子地区（包括苏浙皖、赣西北地区）奥陶系发育仑山组/谭家桥组、红花园组/宁国组、大湾组、牯牛潭组/牛上组、大田坝组/胡乐组、宝塔组/砚瓦山组、汤头组/黄泥岗组、五峰组/新岭组。上统的五峰组以泥岩为主，中下统以灰岩、白云岩为主。下统的仑山组发育灰色白云质灰岩、白云岩，含硅质条带或团块，顶底为粗、粉晶灰质白云岩。红花园组为灰色淀晶凝块石灰岩，棘屑灰岩夹细晶灰岩，底部为灰色粉晶白云质灰岩。大湾组为灰色淀晶凝块石灰岩夹泥晶灰岩，顶部为泥晶生物灰岩，含泥质灰岩。汤山组发育灰色泥晶、细粉晶灰岩、生物屑灰岩、瘤状灰岩。汤头组下部为灰色和绿灰色泥岩、灰质泥岩夹薄层泥质灰岩。五峰组为灰黑色、黑色泥岩，富含硅质、有机质及黄铁矿，夹少量粉细砂岩条带及薄层。志留系发育为高家边组、坟头组、茅山组，在滨海、大丰、泰州地区的钻井 N4 井、苏 145 井中均有揭示。下志留统高家边组为浅灰色-深灰色泥岩、粉砂质泥岩夹泥质粉砂岩、细砂岩、长石石英砂岩，局部夹泥晶灰岩条带，底部灰黑色泥岩较发育，苏南地区泥岩仅分布于沿江地区，苏北盆地高家边组分布范围和发育厚度均比苏南—皖南地区好，其余大部分地区为粉砂岩、细砂岩、砂岩。坟头组为绿灰色和紫灰色细砂岩、泥质粉砂岩与绿灰色泥岩、粉砂质泥岩互层。茅山组下部发育灰色和灰白色细砂岩、泥质粉砂岩与黑灰色泥岩、粉砂质泥岩呈不等厚互层，上部为紫红色和棕灰色中细砂岩、泥质粉砂岩夹深棕色、灰绿色泥岩。

（三）泥盆系—石炭系

中下扬子地区缺失中、下泥盆统。上泥盆统发育五通组，主要为一套灰色细、中砂岩与灰绿色和灰黑色泥岩、粉砂质泥岩呈不等厚互层，底部为含砾砂岩，属于三角洲平原相沉积，其残留厚度为 50～200m。暗色泥岩仅在湘中地区相对较为发育。

石炭系分布广泛，钻井中均有揭示。下扬子地区发育金陵组、高骊山组、和州组、黄龙组、船山组，其岩性以深灰色、灰黑色含生物屑灰岩、黑色泥质灰岩、灰色或紫灰色泥岩、细砂岩为主，表现为开阔台地相沉积、浅海相及泛滥平原沼泽相沉积。

（四）上二叠统

上二叠统自下而上发育孤峰组、龙潭组、大隆组。泥岩主要分布于下扬子地区的苏北盆地、苏南—皖南—浙西、湘中—湘东南及赣西北地区。

下扬子地区孤峰组发育灰黑色泥岩，硅质、灰质泥岩夹细粉晶白云质灰岩，含磷、放射虫化石，属于深水盆地相沉积，其残留厚度为 12～76m。龙潭组主要发育灰黑色泥岩、碳质泥岩与灰色细砂岩、中–细砂岩、泥质粉砂岩互层，夹煤层，属于滨岸沼泽–三角洲相沉积，其残留厚度为 117～329m。龙潭组泥岩、泥灰岩及煤层中均有裂缝、微裂缝分布。大隆组主要发育黑色泥岩，富含硅质，局部地区夹泥晶、细粉晶灰岩，属于盆地–深水陆棚相沉积，其残留厚度为 8～200m。

湘中–湘东南凹陷大隆组、龙潭组、测水段泥页岩均较发育。大隆组沉积较薄，从北往南岩性从灰黑色泥岩转变成泥质灰岩，龙潭组是湖南地区另一个煤系较发育的层位。湘东南凹陷测水段岩性从北往南逐渐由泥岩转变成砂岩，厚度变薄。综合湘东南凹陷的地层对比，耒阳附近的大隆组、龙潭组、测水段泥页岩最为发育，规模最大。

赣西北地区二叠系为一套海相碳酸盐岩–海陆过渡相碎屑岩含煤建造，在江西省内发育为最重要的栖霞组和茅口组碳酸盐岩、小江边组碳质页岩及乐平组煤系地层与暗色富有机质泥页岩。

（五）中—新生界

中—新生界为陆相沉积，主要分布在下扬子地区的苏北盆地与中扬子地区的江汉盆地。

苏北盆地白垩系自下而上发育下统葛村组，中统浦口组、赤山组，上统泰州组。葛村组在阜宁、射阳、东台、泰州等地钻孔均有揭示，上部为暗紫红色、棕红色和咖啡色粉砂质泥岩、泥质粉砂岩、页岩夹砂岩、砂砾岩等，局部夹凝灰质砂砾岩及凝灰岩、凝灰角砾岩；下部为咖啡色或紫红色、灰白色相间的粉砂质泥岩、泥岩与细砂岩互层，含砾中、细粒砂岩及砾岩。浦口组在盆内广泛分布，下段为红色砂砾岩，中段为棕色和灰色细碎屑岩、碳酸盐岩及硫酸盐类，上段为膏盐沉积夹粉砂岩、泥岩，顶部为粉砂岩、泥岩、夹泥灰岩、灰岩及白云岩、石膏等。赤山组在盱眙、淮安、射阳大丰等地广泛分布，上部为红棕色、砖红色及灰白色含钙、泥质及铁质细粒砂岩，粉砂岩及泥岩、泥质粉砂岩、粉砂质泥岩，下部为砖红色、棕红色及灰绿色粉细砂岩及粉、细砂岩与泥岩互层。泰州组在盆地内广泛分布，下段为灰白色中-厚层砂岩夹灰棕色、灰色泥岩，底部为灰白色砂砾岩；上段为灰黑色泥灰岩夹油页岩、泥岩，中部为深灰色泥岩、棕红色泥岩夹深灰色泥岩、灰白色薄层砂岩。

苏北盆地古近系发育阜宁组、戴南组和三垛组，各组厚度不同（表3-6）。因后期剥蚀，地层保存不全，自凹陷向斜坡再到凸起残留地层渐老，残留渐薄，仅阜宁组广泛分布于苏北地区各凹陷和低凸起。阜宁组地层横向发育稳定，纵向岩性呈红色—黑色—灰色—黑色变化的泥岩，特征十分明显。沉积中心位于东部盐城—海安一线，暗色泥岩发育，砂岩薄细。苏北地区各凹陷和低凸起上广泛残留分布，盆地西缘有多处露头。

表3-6　苏北盆地泰州组—盐城组厚度对比表　　　　（单位：m）

拗陷	凹陷	盐城组	三垛组	戴南组	阜宁组	泰州组
东台拗陷	金湖	200～1000	200～1200	50～900	200～1200	50～350
	高邮	200～1600	200～1200	50～1400	500～2000	150～400
	临泽	800～1200	200～600	0～100	400～1000	100～200
	溱潼	800～1600	400～800	0～500	800～1200	200～300
	白驹	1000～2100	0～400	0	400～900	100～400
	海安	800～2300	200～1000	0～200	400～1000	0～250
盐阜拗陷	洪泽	100～300	0～600	200～800	200～800	50～200
	涟水	300～500	0～200		100～600	0～350
	阜宁	500～800	0～200	0	400	50～250
	盐城	800～1300	0～800	0～230	0～1200	0～460

江汉盆地中—新生界自下而上发育白垩系渔洋组、古新统沙市组、下始新统新沟咀组、中始新统荆沙组、中—上始新统潜江组以及渐新统荆河镇组六套地层（图3-21）。

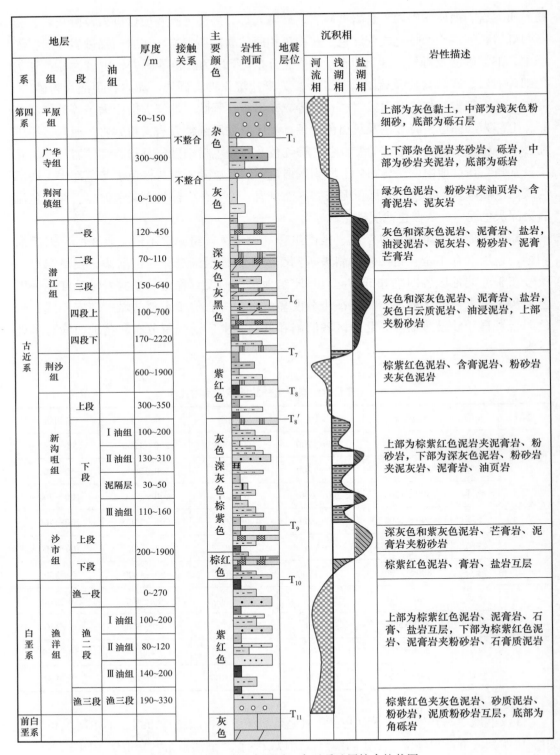

图 3-21 江汉盆地白垩系—古近系地层综合柱状图

白垩系渔洋组在龙赛湖低凸起上的柳河、芦市地区以及永隆河、乐乡关地垒缺失，其余地区均有分布，岩性以棕红色和紫红色砂岩、砂质泥岩以及泥岩互层、泥膏岩为主。南北向受断层控制，厚度差异很大，由东向西沉积厚度逐渐增大。古新统沙市组在通海口凸起、沔阳凹陷东部、杨林尾地区、河溶拗陷和荆门凹陷的大部分地区有缺失，其岩性主要为棕色泥岩和棕色、深灰色含膏泥岩及盐膏岩组成的韵律层，夹玄武岩。下始新统新沟咀组为紫红色泥岩、灰色泥岩夹膏质泥岩，灰色、深灰色泥岩夹浅灰色粉砂岩，地层分布范围略小于沙市组，沉积厚度在盆地各拗陷中相当。中始新统荆沙组主要为棕红色、紫红色泥岩夹少量灰色泥岩及粉砂岩，局部地区夹泥膏岩、钙芒硝泥岩、盐岩和玄武岩，地层分布范围小于新沟咀组，一般分布在凹陷中心，向凹陷边缘地层逐渐减薄，并逐渐尖灭。中—上始新统潜江组为灰色和深灰色泥岩、钙芒硝泥岩、盐岩、油浸泥岩夹粉砂岩，沉积厚度北厚南薄。渐新统荆河镇组岩性为绿灰色、灰色泥岩与粉砂岩互层，夹黑褐色油页岩、泥灰岩及泥膏岩，地层分布范围很小，主要分布于潜江拗陷北部和江陵凹陷的局部地区。

二、富有机质泥页岩

（一）海相页岩

1. 下震旦统陡山沱组

下震旦统陡山沱组富有机质页岩主要发育在中扬子地区的湘鄂西地区。

陡山沱组岩性可分为四段：第一段、第三段为白色碳酸盐岩，第二段、第四段为黑色碳质泥页岩，其沉积环境为碳酸盐岩潮坪、潮缘相以及碳酸盐岩台地相沉积。陡山沱组第二段、第四段的黑色碳质页岩是较好的泥页岩地层，厚 $25\sim300\text{m}$。岩性主要为深灰色至灰黑色碳质泥页岩、硅质页岩夹灰色含粉砂质泥页岩、粉砂质泥岩，富含有机质（图 3-22）。

陡山沱组泥页岩在湖北三峡地区广泛分布，自南西到北东方向总体上表现为薄—厚—薄的特点（图 3-23）。陡山沱期，江汉平原东北部为碳酸盐岩缓坡相沉积，到湘鄂西地区主要为台地前缘斜坡相沉积，此种古地理特征导致了陡山沱组页岩平面分布具有南北薄、中间厚的特点。

2. 下寒武统水井沱组 / 荷塘组 / 幕府山组 / 王音铺组和观音塘组

早寒武世时期，扬子地块东南缘处于被动大陆边缘环境，在晚震旦系碳酸盐岩台地的基础上，由于海平面的快速上升形成黑色页岩，广泛分布于中下扬子地区。本套黑色页岩厚度中心主要分布于湘鄂西、皖南—浙西以及苏北地区，在中扬子、下扬子和赣西北地区分别发育为水井沱组、荷塘组以及王音铺组和观音堂组。

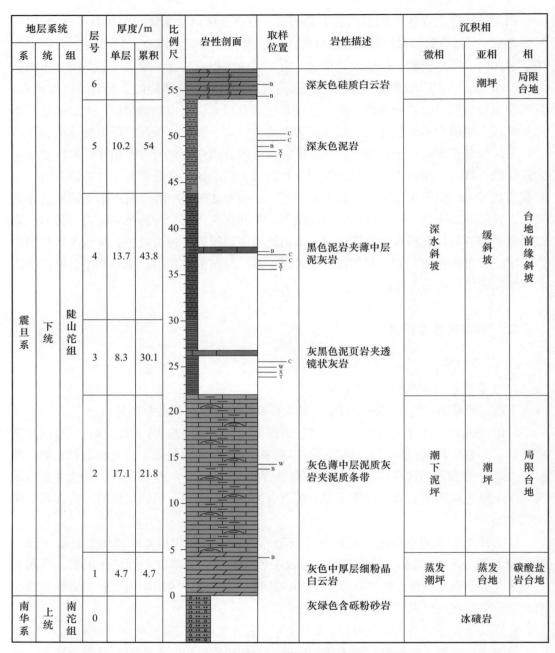

图 3-22　湖北宜昌乔家坪剖面台地前缘斜坡相沉积剖面图

1）中扬子下寒武统水井沱组

下寒武统水井沱组页岩在中扬子鹤峰白果坪剖面发育较好（图 3-24），底部为碳质、硅质含量相对较高的黑色泥页岩，向上硅质、碳质含量逐渐减小，钙质含量相对增加。

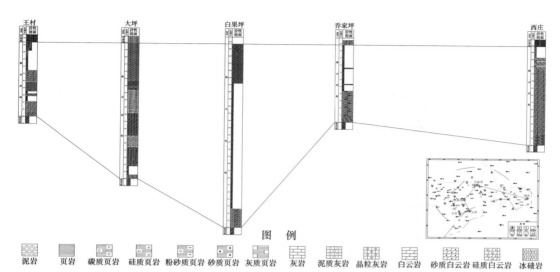

图 3-23　中扬子地区及麻阳盆地王村—大坪—白果坪—乔家坪—西庄陡山沱组泥页岩剖面对比图

水井沱组暗色泥页岩厚度具南西厚、北东薄的特点（图 3-25），厚 50～300m。高值区位于龙山—酉阳一带，向北东方向逐渐减小，直至无泥页岩沉积，其分布范围、厚度在区域上基本稳定，差异不大。

2）下扬子下寒武统荷塘组

荷塘组富有机质页岩主要分布于中下部。浙江省安吉县叶坑坞剖面属于下扬子地层分区中的芜湖—石台地层小区，为典型的荷塘组泥页岩发育剖面。根据岩性，该剖面可分为上、下两段（图 3-26）：下段为黑色、深灰色硅质页岩，黑色碳质页岩夹磷结核层，厚 240m；上段为黑色碳质页岩，夹黑色硅质页岩，厚 280m。

下扬子地区荷塘组页岩具有盆地中心厚、边缘薄的特点，沉积中心在皖南的黟县—旌德—宁国—安吉一带，处于下陆坡 – 盆地边缘环境，厚度巨大，往边缘逐步变薄，有效富有机质页岩厚度为 20～300m。暗色泥页岩厚度自西侧的石台县向东—北东方向变大（图 3-27）。

3）赣西北地区王音铺组、观音堂组

赣西北地区王音铺组富有机质页岩主要发育区为九瑞盆地和修武盆地。九瑞盆地王音铺组富有机质页岩厚度为 110～200m（图 3-28），修武盆地王音铺组富有机质页岩厚度为 50～160m（图 3-28），主要有以下发育区：下寒武统观音堂组富有机质页岩主要分布于九江、武宁、德安，厚度由西向东变薄，在武宁—德安一带夹有泥晶质岩，其厚度分布特征如图 3-29 所示。

3. 上奥陶统五峰组—下志留统龙马溪组/高家边组

中扬子地区五峰组—龙马溪组，页岩厚度主要分布在 40～200m，平均为 50m。利

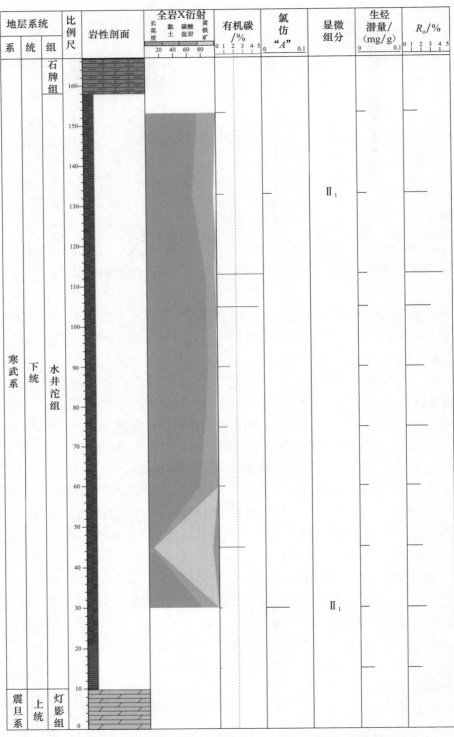

图 3-24　鹤峰白果坪剖面下寒武统岩矿 – 有机地球化学综合柱状图

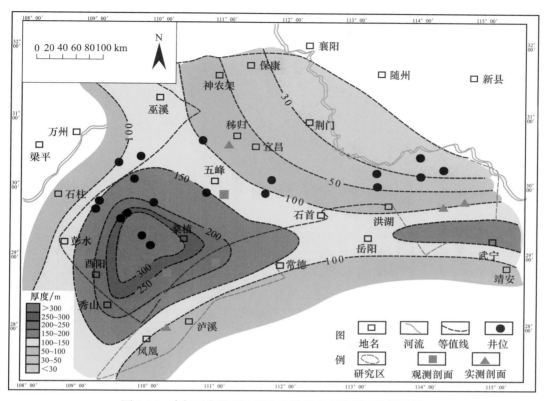

图 3-25 中扬子湘鄂西地区水井沱组富有机质页岩等厚图

川毛坝剖面为典型代表剖面（图 3-30）。含气页岩主要发育于利川毛坝剖面五峰组—龙马溪组底部，厚度约 40m。底部五峰组主要为碳质硅质泥页岩，硅质含量相对较高，为生物化学成因，含大量的笔石化石；龙马溪组底部主要为碳质硅质泥页岩，向上碳质硅质含量逐渐减小，粉砂质含量增加，直至出现粉砂质泥页岩、粉砂岩。

湘鄂西地区龙马溪组为一套细碎屑岩，在区内广泛分布，并与五峰组泥页岩发生叠置。其中潮坪 - 潟湖相沉积为灰色至灰黑色泥页岩夹粉砂质泥页岩，局部夹粉细砂岩；局限浅海陆架沉积以灰色至灰黑色碳质泥页岩为主，下部多为黑色笔石页岩，局部夹粉细砂岩，富有机质页岩厚 20～70m（图 3-31）。该组泥页岩分布稳定，为一套高效生气岩，具有形成页岩气藏的良好物质基础。

下扬子地区五峰组—高家边组主要分布于苏北盆地及皖南—苏南的沿江地区。受物源供给影响，横向上岩性变化较大。

苏北地区高家边组富有机质泥页岩在滨海—盐城—高邮地区为一套粉砂质页岩、粉砂岩与细砂岩组成的韵律层，厚度达 153m；在其以南地区主要为富含笔石的页岩，厚 0.84～20.68m，黄桥地区 N4 井揭示厚约 17.5m。在扬州—泰州—东台，高家边组页岩厚度多大于 200m，厚度均大于 200m，向北西和南东逐渐变薄，在淮安—滨海一带厚

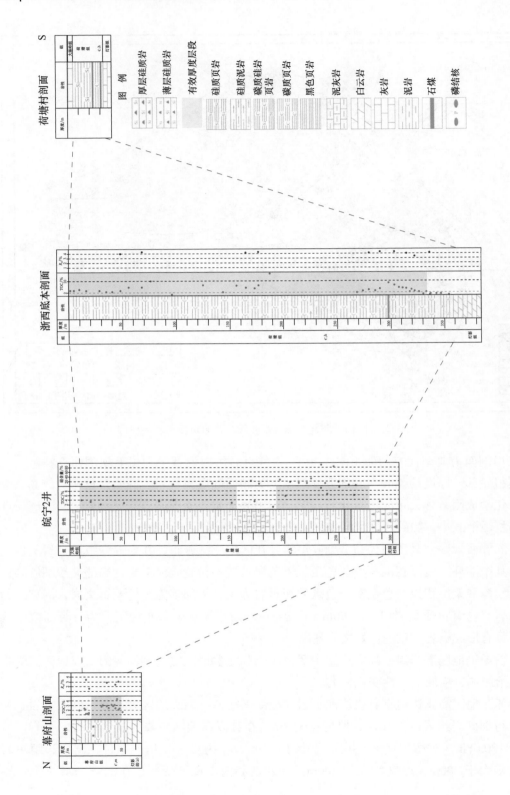

图 3-26　下扬子地区下寒武统页岩发育柱状剖面图

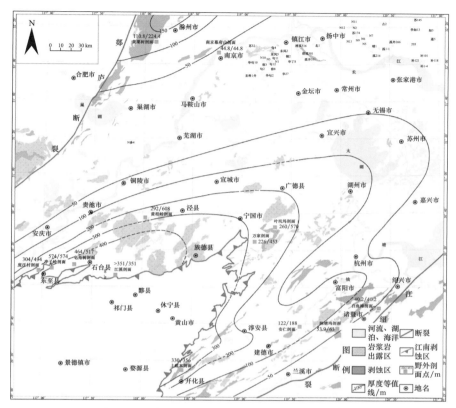

图 3-27 下扬子地区下寒武统富有机质页岩等厚图

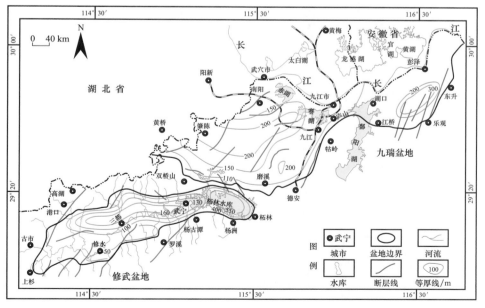

图 3-28 赣西北地区下寒武统王音铺组富有机质页岩等厚图

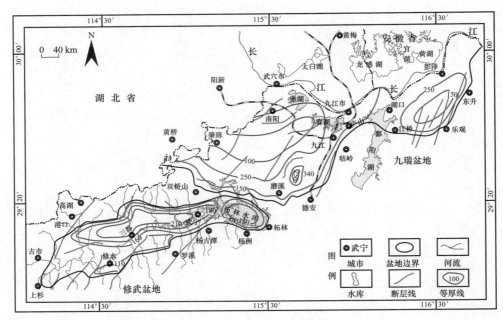

图 3-29 赣西北地区下寒武统观音堂组暗色泥岩等厚图

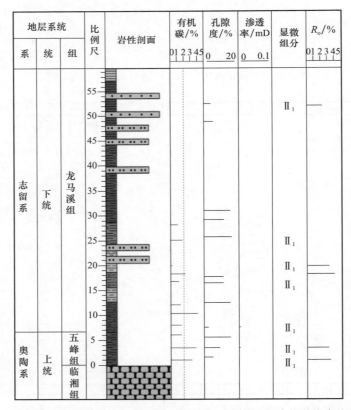

图 3-30 利川毛坝剖面五峰组—龙马溪组岩矿–有机地球化学综合柱状图

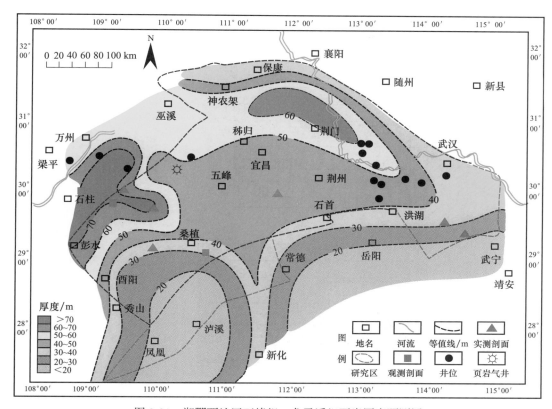

图 3-31 湘鄂西地区五峰组—龙马溪组页岩厚度预测图

度小于 100m（图 3-32）。

苏南—皖南地区高家边组页岩的分布相对较局限，主要分布于沿线一带，厚 100～400m（图 3-33）。

4. 中二叠统孤峰组

孤峰组主要分布在皖南—苏南及苏北盆地。在苏北盆地中钻探的滨 1-4、海 1、苏 145、兴桥 X1 等多口井均有揭示，其中滨 1-4 井揭示厚约 16.2m，海 1 井揭示厚约 93m，苏 145 井揭示厚约 12m。露头在苏南镇江韦岗剖面揭示厚度为 30m（图 3-34），为一套灰黑色泥岩、页岩、硅质泥岩和硅质岩，并普遍含磷结核和海绵骨针化石，局部地区见到硅藻与海底淤泥混合沉积并还原而形成的硅藻土。

孤峰组页岩厚度较薄，其厚度一般为 10～50m。其埋藏深度相对较小，除苏北盆地新生代凹陷内大于 3000m 外，低凸起部位均小于 3000m，建湖隆起埋藏深度最小，其东部的引水沟地区引 1 井埋深仅为 1120m。

5. 上二叠统大隆组

大隆组主要出露于苏南地区，岩性为深灰色和灰黑色泥岩、硅质泥（页）岩，钙质泥岩，夹薄层硅质岩、薄层粉晶灰岩、泥灰岩。泥岩中普遍含分散状黄铁矿；沉积构

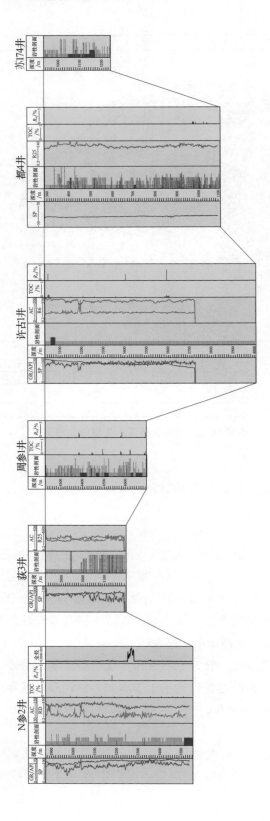

图 3-32 苏北地区高家边组地层对比图

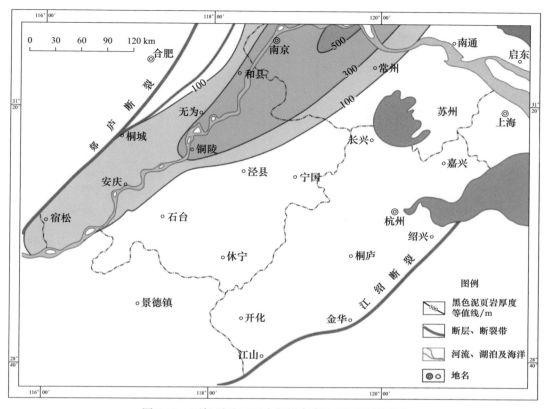

图 3-33 下扬子地区下志留统高家边组页岩等厚图

造为水平层理。厚度一般小于 20m，最厚 71m。苏南镇江韦岗水泥厂剖面揭示厚度为 12.6m（图 3-35）。

图 3-36 是下扬子地区上二叠统大隆组页岩厚度分布图，从图中可以看出，大隆组沉积时具两个沉积中心，分别位于皖南的泾县—和县与苏北盆地的扬州—海安地区，其最大厚度可达 150m。

（二）海陆过渡相泥页岩

上二叠统吴家坪期是中国南方主要的成煤时期，发育有龙潭组／乐平组煤系地层和吴家坪组碳酸盐岩地层，其中龙潭组煤系地层是煤层气和页岩气的主要勘探层位，形成于海陆过渡相的三角洲平原沼泽环境。

1. 上二叠统龙潭组

下扬子地区龙潭期为海陆交互含煤碎屑岩相沉积，总体上呈现碎屑岩夹煤层的特征，富有机质页岩主要分布于龙潭组中上部，厚 50～250m，主要为黑色碳质页岩、页岩、泥页岩与粉砂岩、细砂岩互层，夹煤层。典型剖面为安徽泾县昌桥剖面，龙潭组主要为一套灰色和灰白色细砂岩、粉砂质泥岩夹黑色碳质页岩和数个煤层，暗色泥岩厚

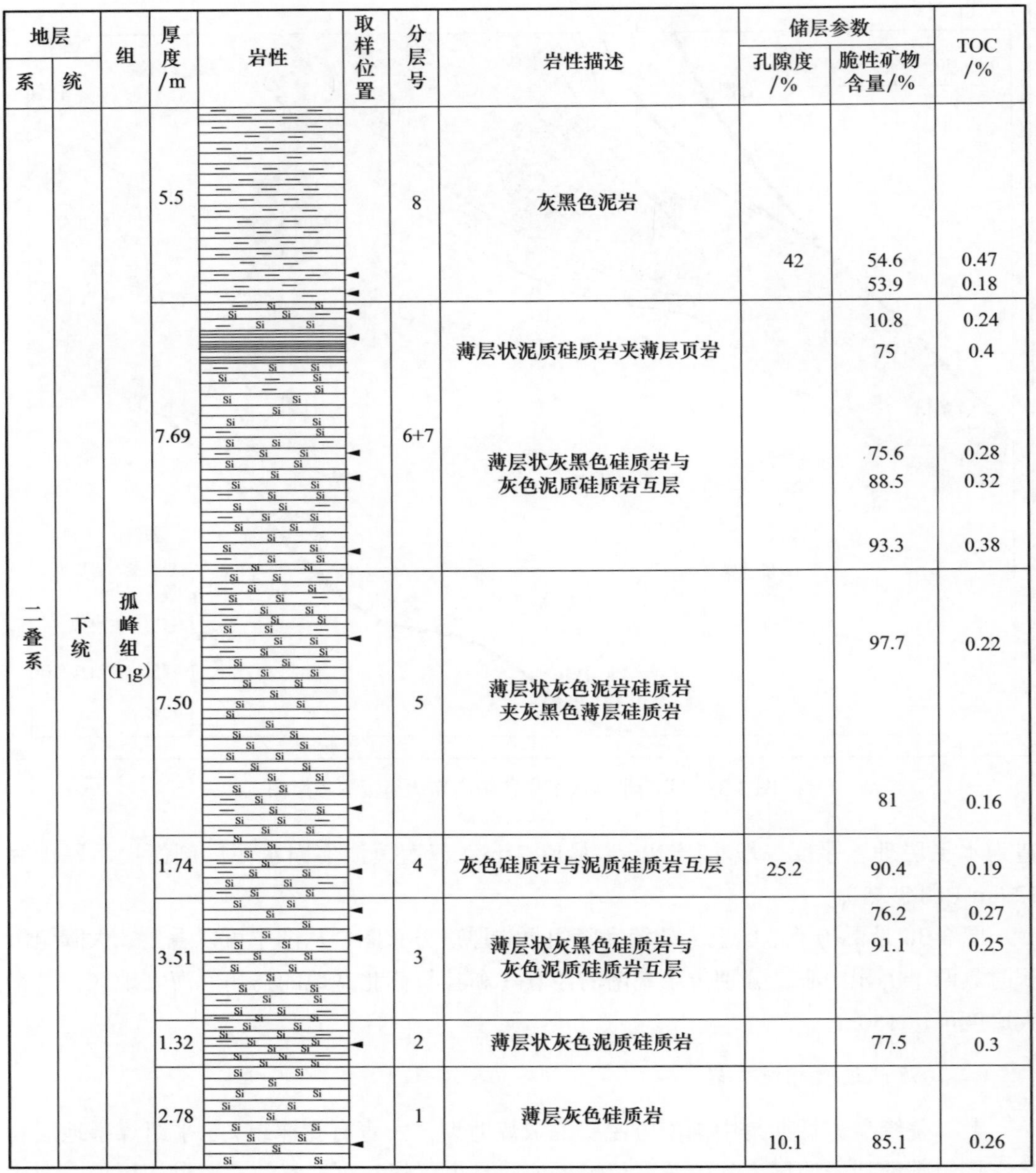

地层		组	厚度/m	岩性	取样位置	分层号	岩性描述	储层参数		TOC/%
系	统							孔隙度/%	脆性矿物含量/%	
二叠系	下统	孤峰组（P₁g）	5.5			8	灰黑色泥岩	42	54.6	0.47
									53.9	0.18
			7.69			6+7	薄层状泥质硅质岩夹薄层页岩		10.8	0.24
									75	0.4
							薄层状灰黑色硅质岩与灰色泥质硅质岩互层		75.6	0.28
									88.5	0.32
									93.3	0.38
			7.50			5	薄层状灰色泥岩硅质岩夹灰黑色薄层硅质岩		97.7	0.22
									81	0.16
			1.74			4	灰色硅质岩与泥质硅质岩互层	25.2	90.4	0.19
			3.51			3	薄层状灰黑色硅质岩与灰色泥质硅质岩互层		76.2	0.27
									91.1	0.25
			1.32			2	薄层状灰色泥质硅质岩		77.5	0.3
			2.78			1	薄层灰色硅质岩	10.1	85.1	0.26

图 3-34　下二叠统孤峰组柱状剖面图（镇江韦岗）

65m（图 3-37）。

图 3-38 是下扬子地区上二叠统龙潭组暗色泥页岩厚度分布图，从图中可以看出，苏北盆地南部及苏南—皖南一带是龙潭组富有机质页岩主要发育区，泥页岩累计厚度为 200m 左右，沉积中心位于长兴、广德一带，最大厚度可达 250m。

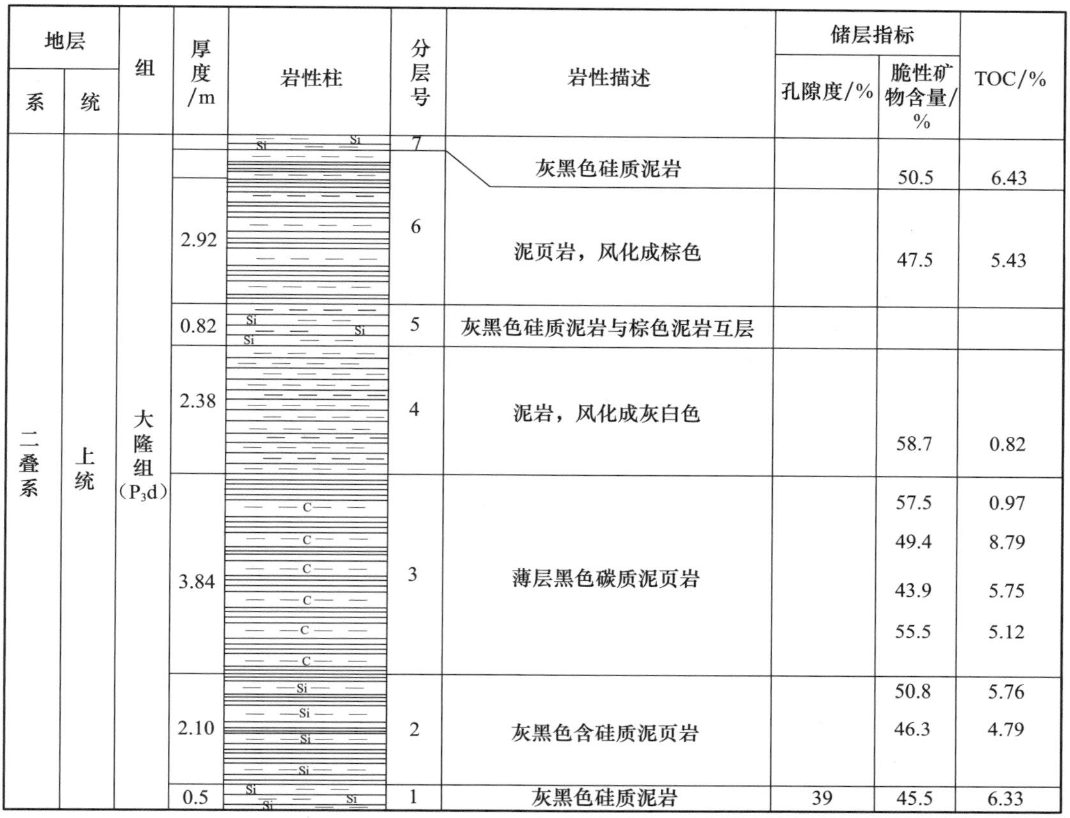

地层		组	厚度/m	岩性柱	分层号	岩性描述	储层指标		TOC/%
系	统						孔隙度/%	脆性矿物含量/%	
二叠系	上统	大隆组(P₃d)			7	灰黑色硅质泥岩		50.5	6.43
			2.92		6	泥页岩，风化成棕色		47.5	5.43
			0.82		5	灰黑色硅质泥岩与棕色泥岩互层			
			2.38		4	泥岩，风化成灰白色		58.7	0.82
			3.84		3	薄层黑色碳质泥页岩		57.5	0.97
								49.4	8.79
								43.9	5.75
								55.5	5.12
			2.10		2	灰黑色含硅质泥页岩		50.8	5.76
								46.3	4.79
			0.5		1	灰黑色硅质泥岩	39	45.5	6.33

图 3-35　上二叠统大隆组柱状剖面图（镇江韦岗水泥厂）

　　湘中地区龙潭组具有煤系地层和泥页岩层系。煤系分布范围较小，仅局限于向斜内，煤层发育在上段，龙潭组煤系含煤性受南低北高古地形的影响，具有南北分区的特点，主要发育在北纬 27°以南的地区。泥页岩层系分布广泛，最厚的页岩分布于涟源凹陷、邵阳凹陷及零陵凹陷，其页岩厚度均大于 150m（图 3-39）。

　　2. 上二叠统乐平组

　　赣西北地区上二叠统乐平组与皖南—苏北地区的龙潭组属于同期同相沉积，地层分布较广，莲花盆地、萍乡盆地、南鄱阳盆地、安福、分宜地区、新余花鼓山、高安、丰城、清江盆地均有发育，但出露一般。该区内乐平组主要为一套海陆交互相的含煤碎屑岩建造，但在锦江流域则是以海相为主的含煤建造。乐平组总厚 50～250m，沉积中心可达 260m 以上，埋深一般为 0～3000m，最深可达 4500m。萍乐拗陷乐平组富有机质页岩厚度分布如图 3-40 所示。

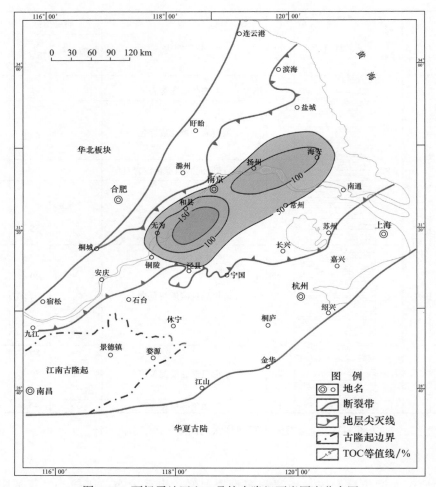

图 3-36 下扬子地区上二叠统大隆组页岩厚度分布图

（三）陆相泥页岩

中下扬子地区共发育五套陆相富有机质泥页岩。苏北盆地发育泰二段、阜二段和阜四段，江汉盆地发育新沟咀组下段和潜江组。

1. 泰二段

泰二段为一套滨浅湖 - 半深湖相暗色泥页岩，在高邮拗陷、海安拗陷、盐城拗陷、阜宁拗陷广泛分布，纵向分上、下两个亚段（图 3-41）。

下亚段：有机质丰度较高的泥页岩，厚度小于 30m，发育于高邮凹陷东部和海安拗陷，向西、向北逐渐尖灭。

上亚段：有机质丰度较低的泥页岩，厚 50～100m，高邮凹陷和海安凹陷厚度最大，盐阜地区相对较薄，在西部金湖凹陷尖灭为零。

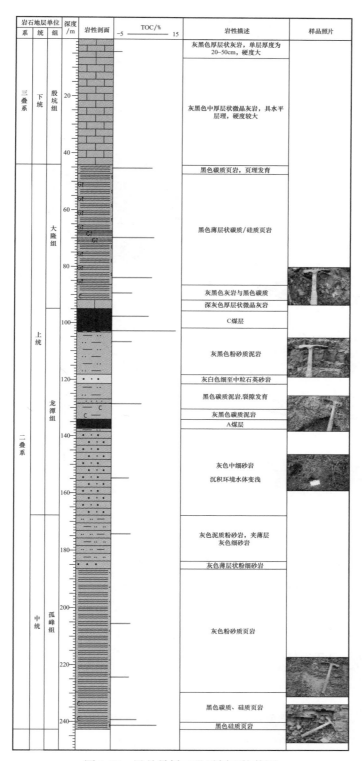

图 3-37　泾县昌桥二叠系剖面柱状图

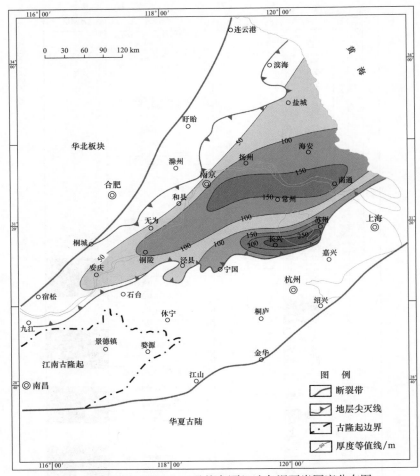

图 3-38　下扬子地区上二叠统龙潭组暗色泥页岩厚度分布图

2. 阜二段

除金湖凹陷西斜坡下亚段为砂岩外，阜二段整体为一套富含有机质的暗色泥页岩（图 3-42），具厚度大、分布广的特征。

阜二段泥页岩在高邮凹陷、金湖凹陷、海安凹陷、溱潼凹陷、盐城凹陷、阜宁凹陷及洪泽凹陷均有分布，向低凸起，厚度逐渐减薄，直至尖灭。高邮凹陷泥页岩厚度最大，深凹带可达 350m；盐阜凹陷厚度相对较薄，多大于 100m；西部金湖凹陷厚度小于100m。

3. 阜四段

阜四段为深灰色、灰黑色泥岩，夹泥灰岩、油页岩。早期源自西部物源区的三角洲体系继承性发育，影响金湖凹陷西部地区，形成三角洲砂体，在泥沛、东阳、韩竹园等地尚有碳酸盐岩生物滩发育，形成生物碎屑岩沉积。

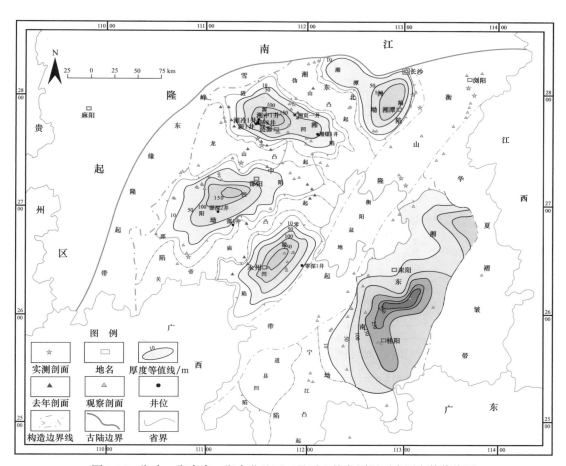

图 3-39 湘中—湘东南—湘东北地区二叠系上统龙潭泥页岩厚度等值线图

阜四段为一套半深湖－深湖相泥页岩，总厚度最大可达 500 余米，主要分布于高邮凹陷和金湖凹陷。但是由于后期翘倾、剥蚀作用影响，凹陷和低凸起及隆起部位泥页岩厚度差异较大，向低凸起部位泥页岩厚度逐渐变薄。海安凹陷、盐城凹陷、阜宁凹陷仅在深凹带局部残存，厚度多小于 100m（图 3-43）。

阜四段纵向上可分上、下两个亚段。

（1）上亚段：有机质丰度高，厚度受剥蚀作用影响，自深凹带向斜坡带逐渐变薄。

（2）下亚段：有机质丰度低，在苏北盆地残存厚度一般小于 200m。

4. 新沟咀组下段

江汉盆地新沟咀组下段泥页岩分布于五个凹陷（图 3-44）。潜江凹陷：分布于资福寺向斜和总口向斜带，分布面积为 1494km²，厚 50～200m，平均厚度为 96m；江陵凹陷：分布于潘场向斜带，分布面积为 2563km²，厚 50～200m，平均厚度为 102m；沔阳凹陷：分布面积平均厚度为 918km²，厚 50～150m，平均厚度为 87m；小板凹陷：分布面积为 420km²，平均厚度为 112m；陈沱口凹陷：分布面积为 563km²，平均厚度为 100m。

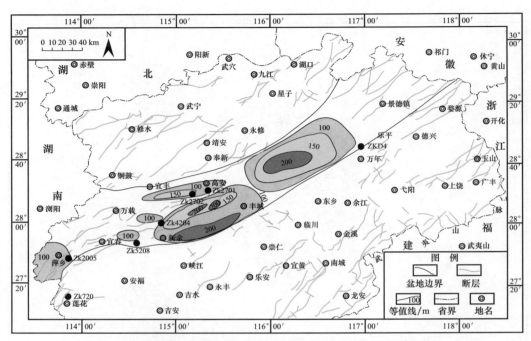

图 3-40　赣西北地区萍乐拗陷上二叠统乐平组富有机质页岩等厚图

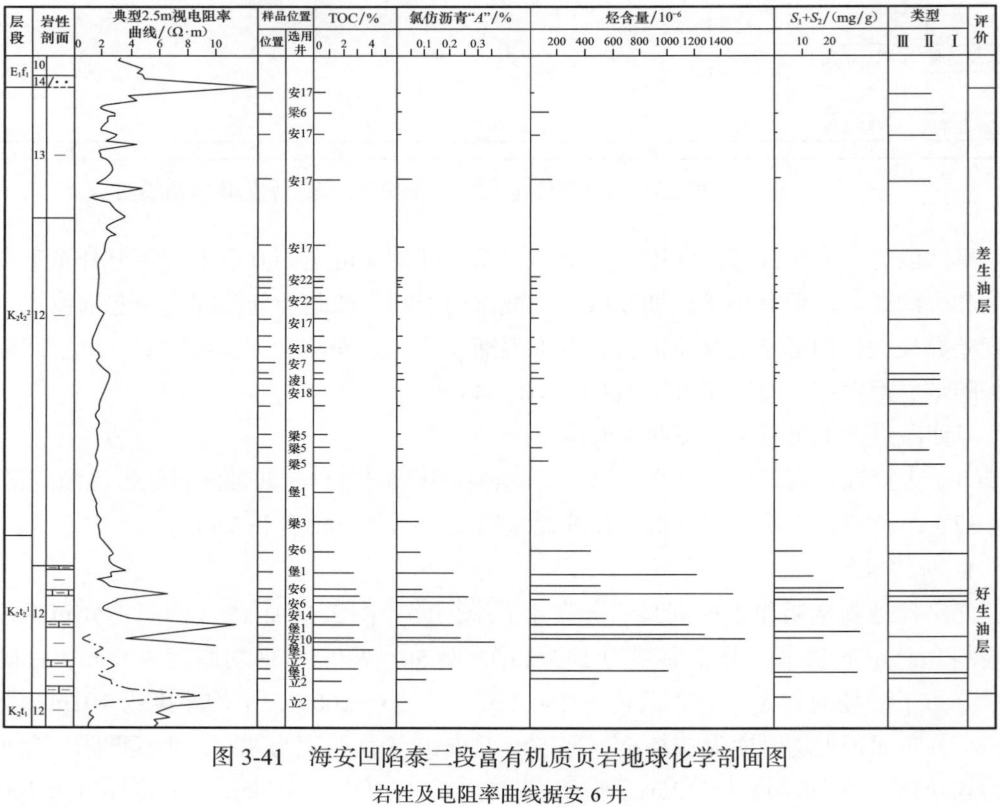

图 3-41　海安凹陷泰二段富有机质页岩地球化学剖面图

岩性及电阻率曲线据安 6 井

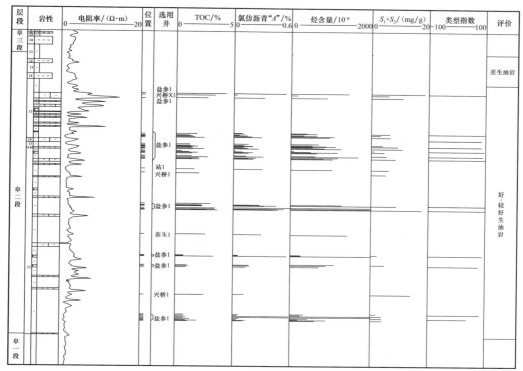

图 3-42　盐城凹陷阜二段富有机质泥页岩地球化学剖面图

岩性及电阻率曲线数据盐参 1 井

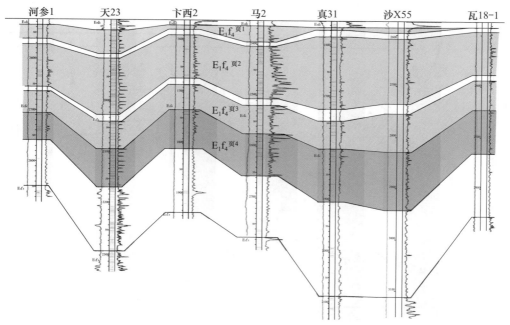

图 3-43　苏北盆地河参 1 井—瓦 18-1 井 E_1f_4 页岩层段地层对比图

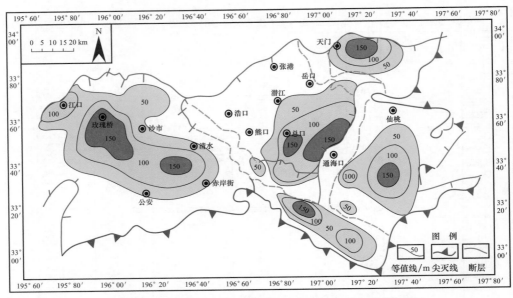

图 3-44　江汉盆地古近系新沟嘴组下段富有机质页岩等厚图

5. 潜江组

潜江组泥页岩在江汉盆地分布于三个凹陷（图 3-45）。潜江凹陷：分布面积为 2282km^2，厚 200～2000m，平均厚度为 723m，蚌湖次洼厚度达 1200～2000m；江陵凹陷：分布面积为 767km^2，厚 100～600m，平均厚度为 257m；小板凹陷：分布面积为 188km^2，厚 100～600m，平均厚度为 452m。

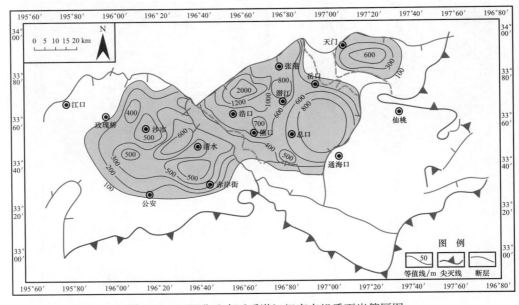

图 3-45　江汉盆地古近系潜江组富有机质页岩等厚图

第四章

页岩有机地球化学特征

页岩的有机地球化学特征主要包括页岩有机质类型、有机质丰度与有机质热演化程度。

有机质类型是衡量富有机质页岩地球化学特征的重要质量指标，不同类型的有机质具有不同的生烃潜力，而且形成的产物不同，生烃门限值和生烃过程也有一定差别。干酪根是沉积岩中不溶于非氧化性酸、碱以及有机溶剂的分散有机质，是有机质的主体，所以干酪根的类型基本上代表了有机质的类型。通常将干酪根的显微组分分为腐泥组、壳质组、镜质组和惰质组。根据各组分的含量，干酪根可划分为 I 型、II_1 型、II_2 型和 III 型。I 型干酪根可能来自藻类沉积物，也可能是各种有机质被细菌改造而成，含类脂组分较高，生油潜力大；III 型干酪根主要来源于高等植物的木质素、纤维素和芳香丹宁，生油潜力小，但具有一定的生气能力；II 型干酪根来源于海相浮游生物和微生物，生烃潜力介于 I 型和 III 型干酪根之间。评价有机质类型一般从不溶有机质和可溶有机质两方面进行，常用参数有干酪根元素分析、干酪根镜下鉴定、烃源岩热解、可溶组分演化、生物标志化合物和碳稳定同位素等。

有机质丰度是评价烃源岩的重要指标，总有机碳含量（TOC）、生烃潜量（S_1+S_2）和氯仿沥青"A"是评价烃源岩有机质丰度的常规指标。由于中下扬子地区古生界烃源岩整体处于高 – 过演化成熟阶段，氯仿沥青"A"和生烃潜量已不能准确地反映高 – 过成熟烃源岩的生烃能力，因而总有机碳含量成为评价中下扬子地区古生界泥页岩生烃强度的最主要指标。有机碳含量是页岩气聚集最重要的控制因素之一，不仅控制着页岩的物理化学性质，包括颜色、密度、抗风化能力、放射性、硫含量，并在一定程度上控制着页岩的弹性和裂缝的发育程度，更重要的是控制着页岩的含气量。

有机质成熟度：目前研究富有机质泥页岩中有机质热演化作用的方法和指标很多，但就中下扬子地区古生界富有机质泥页岩而言，其有机质热演化作用的研究仍是当今有机地球化学领域中的难题。目前仍以有机质镜质体反射率（等效镜质体反射率）、热解峰温等指标来确定有机质的成熟度。镜质体反射率随热演化程度的升高而稳定增大，并具有相对广泛、稳定的可比性，因此有机质镜质体反射率（R_o）是目前应用最广泛的有机质成熟度测试方法。一般认为，在连续沉积的剖面上，镜质体反射率 R_o 随深度的增大而变大，镜质体反射率 $R_o=0.5\%$ 为生油门限，$0.5\%\sim0.7\%$ 为低成熟阶段，$0.7\%\sim1.3\%$ 为成熟阶段，其中 $R_o=1\%$ 时进入生烃高峰，$1.3\%\sim2.0\%$ 为高成熟阶段，$R_o>2.0\%$ 为过成熟阶段。热解峰顶温度随着生油岩成熟度的增高而增大，故可用来确定有机质的成熟度。

第一节　海相页岩有机地球化学特征

中扬子地区海相页岩主要分布于湘鄂西地区，海相页岩层系包括下震旦统陡山沱组、下寒武统水井沱组、上奥陶统五峰组—下志留统龙马溪组，下扬子地区海相页岩层系包括下寒武统幕府山组／荷塘组、上奥陶统五峰组—下志留统高家边组、中二叠统的孤峰组与上二叠统的大隆组。赣西北地区海相页岩层系包括下寒武统观音堂组、王音铺组和上奥陶统—下志留统新开岭组。

一、有机质类型

对于海相古生界高－过成熟的泥页岩，评价其有机质类型的指标主要是干酪根碳同位素组成（$\delta^{13}C$ 干酪根）以及干酪根镜下鉴定。根据上述指标综合判断识别中下扬子及东南地区的海相页岩有机质类型。

（一）中扬子地区

湘鄂西地区海相页岩层系总体上干酪根类型以 II_1 型为主，下寒武统水井沱组页岩以 II_2 型相对较多，下震旦统陡山沱组和下奥陶统五峰组—下志留统龙马溪组页岩干酪根类型大都为 II_1 型（表 4-1、图 4-1）。

表 4-1　中扬子地区海相页岩有机质类型指数分布

层位	TI<0（III）样品数	0≤TI<40（II_2）样品数	40≤TI<80（II_1）样品数	TI≥80（I 型）样品数	样品总数
Z_1d	0	0	9	0	9
$\in_1s$	0	11	20	0	31
O_3w—S_1l	0	5	38	0	43

（二）下扬子地区

对于古生界高热演化页岩，干酪根碳同位素 $\delta^{13}C$ 是一项较好的有机质类型划分参数。

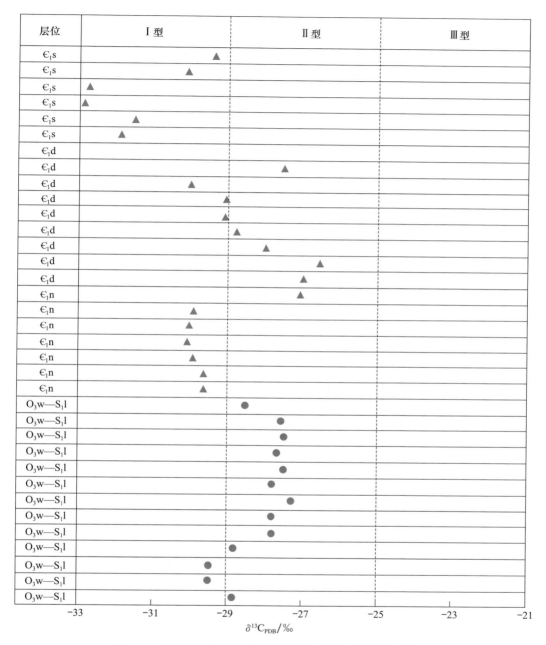

图 4-1　中扬子湘鄂西地区海相气源岩干酪根碳同位素分布图

下扬子地区寒武系荷塘组 9 个富有机质泥页岩样品的 $\delta^{13}C$ 测量值为 $-36.72‰ \sim -30.72‰$，与根据干酪根镜检计算出的类型指数判定结果相同，全部属于 I 型（表 4-2）。

上奥陶统五峰组和下志留统高家边组泥页岩有机质类型大部分属于 I 型和 II$_1$ 型干酪根（表 4-3）。五峰组有机质类型优于高家边组（图 4-2）。

表 4-2　下扬子地区下寒武统荷塘组／幕府山组有机质类型统计表

序号	井号	井深/m	层位	岩性	无定形/%	壳质组/%	镜质组/%	惰质组/%	类型指数	$\delta^{13}C$/‰	有机质类型
1	zk2-1	5.0	ϵ_1m	黑色页岩	28	0	0	72	−44.00	−35.79	I 型
2	zk2-2	10.0	ϵ_1m	黑色页岩	26	0	0	74	−48.00	−36.56	I 型
3	zk2-4	35.0	ϵ_1m	黑色页岩	22	0	0	78	−56.00	−36.54	I 型
4	zk2-5	45.0	ϵ_1m	黑色页岩	34	0	0	66	−32.00	−36.72	I 型
5	露 7		ϵ_1h	黑色白云岩						−31.6	I 型
6	露 8		ϵ_1h	黑色硅质页岩						−33.07	I 型
7	露 9		ϵ_1h	黑色碳质页岩						−30.72	I 型
8	露 10		ϵ_1h	黑色碳质泥岩						−32.81	I 型
9	露 11		ϵ_1h	黑色硅质页岩						−35.32	I 型

表 4-3　下扬子地区五峰组—高家边组有机组分含量统计表

地区	层位	样品数	无定形 /%	壳质组 /%	镜质组 /%	惰质组 /%	类型指数
苏、浙、皖地区	S_1g	14	$\dfrac{18.00\sim97.33}{62.10}$	$\dfrac{1.00\sim64.00}{14.81}$	$\dfrac{0\sim4}{0.88}$	$\dfrac{1.00\sim44.67}{22.57}$	$\dfrac{6.25\sim96.75}{45.78}$
	O_3w	10	$\dfrac{34.67\sim92.33}{64.20}$	$\dfrac{1.33\sim53.33}{21.13}$	$\dfrac{0\sim5.67}{1.57}$	$\dfrac{3.67\sim24.67}{13.10}$	$\dfrac{32.50\sim89.41}{60.49}$

注：$\dfrac{18.00\sim97.33}{62.10}$ 代表 $\dfrac{最小值\sim最大值}{平均值}$。

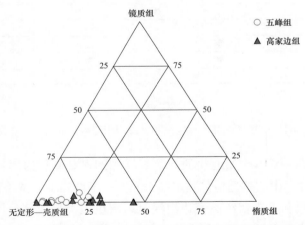

图 4-2　苏北地区五峰组—高家边组有机显微组分（组）三角图

赣西北地区下寒武统王音铺组、观音堂组、上奥陶统—下志留统新开岭组母质类型好，以腐泥型为主。与邻区早古生代相同地有机质类型对比，认为赣西北地区早古生代三套地层有机质类型皆为I型。

大隆组和孤峰组的有机质类型指数变化范围较大，两个组的类型指数平均值均在I–II型干酪根的范围之内，无定形有机组分所占比例最高，最高可达93.33%；大隆组中壳质组含量要高于孤峰组，镜质组含量则普遍不高，平均值为1.89%～4.63%（表4-4）。

表 4-4   下扬子地区孤峰组、大隆组有机组分含量统计表

层位	样品数	无定形 /%	壳质组 /%	镜质组 /%	惰质组 /%	类型指数	有机质类型
P_3d	8	$\dfrac{1.67\sim60.33}{24.71}$	$\dfrac{2.00\sim61.00}{36.42}$	$\dfrac{0.33\sim14.33}{4.63}$	$\dfrac{10.67\sim55.00}{34.25}$	$\dfrac{-45.16\sim57.50}{5.20}$	I–II
P_2g	4	$\dfrac{0.33\sim76.66}{40.08}$	$\dfrac{1.00\sim42.33}{22.17}$	$\dfrac{2.00\sim3.67}{2.92}$	$\dfrac{11.67\sim96.33}{34.84}$	$\dfrac{-97.25\sim61.74}{14.14}$	I–II

注：$\dfrac{2.00\sim61.00}{36.42}$ 代表 $\dfrac{最小值\sim最大值}{平均值}$。

二、有机碳含量及其变化

对比中下扬子地区各海相页岩层系有机碳含量，有机碳含量值均表现出较大的变化，总体上，下寒武统海相页岩有机碳含量平均值最高（表4-5、图4-3）。

表 4-5   中下扬子地区海相页岩有机碳含量

地区		层位	有机碳含量 /%
中扬子	湘鄂西	上奥陶统五峰组—下志留统龙马溪组	$\dfrac{0.11\sim5.01（32）}{1.88}$
		下寒武统水井沱组	$\dfrac{0.15\sim13.13（112）}{2.34}$
		下震旦统陡山沱组	$\dfrac{0.11\sim5.38（50）}{1.41}$
下扬子	江苏、浙西、皖南	上二叠统大隆组	$\dfrac{0.10\sim14.82（16）}{2.90}$
		中二叠统孤峰组	$\dfrac{0.24\sim12.7（13）}{4.81}$
		上奥陶统五峰组—下志留统高家边组	$\dfrac{0.11\sim5.38（15）}{1.41}$
		下寒武统幕府山组	$\dfrac{0.66\sim12.10（18）}{3.62}$
		下寒武统荷塘组	$\dfrac{0.13\sim38.39（180）}{4.5}$

续表

地区		层位	有机碳含量 /%
下扬子	赣西北	上奥陶统—下志留统新开岭组	$\frac{0.26\sim3.68（23）}{2.01}$
		下寒武统观音堂组	$\frac{1.14\sim8.25（19）}{4.18}$
		下寒武统王音铺组	$\frac{3.13\sim17.18（26）}{11.00}$

注：$\frac{1.14\sim8.25(19)}{4.18}$ 代表 $\frac{最小值\sim最大值（样品数）}{平均值}$。

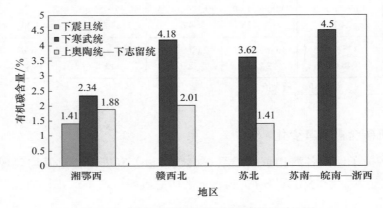

图 4-3　中下扬子海相页岩有机碳含量对比图

（一）下震旦统

下震旦统富有机质页岩主要分布于中扬子湘鄂西地区。湘鄂西地区下震旦统陡山沱组气源岩有机碳含量分布范围为 0.11%～5.38%，平均值为 1.41%；有机碳含量主要分布在 0.5%～1.5%（图 4-4）。由于沉积环境及后期改造的差异性，陡山沱组有机碳含量平面上存在较强的非均一性，有机碳含量变化范围较大，高值区位于湘鄂西张家界带（图 4-5）。

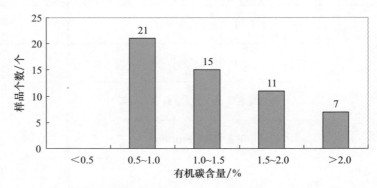

图 4-4　湘鄂西地区陡山沱组页岩有机碳含量分布直方图

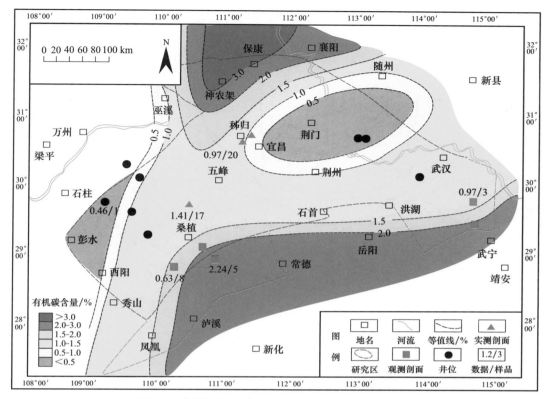

图 4-5 湘鄂西地区陡山沱组页岩有机碳含量预测图

（二）下寒武统

下寒武统富有机质页岩在中下扬子地区普遍发育，有机碳含量普遍大于 1%，有机碳含量高值区分布于中下扬子的南部地区及苏北的局部地区（图 4-6）。

1. 湘鄂西地区下寒武统水井沱组

湘鄂西地区下寒武统水井沱组气源岩有机碳含量分布范围为 0.15%～13.13%，平均值为 2.34%，有机碳含量主要大于 1.5%（图 4-7）。从中扬子水井沱组有机碳含量分布图可以看出高值区位于湘鄂西龙山一带（图 4-8）。总体来说，水井沱组泥页岩段总体表现为页岩连续沉积厚度大，有机碳含量高的特点。

2. 苏北地区幕府山组

苏北地区下寒武统幕府山组有机碳含量较高，有许 15、真 51、苏 121、N2 等井钻遇该套地层，其有机碳含量为 0.66%～12.1%，平均值为 3.62%。其中有机碳含量大于 1% 的占 93%，大于 2% 的占 86%，具有很好的生烃能力。

平面上，有机碳含量在以黄桥和全椒为中心的两个地区较高，其中苏 121 井有机碳含量平均为 3.51%，从北往南有机碳含量降低，但大部分在 2.0% 以上。向西北方向其有机质含量逐渐变差，至北部淮安地区其有机质含量平均仅为 0.93%（图 4-9）。

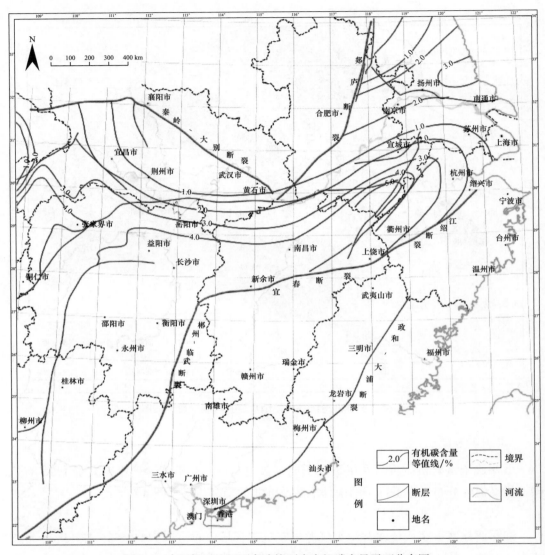

图 4-6　中下扬子地区下寒武统页岩有机碳含量平面分布图

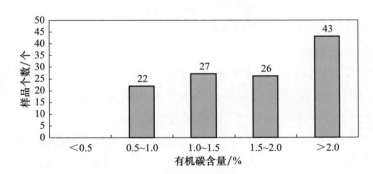

图 4-7　湘鄂西地区水井沱组页岩有机碳含量分布直方图

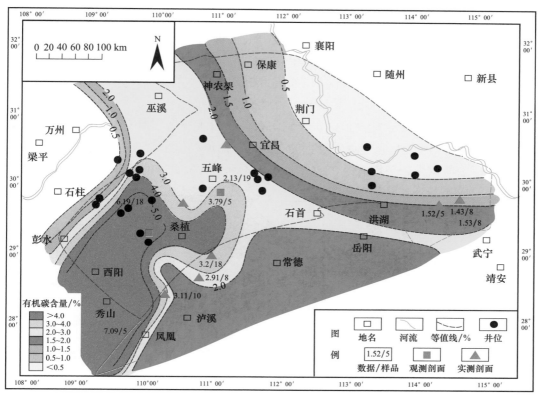

图 4-8 湘鄂西地区水井沱组页岩有机碳含量推测等值线图

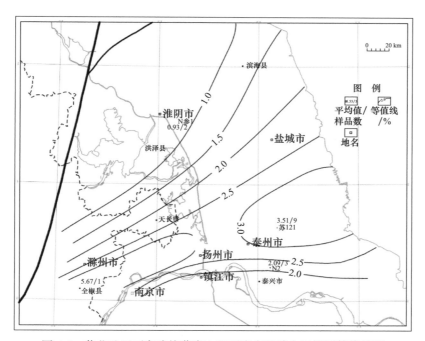

图 4-9 苏北地区下寒武统幕府山组页岩有机碳含量推测等值线图

3. 苏南-皖南-浙西地区下寒武统荷塘组

该区下寒武统荷塘组与苏北盆地的幕府山组同期,其主要岩性为碳质页岩、碳质泥岩、硅质泥岩、硅质页岩及硅质岩,其中碳质页岩占80%以上。碳质页岩有机碳含量分布范围跨度较大,最小值为0.13%,最大值为38.39%,平均值为4.96%。整体上,该地区荷塘组页岩有机碳含量平均值为4.5%,为好的含气页岩。

在平面上,有机碳含量高值区位于皖南石台—浙西开化一带(图4-10),有机碳含量平均含量大于4%,是含气页岩发育的有利区;低值区位于工区中部安徽芜湖—江苏无锡一线,有机碳含量平均值为0.5%~1.0%,不利于含气页岩的发育。

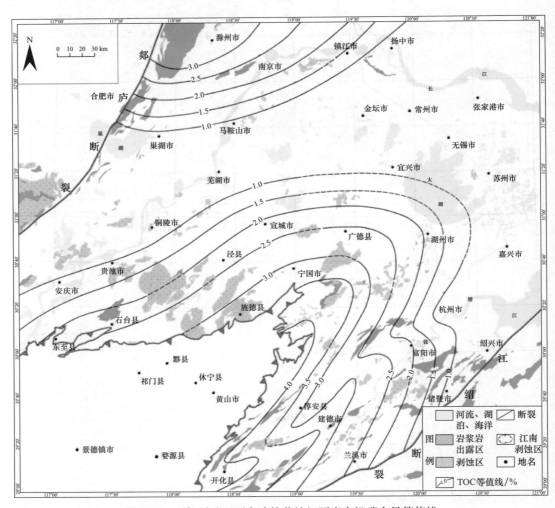

图4-10 下扬子地区下寒武统荷塘组页岩有机碳含量等值线

4. 赣西北下寒武统王音铺组和观音堂组

赣西北下寒武统泥页岩的有机碳含量相对较高,钻孔岩心有机碳含量都大于1%

（表4-6）。纵向上，高有机碳含量主要分布于王音铺组和观音堂组中下部；平面上，赣西北修武盆地总体要好于九瑞盆地，九瑞盆地西部要好于盆地内其他地区，在彭山穹窿附近下寒武统黑色页岩有机碳含量总体趋势小于3%，大多在1.21%～2.93%（图4-11、图4-12）。

表 4-6　赣西北地区各剖面下寒武统气源岩热解参数表

剖面	层位	岩性	$T_{max}/℃$	$S_1/(mg/g)$	$S_2/(mg/g)$
修页1井	$∈_1g$	黑色页岩	405	0.10	0.19
修页1井	$∈_1w$	黑色页岩	429	0.08	0.16
ZK48-9	$∈_1g$	黑色页岩	452	0.03	0.06
ZK48-9	$∈_1w$	黑色页岩	465	0.02	0.05
ZK3242	$∈_1w$	黑色页岩	442	0.02	0.03

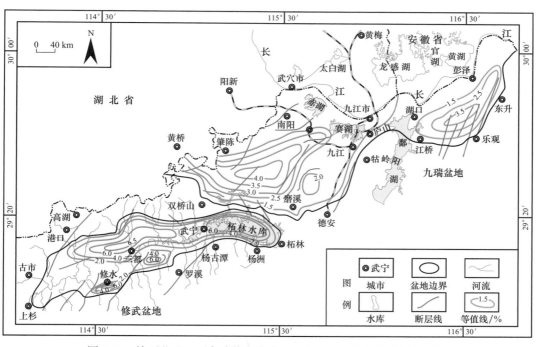

图 4-11　赣西北地区下寒武统观音堂组页岩有机碳含量推测等值线图

（三）上奥陶统—下志留统

上奥陶统—下志留统富有机质页岩主要分布于上扬子地区的湘鄂西、赣西北及下扬子地区（图4-13）。

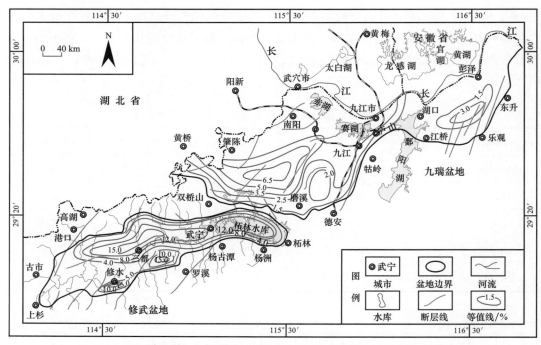

图 4-12 赣西北地区下寒武统王音铺组页岩有机碳含量推测等值线图

1. 湘鄂西地区上奥陶统五峰组—下志留统龙马溪组

湘鄂西地区上奥陶统五峰组—下志留统龙马溪组气源岩有机碳含量分布范围为 0.11%~5.01%，平均值为 1.88%，有机碳含量主要分布在 1.5%~2.0%，占整个样品总数的 75%（图 4-14），为好气源岩。五峰组—龙马溪组有机碳含量高值区位于恩施—彭水一带（图 4-15）。

2. 赣西北地区上奥陶统—下志留统新开岭组

上奥陶统—下志留统新开岭组黑色笔石页岩有机碳含量较高，为 0.26%~3.68%，平均为 2.01%。新开岭组在修武盆地大部出现，部分地方有缺失（如修水王家祠堂—西坪向斜内），在九瑞盆地则分布于其西南部，彭山穹窿附近该组地层岩性发生变化至缺失。平面上，新开岭组泥页岩有机碳含量高值区位于夏家桥—青山和武宁—溪口一带（图 4-16）。

3. 下扬子地区上奥陶统五峰组—下志留统高家边组

下扬子地区上奥陶统五峰组—下志留统高家边组页岩主要分布于苏北盆地，在苏南—皖南地区分布较局限，仅分布于沿江地区，其他地区主要为粉砂岩–砂岩。

苏北盆地五峰组—高家边组的有机碳含量整体较低，但其连续厚度较大。五峰组 24 个样品的有机碳含量为 0.07%~2.37%，其平均值为 0.62%，其中有机碳含量为 0~0.5% 的样品占总数的 50.0%，0.5%~1% 的占 33.3%，1%~2% 的占 8.3%，2%~3% 的占 8.3%

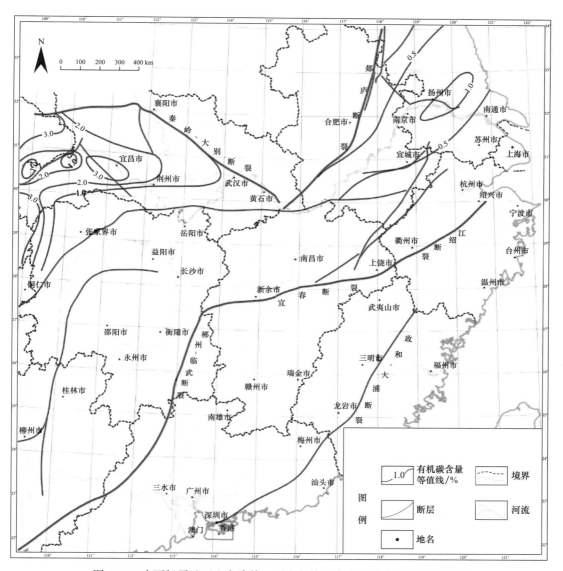

图 4-13 中下扬子地区上奥陶统—下志留统页岩有机碳含量平面分布图

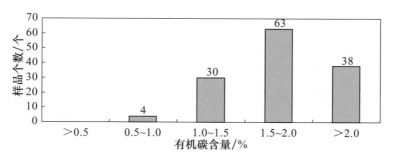

图 4-14 湘鄂西地区五峰组—龙马溪组页岩有机碳含量分布直方图

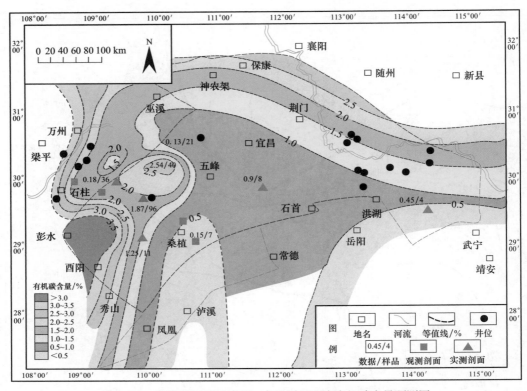

图 4-15　湘鄂西地区五峰组—龙马溪组页岩有机碳含量预测图

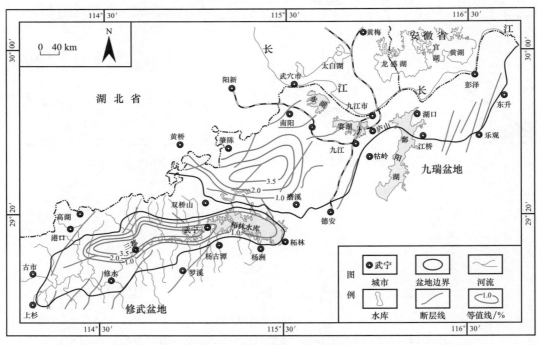

图 4-16　赣西北地区上奥陶统—下志留统新开岭组页岩有机碳含量推测等值线图

（图 4-17），属于差气源岩。在纵向上，高家边组泥页岩有机碳含量低于五峰组，119 个样品的有机碳含量为 0.02%～1.80%，其平均值为 0.19%，其中有机碳含量为 0～0.5% 的样品占总数的 94.1%，0.5%～1% 的占 4.20%，1%～2% 的占 1.68%（图 4-17），仅在该组下段含笔石页岩段，有机碳含量相对较高。平面上，五峰组泥页岩有机碳含量在获垛地区达到最大，获 3 井有机碳含量最高可达 2.37%，平均值为 1.19%，向西北方向有机碳含量变低，通常小于 0.5%。高家边组相对于五峰组而言，泥页岩有机碳含量更低，仅泰州地区 N4 井有机碳含量平均值最大为 0.96%，其余地区有机碳含量均小于 0.5%（图 4-18）。

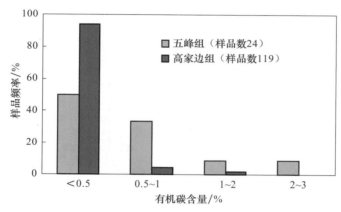

图 4-17　苏北地区五峰—高家边组页岩有机碳含量分布图

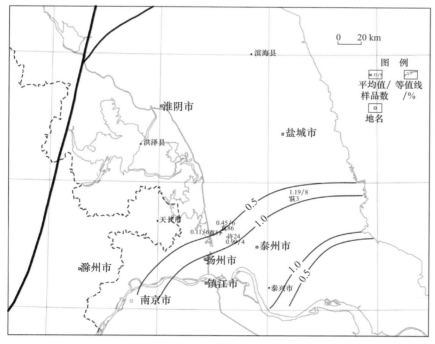

图 4-18　苏北地区五峰组—高家边组页岩有机碳含量推测等值线图

4. 下扬子地区中二叠统孤峰组

孤峰组有机碳含量为 0.24%～12.7%，其平均值为 4.81%，其中有机碳含量为 0～0.5% 的样品占总数的 23.1%，0.5%～1% 的占 30.8%，1%～2% 的占 7.69%，大于 5% 的占 38.5%（图 4-19），属于较好烃源岩，由于受样品数量的限制，在不同地区有机碳含量差别很大。例如，兴化地区获 4 井有机碳含量为 0.24%～0.72%，平均值为 0.53%；而黄桥地区长 1 井有机碳含量平均为 11.6%，最高可达 12.7%。

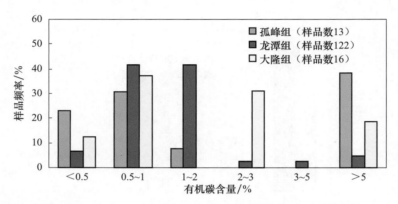

图 4-19　下扬子地区孤峰组、大隆组泥页岩有机碳含量分布图

5. 下扬子地区上二叠统大隆组

大隆组页岩有机碳含量为 0.10%～14.82%，平均值为 2.90%，0～0.5% 的样品占总数的 12.5%，0.5%～1% 的占 37.5%，2%～3% 的占 31.25%，大于 5% 的占 18.75%。有机碳含量高值区位于苏北及苏南地区（图 4-20）。

三、有机质成熟度

中下扬子地区各海相页岩层系有机质成熟度高，R_o 平均值均超过 2.5%，均已达到过成熟生干气阶段（图 4-21）。

（一）下震旦统

湘鄂西地区下震旦统陡山沱组气源岩有机质成熟度 R_o 分布范围为 2.71%～4.52%，平均值为 3.65%（图 4-22）；从陡山沱组 R_o 平面分布图看，页岩气有利区位于江汉平原及永顺—秀山一带，研究区陡山沱组总体达到高－过成熟阶段（图 4-23）。

（二）下寒武统

中下扬子地区下寒武统富有机质页岩成熟度普遍较高，R_o 普遍大于 2%，总体达到高－过成熟阶段（图 4-24）。

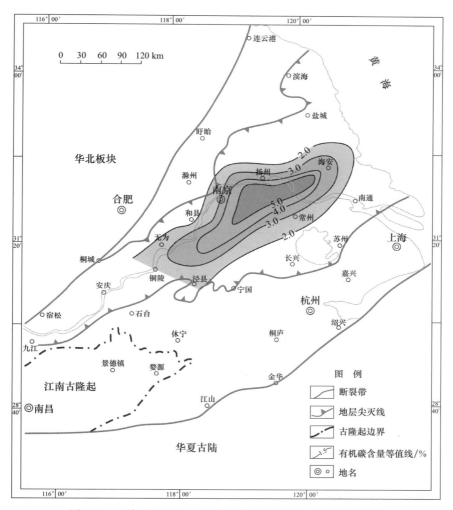

图 4-20 下扬子地区上二叠统大隆组有机碳含量平面分布图

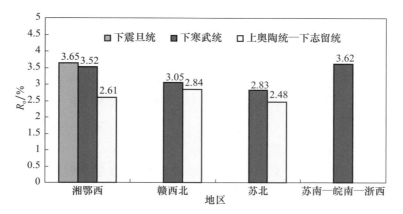

图 4-21 中下扬子地区海相页岩有机质成熟度对比图

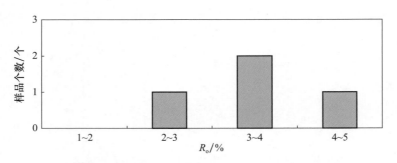

图 4-22　湘鄂西地区陡山沱组 R_o 分布直方图

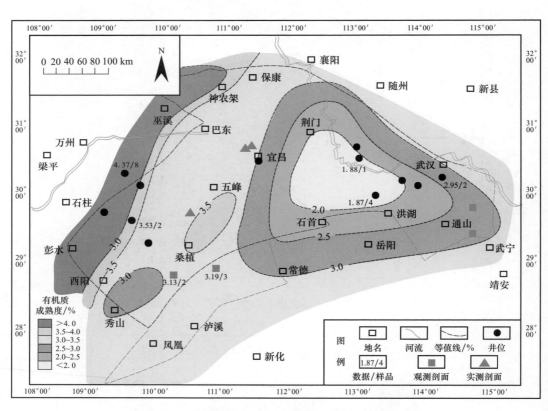

图 4-23　湘鄂西地区陡山沱组有机质成熟度预测图

1. 湘鄂西地区下寒武统水井沱组

　　湘鄂西地区下寒武统水井沱组页岩有机质成熟度 R_o 分布范围为 2.31%～4.46%，平均值为 3.52%（图 4-25）；从水井沱组 R_o 平面分布看，页岩气有利区位于江汉平原及麻阳盆地，该地区水井沱组总体达到高－过成熟阶段（图 4-26）。

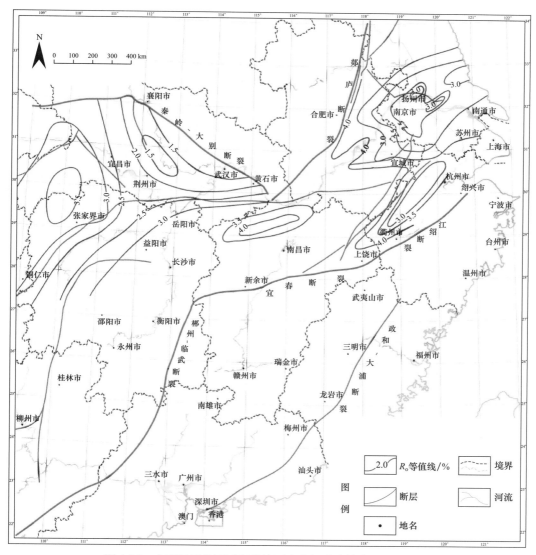

图 4-24 中下扬子地区下寒武统页岩有机质成熟度平面分布图

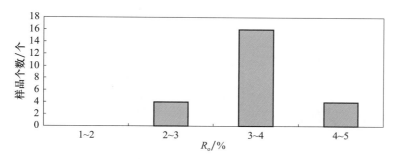

图 4-25 湘鄂西地区水井沱组 R_o 分布直方图

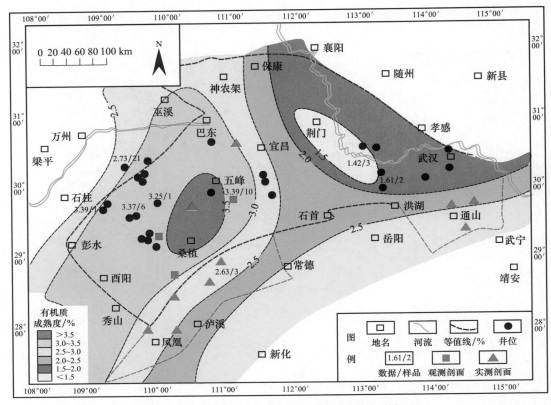

图 4-26　湘鄂西地区水井沱组有机质成熟度分布图

2. 苏北地区幕府山组

苏北地区幕府山组 R_o 为 0.67%～5.47%，平均值为 2.83%，其中，57.14% 的泥页岩样品的 R_o 超过了 2.0%，14.29% 的样品的 R_o 超过了 3.0%，最高可达 5.47%，处于过成熟阶段（图 4-27）。平面上，苏北地区幕府山组 R_o 普遍大于 2.0%，仅在泰州—小海一带

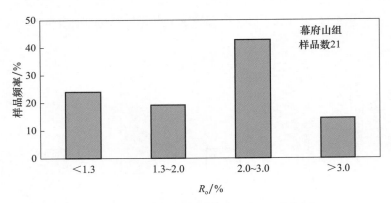

图 4-27　苏北地区幕府山组泥页岩 R_o 分布图

小于 2.0%。西北部泥页岩有机质成熟度高于东南部，西北部一般大于 3%，东南部有机质成熟度小于 3%（图 4-28）。

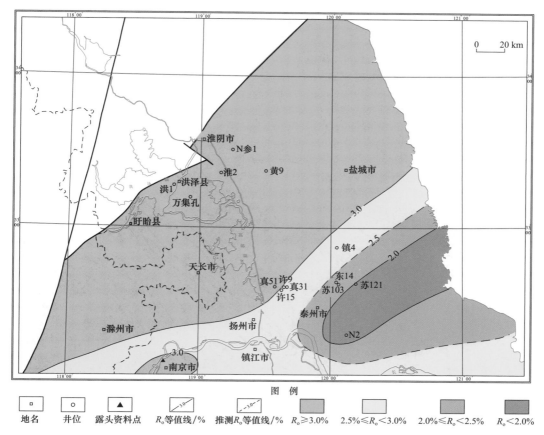

图 4-28　苏北地区幕府山组泥页岩有机质成熟度分布图

3. 苏南—皖南—浙西地区下寒武统荷塘组

苏南—皖南—浙西地区下寒武统荷塘组／黄柏岭组泥页岩的 R_o 为 0.8%～5.9%，平均值为 4.32%，处于过热演化阶段。R_o 高值区位于皖南、浙西地区，以宁国—休宁—石台为中心，R_o 大于 4%（图 4-29）。R_o 小于 4% 的占 7%，4.0%～5.0% 的占 91%，大于 5% 的占 2%（图 4-30）。

4. 赣西北地区下寒武统王音铺组和观音堂组

赣西北地区热解具有热解峰温（T_{max}，℃）高，热解烃（S_2）低的特点。钻孔岩心样品分析结果显示，下寒武统富有机质页岩热解峰温 T_{max} 基本小于 500℃，修页 1 井王音铺组海相气源岩 T_{max} 值为 406～435℃，平均值为 421℃，观音堂组海相气源岩 T_{max} 值为 369～443℃，平均值为 409℃，均处于过成熟阶段（表 4-6）。

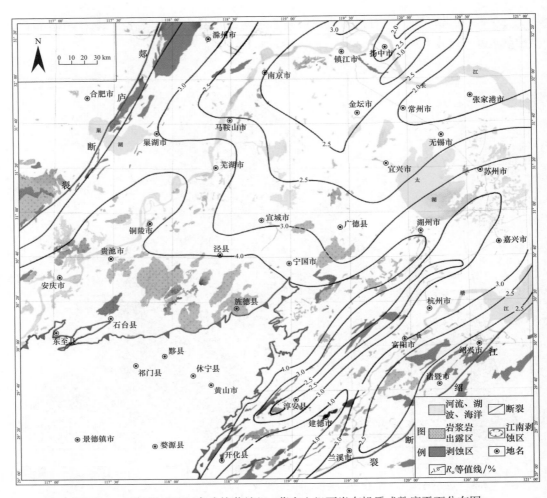

图 4-29　下扬子地区下寒武统荷塘组 / 幕府山组页岩有机质成熟度平面分布图

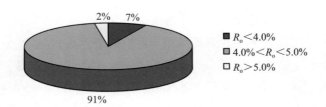

图 4-30　下扬子地区下寒武统页岩有机质成熟度范围分布

　　赣西北地区下寒武统王音铺组和观音堂组富有机质页岩的热演化程度（R_o）普遍较高。王音铺组 R_o 范围为 1.72%～4.81%，平均值为 3.70%，观音堂组 R_o 范围为 1.14%～4.45%，平均值为 3.05%（图 4-31、图 4-32）。

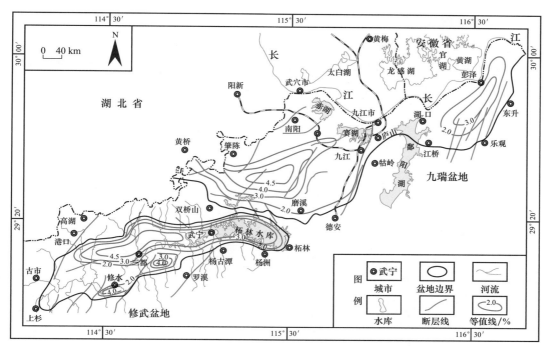

图 4-31 赣西北地区下寒武统观音堂组地层页岩有机质热演化程度图

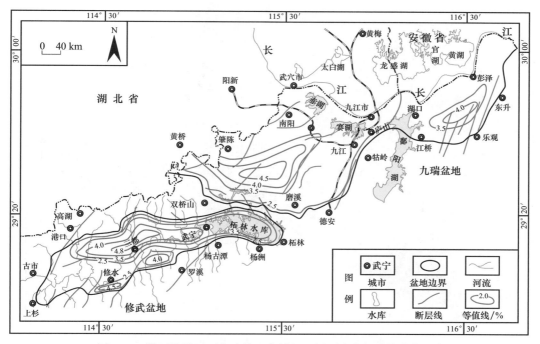

图 4-32 赣西北地区下寒武统王音铺组地层页岩有机质热演化程度图

（三）上奥陶统—下志留统

1. 湘鄂西地区上奥陶统五峰组—下志留统龙马溪组

湘鄂西地区下奥陶统五峰组—上志留统龙马溪组页岩有机质成熟度 R_o 分布范围为 2.05%～4.21%，平均值为 2.61%（图 4-33），五峰组—龙马溪组总体达到高－过成熟阶段（图 4-34）。

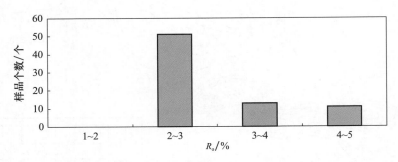

图 4-33　湘鄂西地区五峰组—龙马溪组 R_o 分布直方图

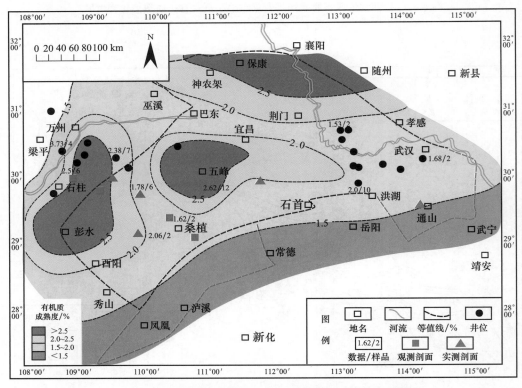

图 4-34　湘鄂西地区五峰组—龙马溪组有机质成熟度预测图

　　湘鄂西地区热解具有热解峰温（T_{max}，℃）高，热解烃（S_2）和氢指数（HI）低的特点。野外露头样品分析结果显示，古生界气源岩热解峰温 T_{max} 大都小于 500℃，氢指数小于 100mg 烃 /gTOC，均处于过成熟阶段。气源岩层位越新，T_{max} 值越低，层位越老，T_{max} 值越高，且随气源岩层位变老，T_{max} 值呈现出递增的趋势。表明中扬子地区层位越老的海相气源岩的有机质演化程度高于新地层的气源岩。

　　2. 赣西北地区上奥陶统—下志留统新开岭组

　　新开岭组页岩 R_o 范围为 2.00%～3.24%，平均值为 2.84%。总体来说，研究区各层位均已达到过成熟干气阶段（图 4-35）。

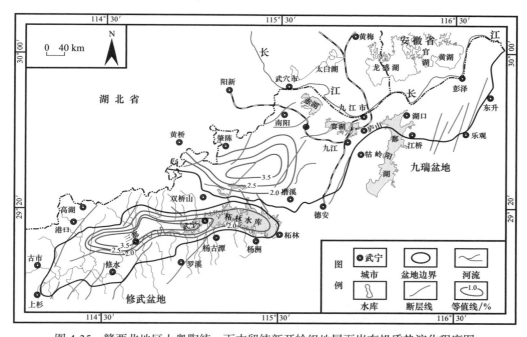

图 4-35　赣西北地区上奥陶统—下志留统新开岭组地层页岩有机质热演化程度图

　　3. 苏北地区上奥陶统五峰组—下志留统高家边组

　　苏北地区五峰组—高家边组泥页岩样品 R_o 为 0.79%～6.67%，平均值为 2.48%（图 4-36）。总体而言，苏北地区五峰组—高家边组泥页岩热演化程度处于高成熟 - 过成熟生气阶段，局部发育热演化低值区。低演化区大体位于镇江—泰州—东台一带，沿北东向南黄海延伸。这些低成熟点的位置接近加里东期的古隆起部位，并位于早期逆冲断层的前缘隆起上，晚白垩世以来未进一步增熟，因此成熟度相对较低。这些"低熟"点的热演化程度一定程度上代表了中燕山期该点下古生界泥页岩的热演化程度。高热演化区主要位于苏北北部和南黄海北部的凹陷区，反映下古生界泥页岩在晚白垩世以来仍有增熟生气（图 4-37）。

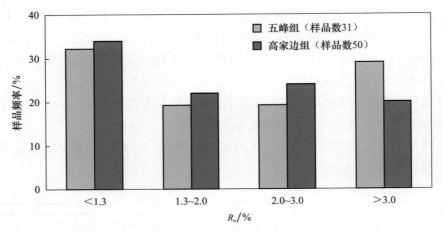

图 4-36 苏北地区五峰组—高家边组泥页岩 R_o 分布图

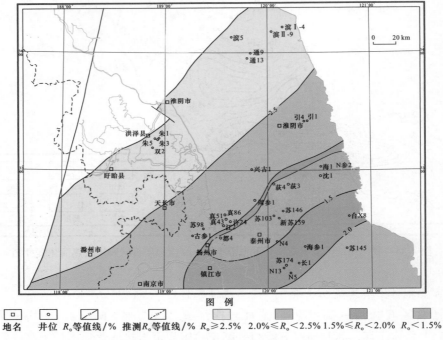

图 4-37 苏北地区五峰组—高家边组泥页岩热演化分布图

第二节 海陆过渡相页岩有机地球化学特征

海陆过渡相富有机质页岩在中下扬子地区分布比较广泛，在层系上包括石炭系、二叠系。湘中—湘东南地区海陆过渡相页岩层系主要包括下石炭统大塘阶测水段（C_1d^2）、上二叠统龙潭组（P_3l）；江西萍乐地区海陆过渡相页岩层系包括上二叠统小江边组和乐平组、上三叠统安源组；下扬子地区海陆过渡相页岩层系包括主要是中二叠统孤峰组（P_3g）、上二叠统龙潭组（P_3l）及大隆组（P_3d）。

一、有机质类型

湘中—湘东南—湘东北地区下石炭统大塘阶测水段泥页岩有机质类型以Ⅱ型（混合型）干酪根为主，部分有机质丰度较高的地区可能为Ⅰ型，二叠系煤系地层主要为Ⅲ型干酪根；萍乐地区二叠系小江边组泥页岩有机质类型以Ⅰ型为主，二叠系乐平组和三叠系安源组以Ⅲ型为主；下扬子地区下二叠统孤峰组泥页岩主要为Ⅱ₁型干酪根，龙潭组为Ⅱ–Ⅲ型有机质，大隆组以Ⅱ₂型干酪根为主（表4-7）。

表4-7 海陆过渡相页岩有机质类型

地区	层位	干酪根类型
湘中—湘东南—湘东北地区	上二叠统大隆组	Ⅲ型、Ⅱ型
	上二叠统龙潭组	Ⅲ型、Ⅱ型
	下石炭统大塘阶测水段	Ⅱ型、Ⅰ型
萍乐地区	三叠系安源组	Ⅲ型
	二叠系乐平组	Ⅲ型
	二叠系小江边组	Ⅰ型
下扬子地区	上二叠统大隆组	Ⅱ₂型
	上二叠统龙潭组	Ⅱ型、Ⅲ型
	下二叠统孤峰组	Ⅱ₁型

（一）下石炭统

下石炭统富有机质页岩主要为分布于湘中—湘东南地区的大塘阶测水段页岩。通过干酪根显微组分分析，其富有机质页岩母质类型以Ⅱ型为主（表4-8～表4-10）。

表4-8 湘中拗陷海陆过渡相页岩干酪根显微组分资料判别干酪根类型

采样地点		样品数	显微组分				类型指数（TI）		干酪根类型
			腐泥组/%	壳质组/%	镜质组/%	惰质组/%	变化范围	均值	
涟源凹陷	C_1d^2（桃溪）	1	61.7	1.0	36.3	1.0	34.0		Ⅱ型
	C_1y（潮光村）	3	63～83	0～0.3	17～36.3	0～0.7	35.1～70.3	49.33	Ⅱ型
邵阳凹陷	C_1y（新邵）	4	75.3～85.3		14.3～23.7	0.3～1.0	56.5～74.3	66.1	Ⅱ型

（二）二叠系

1. 湘中—湘东南—湘东北地区

湘中—湘东南—湘东北地区二叠系富有机质页岩主要为龙潭组、大隆组煤系泥页岩。通过干酪根显微组分分析，其富有机质页岩母质类型以Ⅲ型为主，其次为Ⅱ型（表4-9、表4-10）。

表4-9　湘东南拗陷海陆过渡相页岩干酪根显微组分鉴定结果

序号	层位	采样地点	岩性	腐泥组 /%	壳质组 /%	镜质组 /%	惰质组 /%	干酪根类型
1	龙潭组	芭蕉圩	灰黑色泥岩	63.3		32.4	4.3	Ⅱ₂型
2	龙潭组	竹市	灰黑色泥岩	72.3		27.0	0.7	Ⅱ₁型
3	龙潭组	马田	灰黑色泥岩	78.7		20.3	1.0	Ⅱ₁型
4	龙潭组	太排冲	灰色泥岩	82.7		17.0	0.3	Ⅱ₁型
5	茅口组	芭蕉圩	深灰色泥岩	44.3		55.0	0.7	Ⅱ₂型
6	测水段	油麻	灰黑色页岩	31.0		66.0	3.0	Ⅲ型
7	测水段	则板岭	灰黑色灰岩	84.7		14.3	1.0	Ⅱ₁型

表4-10　湘中地区海陆过渡相页岩干酪根类型综合判别一览表

层位	涟源凹陷						邵阳凹陷						零陵凹陷					
	干酪根			族组分	饱和烃色谱	综合判别	干酪根			族组分	饱和烃色谱	综合判别	干酪根			族组分	饱和烃色谱	综合判别
	形态	显微组分	碳同位素				形态	显微组分	碳同位素				形态	显微组分	碳同位素			
P₂				Ⅲ	Ⅲ					Ⅱ	Ⅰ	Ⅱ				Ⅲ	Ⅲ	Ⅲ
C₁d²	Ⅱ	Ⅲ	Ⅱ	Ⅱ	Ⅱ					Ⅱ		Ⅱ						

2. 萍乐地区

萍乐地区二叠系富有机质页岩主要包括二叠系小江边组、乐平组页岩。小江边组有机质类型以Ⅰ型为主，乐平组以Ⅲ型为主（表4-11）。

表4-11　萍乐拗陷二叠系富有机质页岩显微组分统计表

序号	送样编号	层位	镜质组 /%	惰质组 /%	壳质组 /%	有机质 /%	矿物 /%	腐泥组 /%	有机质类型
1	ZK1801	小江边组	0.13			0.13	99.87		Ⅰ型
2	宜春剖面点	小江边组	0.13			0.13	99.87		Ⅰ型

续表

序号	送样编号	层位	镜质组/%	惰质组/%	壳质组/%	有机质/%	矿物/%	腐泥组/%	有机质类型
3	宜春剖面点	小江边组	0.25			0.25	97.75		Ⅰ型
4	ZK2005-4	乐平组	5.2			5.2	94.8		Ⅲ型
5	ZK2508-3	乐平组	7			7	93		Ⅲ型
6	ZK2701-2	乐平组	4.4	1		7.5	92.5		Ⅲ型
7	ZK2702	乐平组	1.88	0.51	0.5	2.89	97.11		Ⅲ型
8	ZK2702	乐平组	2.38	0.64	0.88	3.9	96.1		Ⅲ型
9	ZK2702	乐平组	2.63	0.63	0.25	3.51	96.49		Ⅲ型
10	ZK2702	乐平组	0.75	0.13	0.38	1.26	98.74		Ⅲ型
11	ZK2702	乐平组	0.88	0.25	0.13	1.26	98.74		Ⅲ型
12	ZK04-2	乐平组	3.3	3.2	2.1	8.6	85.4	6	Ⅲ型

3. 下扬子地区

下扬子地区海陆过渡相主要为龙潭组页岩。通过干酪根显微组分及碳稳定同位素组成分析，其富有机质页岩母质类型以腐泥腐殖–腐殖型（即Ⅱ$_2$–Ⅲ型）为主，部分为腐殖腐泥型（即Ⅱ$_1$型）（表4-12、表4-13、图4-38）。

位于浙西地区的长页1井龙潭组有机质类型主要为Ⅲ型，部分为Ⅱ型，其干酪根碳同位素值分布在22.07‰～26.17‰，平均值为23.47‰（图4-39）。

表4-12 苏北地区孤峰组、龙潭组、大隆组页岩有机组分含量统计表

地区	层位	样品数	无定形/%	壳质组/%	镜质组/%	惰质组/%	类型指数
苏北地区	P$_3$l	6	$\frac{5～93.33}{60.61}$	$\frac{0～59.67}{11.5}$	$\frac{0～3.33}{1.89}$	$\frac{4.67～43.67}{26.00}$	$\frac{0.09～88.00}{38.95}$

注：横线以上为范围值，横线以下为平均值。

表4-13 苏北地区龙潭组页岩有机质类型统计表

井号	井深/m	岩性	层位	干酪根碳同位素 $\delta^{13}C$/‰	有机质类型
海参1	3285.16～3286.41	黑色泥岩	P$_3$l	−24.2	Ⅱ$_2$型
海参1	3287.42～3320.84	灰黑色泥粉晶藻粒灰岩	P$_3$l	−25.8	Ⅱ$_2$型
滨1-4	775	黑色碳质泥岩	P$_3$l	−26.5	Ⅱ$_1$型

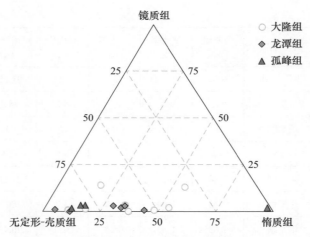

图 4-38　苏北地区孤峰组、龙潭组、大隆组有机显微组分（组）对比图

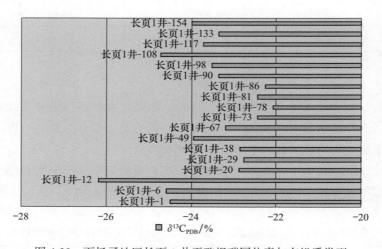

图 4-39　下扬子地区长页 1 井干酪根碳同位素与有机质类型

　　从类型指数来看，下扬子地区龙潭组页岩有机质类型指数（TI）大都小于 0，为Ⅲ型有机质（图 4-40）。

二、有机碳含量及其变化

　　海陆过渡相富有机质页岩有机碳含量较高，但是变化较大。通过对比湘中—湘东南—湘东北地区、下扬子地区及江西萍乐地区各层系平均有机碳含量可知，下扬子地区孤峰组、龙潭组、大隆组三个层系平均有机碳含量最高；其次是湘中—湘东南—湘东北地区龙潭组和大隆组，萍乐地区有机碳含量较低，为 1.12%～1.61%，安源组相对较高（图 4-41）。

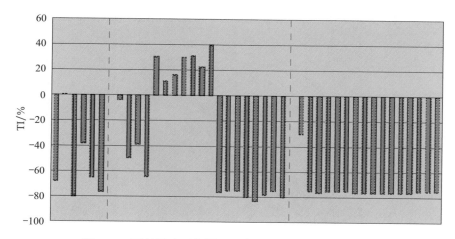

图 4-40　下扬子地区龙潭组页岩有机质类型指数分布图

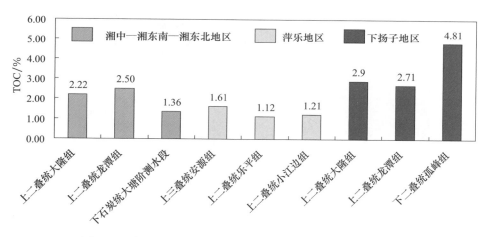

图 4-41　中下扬子地区海陆过渡相页岩有机碳含量对比图

（一）下石炭统

湘中拗陷：在东安县大庙口镇铜鼓岭剖面、东安县端桥铺镇剖面等可见测水段泥页岩，岩性多为深灰色碳质页岩、深灰色泥岩夹黑色碳质泥岩、煤。测水段泥页岩层由泥质岩夹煤层组成，经恢复后泥质岩有机碳含量范围为 0.56%～5.16%，平均为 1.36%。煤层有机碳含量大于 80%，含气量平均为 18m³/t。测水段由于受剥蚀的影响，TOC 值有效面积较小，在湘中地区的三个凹陷部分地区 TOC 最大值可达 2.5%（图 4-42）。

湘东南拗陷：测水段泥页岩层由泥质岩夹煤层组成，含气量平均为 18m³/t。TOC 高值区分布在拗陷中部，有效面积较小，TOC 最大值可达 2.5% 以上（图 4-42）。

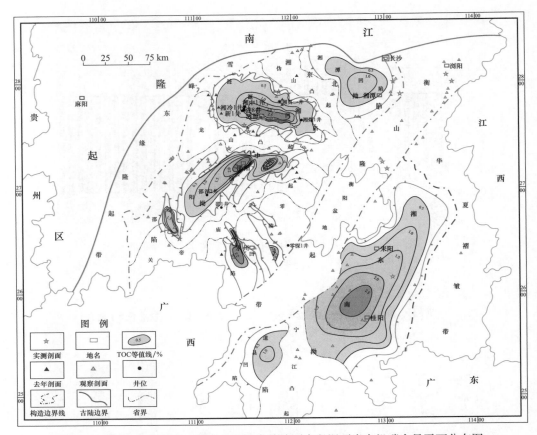

图 4-42　湘中—湘东南—湘东北地区大塘阶测水段泥页岩有机碳含量平面分布图

湘东北拗陷：测水段泥页岩层由泥质岩夹煤层组成，含气量平均为 18m³/t。由于受剥蚀的影响，测水段 TOC 值有效面积较小，湘东北地区构造剥蚀严重，TOC 值在 1.0% 左右（图 4-42）。

（二）二叠系

1. 湘中—湘东南—湘东北地区

湘中拗陷：二叠系上统泥页岩层由滨海沼泽相的灰黑色泥页岩、碳质页岩、薄煤层以及深水环境的灰黑色硅质岩夹硅质灰岩组成。泥页岩层厚度稳定，在 220~250m 范围内变化。龙潭组在湘中地区发育最好，湘中地区的三个凹陷中心地带最大值均可达 2.5% 以上。大隆组有机碳含量范围为 0.69%~4.00%，平均值为 2.22%，最大可达 2.5% 以上（图 4-43、图 4-44）。

湘东南拗陷：二叠系上统泥页岩层由滨海沼泽相的灰黑色泥页岩、碳质页岩、薄煤层以及深水环境的灰黑色硅质岩夹硅质灰岩组成。龙潭组在湘中地区发育最好。湘东南地区除西南区块较低外，其他地区均较高。大隆组 TOC 值除湘东北地区外，其余几个区块都较好，最大可达 2.5% 以上（图 4-43、图 4-44）。

湘东北拗陷：湘东北地区龙潭组有机碳含量主要分布在 1.0% 左右。湘东北大隆组 TOC 值推测在 1.0% 左右（图 4-43、图 4-44）。

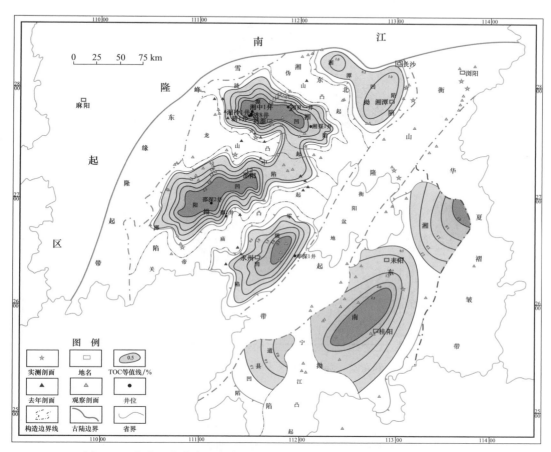

图 4-43　湘中—湘东南—湘东北地区龙潭组泥页岩有机碳含量平面分布图

2. 下扬子地区

1）苏、浙、皖地区

苏、浙、皖上二叠统龙潭组泥页岩主要为一套海陆交互相沉积，发育煤层，与中二叠统的孤峰组及上二叠统的大隆组相比，其有机碳含量相对较差。

龙潭组泥页岩有机碳含量为 0.13%～12%，平均值为 1.55%，其中 TOC 为 0.5%～2% 的样品占总数的 83.6%，有机碳含量主要分布在 0.56%～1.83%，属于中等烃源岩。

从图 4-45 可以看出，龙潭组页岩在平面上存在两个高值区，一个位于苏北盆地，另一个位于皖南的泾县—铜陵一带。

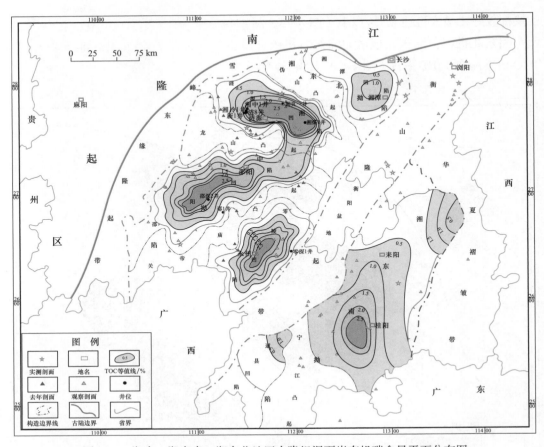

图 4-44 湘中—湘东南—湘东北地区大隆组泥页岩有机碳含量平面分布图

苏北盆地龙潭组页岩 TOC 以海安—黄桥一带有机碳含量最高，海安地区海参 1 井有机碳含量平均为 1.90%，黄桥地区长 1 井有机碳含量平均为 2.08%，最高可达 12%，向北其有机碳含量逐渐变低；往西北、东南方向，有机碳含量逐渐降低，普遍小于 1.0%。

苏南、皖南及浙西地区龙潭组泥页岩有机碳含量的变化范围较大，为 0.52%～21.14%，平均值为 2.71%，TOC 在不同的地区表现出很大的差异性。TOC 高值区主体上位于泾县—铜陵一带，TOC 值变化范围集中在 1.5%～2.5%，具备良好的生烃潜力。

于浙西长兴县煤山镇钻探的长页 1 井，其龙潭组岩性以粉砂岩与泥页岩互层为主。据 74 个样品测试结果，其 TOC 值最小值为 0.11%，最大值为 4.84%，平均值为 0.93%，煤层 TOC 值最大可达 57.1%。总体来讲，龙潭组其 TOC 含量相对较低（图 4-46）。

从图 4-46 可以看出，该井 300m 以上 TOC 明显高于下部，这主要与岩性／沉积相

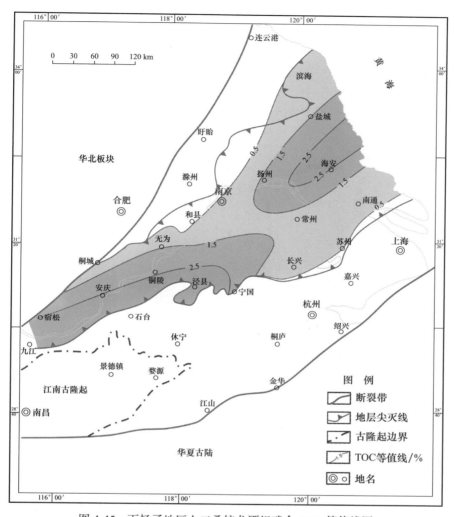

图 4-45 下扬子地区上二叠统龙潭组残余 TOC 等值线图

有关。上部主要为沼泽相沉积，沉积了一套以泥岩为主的地层。下部主要为粉砂质泥岩、底部为粉砂岩，是一套滨岸相潮坪沉积。

2）萍乐地区

萍乐地区二叠系上统泥页岩主要分布于小江边组，主要岩性为暗色碳质泥页岩，其次为乐平组老山段的暗色泥页岩。其中，二叠系小江边组有机碳含量为 0.5%~2.54%，平均值为 1.21%。总体上，研究区西部有机碳含量较高，东部稍低（图 4-47）。

二叠系乐平组有机碳含量为 0.38%~3.66%，平均值为 1.12%。总体上，萍乐地区西部有机碳含量较高，东部偏低（图 4-48）。

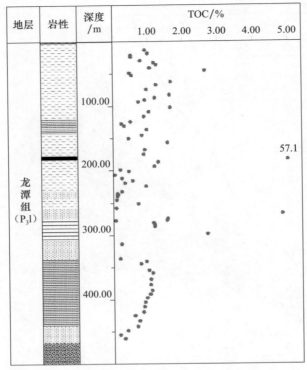

图 4-46　长页 1 井 TOC 与深度变化关系

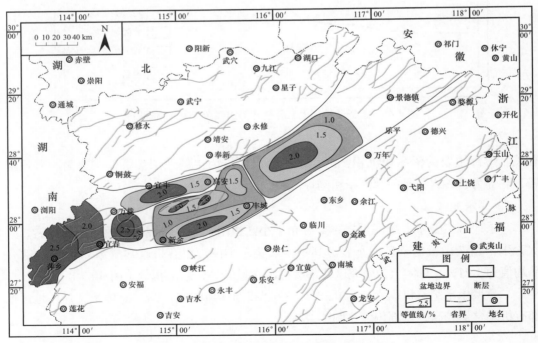

图 4-47　萍乐地区小江边组页岩 TOC 等值线图

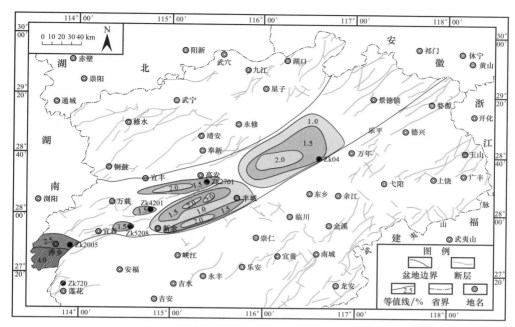

图 4-48 萍乐地区乐平组页岩 TOC 等值线图

三、有机质成熟度

通过对比不同地区海陆过渡相页岩的有机质热演化程度，湘中—湘东南—湘东北地区页岩有机质成熟度 R_o 平均值为 1.53%～1.89%，处于高成熟热演化阶段，页岩有机质的 R_o 值随地层时代变老而明显增高；萍乐地区有机质成熟度平均值为 1.66%～2.26%，总体处于高成熟–过成熟阶段，纵向上有机质成熟度随层系页岩埋深增加有逐渐增大的趋势；下扬子地区海陆过渡相页岩平均有机质成熟度为 1.27%～1.40%，处于成熟–高成熟热演化阶段（图 4-49）。

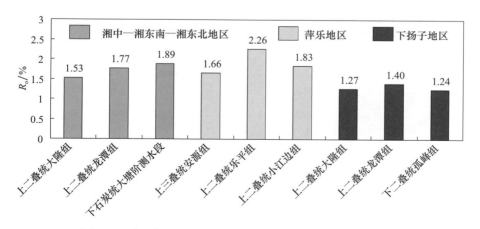

图 4-49 中下扬子地区海陆过渡相页岩有机质成熟度对比图

（一）下石炭统

1. 湘中拗陷

石炭系下统的大塘阶测水段页岩 R_o 值分布在 0.89%～4.29%，平均值为 2.40%，T_{max} 值为 456～600℃，平均值为 556℃，总体上其演化程度为过成熟阶段。涟源凹陷西部的天龙山、东岭剖面与涟 8 井、涟深 3 井资料显示 R_o 值为 2.3%～2.55%，热失重小于 10%，H/C 原子比为 0.12～0.34，自由基浓度为 0.23～0.58，部分为 6.4～9.3，凹陷东部的雷鸣桥、棋梓桥剖面页岩 R_o 值下降至 1.3%～1.7%，H/C 原子比、热失重、自由基浓度三项数据上升显著（表 4-14），由此确定西部地区页岩进入过成熟阶段，而东部则为高成熟阶段。

表 4-14　涟源凹陷大塘阶测水段干酪根热演化阶段表

层位	采样点	镜质体反射率 R_o/%	干酪根元素 H/C 原子比	热失重 Δm/%	自由基浓度 /($n\times10^{18}$)	综合判断
C₁d	新化东岭				9.29	过成熟
	涟深 3 井				0.23，6.36	
	新化天龙山	2.55	0.12～0.34	9.31	0.58	
	涟 8 井	2.29，3.29				
	雷鸣桥	1.69	0.39	16.75	4.2	高成熟
	棋梓桥	1.33	0.44	19.33	14.0	

邵阳凹陷中、西部地区页岩 R_o 值为 2.24%～3.0%（个别值为 1.8%），H/C 原子比为 0.27～0.39，自由基浓度由 0.43 至趋于消失，据此确定为过成熟阶段。邵 3 井、佘田桥剖面所在的东部地区页岩 R_o 值为 1.3%，H/C 原子比为 0.54～0.71，自由基浓度变化范围广，将其定为高成熟阶段（表 4-15）。

表 4-15　邵阳、零陵凹陷大塘阶测水段干酪根热演化阶段表

层位	采样点		镜质体反射率 R_o/%	干酪根元素 H/C 原子比	热失重 Δm/%	自由基浓度 $n\times10^{18}$ （自族数）/g	综合判断
C₁d	邵阳	武岗	1.8～2.24	0.39	5.96	0.43	过成熟
		邵 1 井	>3.0	0.27	12.23	→0	
		佘田桥	1.30	0.54	9.57	7.5	高成熟
		邵 3 井		0.31，0.71		31	
	零陵	东安		0.25			过成熟

2. 湘东南拗陷

湘东南拗陷石炭系各页岩层的镜质体反射率低于 2.0%，但高于 1.3%，热解峰温（T_{max}）平均值大于 500℃，显示其有机质处于高成熟阶段，T_{max} 值亦处在凝析油和湿气阶段。

3. 湘东北拗陷

石炭系下统大塘阶测水段页岩 R_o 值为 1.51%，热解峰温（T_{max}）平均值大于 500℃，达到高成熟阶段。

总体上，湘中—湘东南—湘东北地区大塘阶测水段页岩 R_o 值均已超过 1.5%，表明大部分处于高成熟阶段，其中涟源凹陷成熟度最大值可达 3.5% 以上。在湘中拗陷西南部和东北部的大部分地区，镜质体反射率 R_o 值都在 1.0% 以下（图 4-50）。

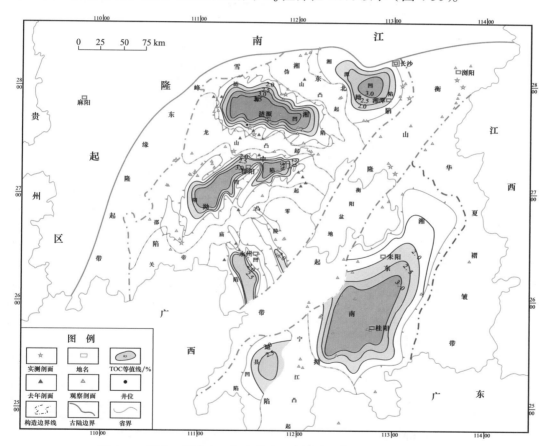

图 4-50 湘中—湘东南—湘东北地区大塘阶测水段页岩 R_o 等值线图

（二）二叠系

1. 湘中—湘东南—湘东北地区

湘中拗陷：二叠系上统的大隆组泥页岩 R_o 值分布在 1.10%～2.15%，平均值为

1.45%，T_{max} 值为 472～584℃，平均值为 517℃。龙潭组页岩 R_o 值分布在 1.05%～12.25%，平均值为 1.70%，T_{max} 值为 476～597℃，平均值为 516℃。井下岩心样品二叠系上统的龙潭组和大隆组页岩 R_o 值一般为 1.45%～2.25%，处于高成熟演化阶段。

湘东南拗陷：二叠系上统龙潭组页岩 R_o 值为 1.20%～2.10%，热解最高峰值为 440～600℃，成熟度演化较高。

湘东北拗陷：二叠系上统龙潭组页岩 R_o 值为 1.79%～1.80%，T_{max} 平均值大于 500℃，应达到高成熟阶段。

总体上，龙潭组湘东南拗陷东南部、涟源凹陷等地中心地带页岩 R_o 值最大可达 3.5% 以上。邵阳凹陷、零陵凹陷页岩 R_o 值可达 3.0%，整体演化程度较高（图 4-51）。

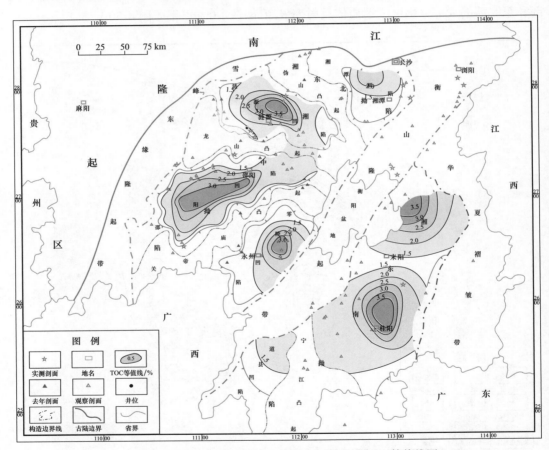

图 4-51　湘中—湘东南—湘东北地区龙潭组页岩 R_o 等值线图

2. 苏浙皖地区

1）苏北地区

苏北地区二叠系泥页岩热演化程度适中，整体热演化程度处于成熟–高成熟阶段，局部地区达到过成熟早期。其中龙潭组页岩热演化程度最高，76.00% 样品的 R_o 大于

1.3%，部分地区的 R_o 甚至超过了 3.0%，处于过成熟状态。R_o 平均值为 1.77% 左右，最高达 3.06%，孤峰组和大隆组的页岩 R_o 平均值分别为 1.24% 和 1.27%（表 4-16）。部分地区大隆组页岩 R_o 达 2.67%，孤峰组最低，其平均值在 1.3% 左右，处于成熟 – 高成熟阶段（图 4-52）。

表 4-16 苏北地区孤峰组、龙潭组、大隆组泥页岩有机质成熟度统计表

层位	岩性	R_o/%		
		最小值	最大值	平均值（样品数）
孤峰组	黑色泥岩	0.64	1.69	1.24（8）
龙潭组	黑色碳质泥页岩、灰黑色泥岩、深灰色粉砂质泥岩	0.76	3.06	1.77（25）
大隆组	黑色泥岩	0.77	2.67	1.27（9）

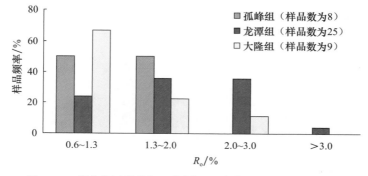

图 4-52 苏北地区孤峰组、龙潭组、大隆组泥页岩 R_o 分布图

2）苏南—皖南—浙西地区

研究区二叠系龙潭组泥页岩的总体热演化程度较高，其 R_o 一般为 0.66%～3.10%，平均值为 1.40%（图 4-53）。全区成熟度为 0.5%～1.3% 的样品占样品总数的 66.7%；R_o 值在 1.3%～2.0% 的样品占样品总数的 19.0%；大于 2% 的样品占总样品数的 14.3%（图 4-54）。

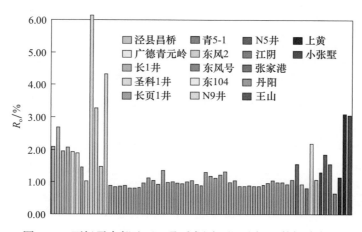

图 4-53 下扬子南部地区二叠系龙潭组泥页岩 R_o 数据分布图

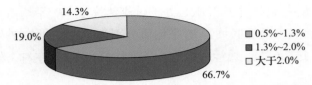

图 4-54   下扬子南部地区二叠系龙潭组泥页岩 R_o 分布范围统计图

图 4-55 为浙江长兴煤山长页 1 井地化参数与深度变化关系图。43 个样品测试数据显示，R_o 最小值为 0.80%，最大值为 1.36%，平均值为 0.97%。从 R_o 值大小分布来看，有机质处于成熟阶段，部分处于生烃高峰期。从 R_o 与深度变化关系看，R_o 值与深度无明显随深度增大而增大的趋势，但在 210～237m 处 R_o 值比上、下部地层 R_o 值都高。从 T_{max} 值来看，井深 210～237m 处 R_o 大的，其 T_{max} 值也大（图 4-55），这种现象的产生原因有待进一步研究。

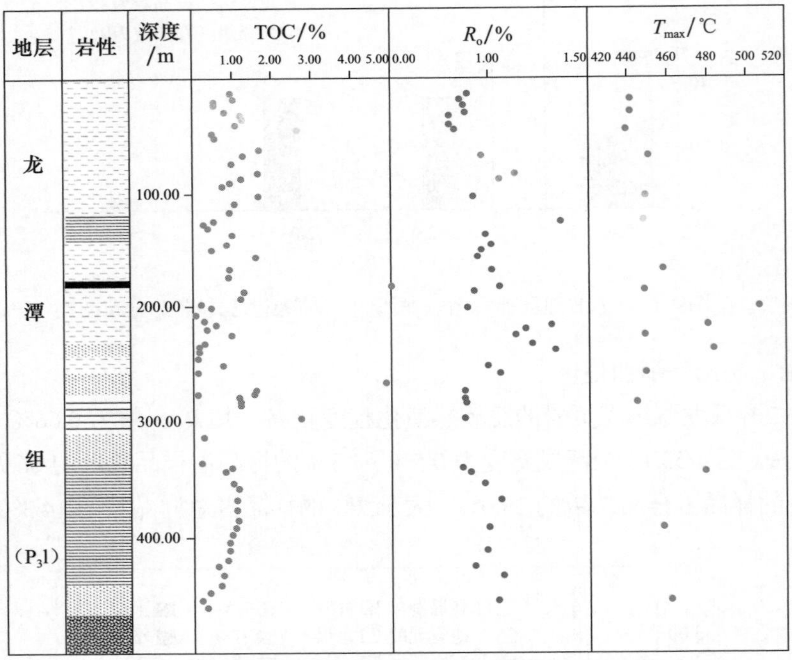

图 4-55   长页 1 井 R_o 地化参数与深度变化关系图

图 4-56 是下扬子地区龙潭组页岩有机质热演化平面变化图，从图中可以看出，R_o 值存在两个高值区、两个低值区。

高值区一个位于皖南的安庆—铜陵地区，最大值可达 4.0%；另一个 R_o 高值区位于江苏溧阳—常州地区，其 R_o 超过 3.0%，属于过成熟晚期阶段。主要与这两个地区具有较大的埋深有关。

两个低值区分别位于苏南—苏北盆地、长兴凹陷。处于江苏境内的有机质热演化低值区大体位于溧水—扬中—海安一带，区内 R_o 值均为 0.5%～1.0%，属于成熟期生油阶段；另一个低值区主要位于浙江境内，以长页 1 井为代表，R_o 值处于 0.5%～1.0%，主要处于生油窗内。

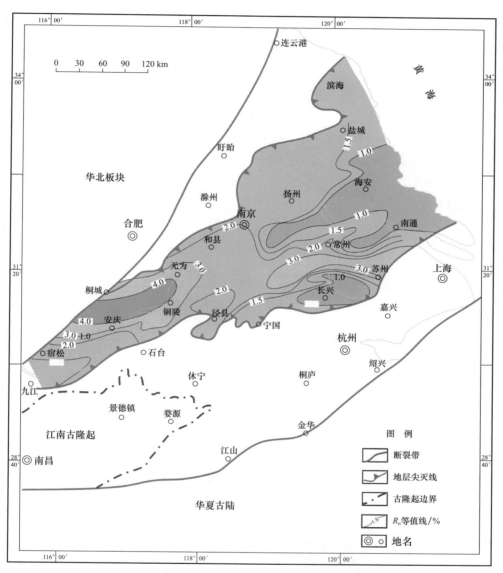

图 4-56 下扬子地区上二叠统龙潭组页岩有机质热演化（R_o）等值线图

3）江西萍乐地区

萍乐拗陷二叠系小江边组富有机质泥页岩有机质成熟度 R_o 平面变化如图 4-57 所示，二叠系乐平组有机质成熟度为 1.09%～4.45%，平均为 2.26%，总体处于成熟 – 过成熟阶段。其有机质成熟度平面分布呈现为西高东低的趋势（图 4-58），纵向上层系随页岩埋深的增加呈逐渐增大的趋势。

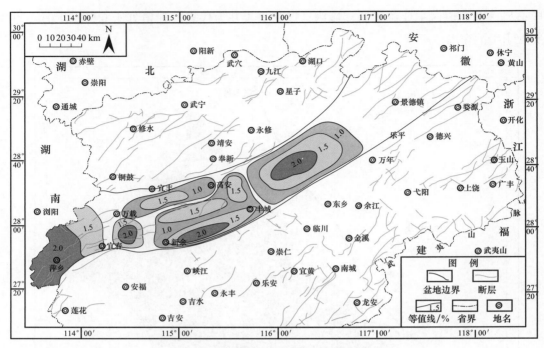

图 4-57 萍乐拗陷小江边组 R_o 等值线图

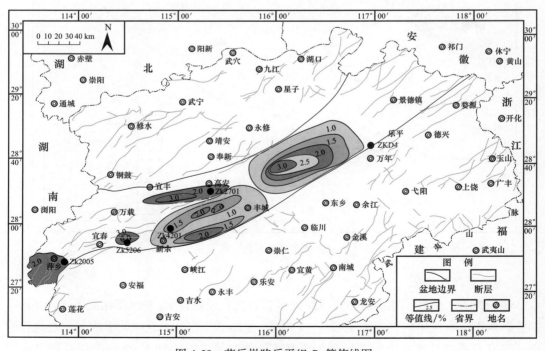

图 4-58 萍乐拗陷乐平组 R_o 等值线图

第三节 陆相页岩有机地球化学特征

中下扬子地区陆相富有机质页岩主要分布于江汉盆地和苏北盆地，此外在洞庭盆地、秭归盆地、三水盆地中也有分布。中扬子地区江汉盆地陆相页岩层系包括古近系新沟嘴组和潜江组，下扬子地区苏北盆地陆相页岩层系包括上白垩统泰二段、古近系阜二段和阜四段，洞庭盆地陆相页岩层系包括古近系桃园组上部—沅江组下段，秭归盆地陆相页岩层系包括上三叠统沙镇溪组和下侏罗统香溪组、泄滩组。三水盆地陆相页岩层系包括古近系布心组。本书重点阐述江汉盆地和苏北盆地陆相页岩。

一、有机质类型

（一）江汉盆地

江汉盆地古近系新沟嘴组生油母质较好，Ⅰ型、Ⅱ₁型、Ⅱ₂型和Ⅲ型分别占 14.3%、23.9%、29% 和 32.8%；潜江组生油母质好，以偏腐泥型为主，Ⅰ型、Ⅱ₁型、Ⅱ₂型和Ⅲ型分别占 56%、25.5%、16.2% 和 2.3%。

（二）苏北盆地

苏北盆地 Ⅰ–Ⅱ₁型干酪根阜二段占 62.5%～86.7%、阜四段占 43.4%～63.7%、泰二段占 6.7%～31.5%，说明三套泥页岩均为很好的有机质类型，阜二段明显好于其他两个层段。洪泽凹陷顺河次凹的阜四段下部 Ⅰ–Ⅱ₁型干酪根占该次凹相应层位较高的比例。

横向上，阜二段泥页岩自西向东，Ⅰ–Ⅱ₁型干酪根比例增大，与有机质丰度变化相似，体现了自西向东的物源方向；阜四段上部 Ⅰ–Ⅱ₁型主要分布在高邮凹陷深凹带中；泰二段下部主要分布在海安凹陷中；洪泽凹陷管镇次凹阜四段 Ⅰ–Ⅱ₁型也占很大的比例。

二、有机质丰度及其变化

（一）江汉盆地

1. 新沟嘴组

新沟嘴组下段泥页岩有机质丰度较高，其中有机碳含量分布在 0.5%～1.49%，最高可达 3.31%，氯仿沥青 "A" 为 0.02%～0.4397%，总烃含量为 205～2694ppm（表 4-17、图 4-59）；主要生烃中心位于资虎寺、总口、潘场、白庙等向斜带。

表 4-17　江汉盆地潜江组、新沟咀组下段页岩有机质丰度表

有机质丰度参数	潜江组	新沟咀组下段
有机碳含量 /%	0.72～3.78	0.5～1.49
氯仿沥青 "A" /%	0.3060～0.4749	0.02～0.4397
总烃含量 /ppm	400～2694	200～769

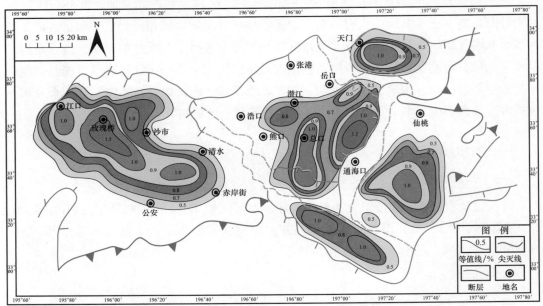

图 4-59　江汉盆地古近系新沟咀组下段页岩有机碳含量等值线图

2. 潜江组

潜江组泥页岩主要分布于潜江凹陷,周斜 41 井有机碳平均含量为 1.76%,最大为 3.78%;周 36 井有机碳平均含量为 1.33%,最大为 2.36%;王 52 井有机碳含量为 1.23%,氯仿沥青 "A" 为 0.4749%;黄 1 井有机碳含量为 1.01%,氯仿沥青 "A" 为 0.3613%;熊 6 井有机碳含量为 0.72%,氯仿沥青 "A" 为 0.3060%;王深 2 井有机碳含量为 0.76%,氯仿沥青 "A" 为 0.434%。总的来看,有机碳含量的区间值为 0.72%～3.78%（表 4-17）,平均值为 1.49%,平面上具有往蚌湖—周矶生烃向斜逐渐变大的趋势（图 4-60）,氯仿沥青 "A" 的区间值为 0.3060%～0.4749%,平均值为 0.3941%,平面上也具有往蚌湖—周矶生烃向斜逐渐变大的趋势。

（二）苏北盆地

苏北盆地三套陆相泥页岩层有机质丰度横向上变化不大（表 4-18～表 4-20）,有机碳含量基本集中在 0.5%～1.5% 范围内,局部地区达到 2.0% 以上。K_2t_2 有机碳含量平均为 1.40%,E_1f_2 平均为 1.96%,E_1f_4 平均为 1.25%。纵向上上述三套富有机质泥页岩有机质丰度非均质性较强。

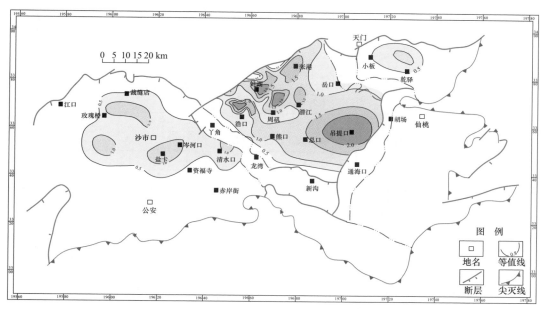

图 4-60 江汉盆地古近系潜江组页岩有机碳含量等值线图

表 4-18 苏北地区 K_2t_2 泥页岩有机质丰度统计表 （单位：%）

凹陷	$K_2t_2^1$	$K_2t_2^2$	平均值
高邮凹陷	$\dfrac{0.08\sim2.06}{0.77（245）}$	$\dfrac{0.36\sim5.89}{1.21（20）}$	$\dfrac{0.08\sim5.89}{0.80（265）}$
海安凹陷	$\dfrac{0.38\sim1.86}{0.88（40）}$	$\dfrac{0.42\sim6.8}{2.37（198）}$	$\dfrac{0.38\sim6.8}{2.12（238）}$
盐城凹陷	$\dfrac{0.45\sim2.79}{1.13（26）}$	$\dfrac{0.17\sim2.17}{1.09（23）}$	$\dfrac{0.17\sim2.79}{1.11（49）}$
白驹凹陷	0.88	$\dfrac{1.12\sim2.15}{1.50（6）}$	$\dfrac{0.88\sim2.15}{1.41（7）}$
平均	$\dfrac{0.08\sim2.79}{0.82（312）}$	$\dfrac{0.17\sim6.8}{2.14（247）}$	$\dfrac{0.08\sim6.8}{1.40（559）}$

注：$\dfrac{0.08\sim2.06}{0.77（245）}=\dfrac{最小值\sim最大值}{平均值（样品数）}$。

表 4-19 苏北盆地探区 E_1f_2 泥页岩有机质丰度统计表 （单位：%）

凹陷	$E_1f_2^{上}$		$E_1f_2^{下}$	
	TOC	"A"	TOC	"A"
高邮凹陷	$\dfrac{0.39\sim3.88}{1.66（39）}$	$\dfrac{0.0029\sim0.429}{0.1407（30）}$	$\dfrac{0.37\sim4.74}{1.08（54）}$	$\dfrac{0.0031\sim0.4098}{0.1298（53）}$
金湖凹陷	$\dfrac{0.94\sim5.28}{2.03（28）}$	$\dfrac{0.0055\sim1.1342}{0.2011（39）}$	$\dfrac{0.13\sim5.06}{1.23（123）}$	$\dfrac{0.0037\sim0.9254}{0.1342（131）}$

续表

凹陷	$E_1f_2^{上}$		$E_1f_2^{下}$	
	TOC	"A"	TOC	"A"
海安凹陷	$\dfrac{0.9\sim6.08}{2.03(30)}$	$\dfrac{0.0195\sim0.8305}{0.2072(23)}$	$\dfrac{0.44\sim4.62}{1.75(35)}$	$\dfrac{0.0114\sim0.6984}{0.1622(33)}$
盐城凹陷	$\dfrac{0.9\sim6.71}{3.15(38)}$	$\dfrac{0.052\sim0.5422}{0.2526(12)}$	$\dfrac{0.5\sim7.05}{1.53(45)}$	$\dfrac{0.0074\sim0.464}{0.1673(28)}$
阜宁凹陷	$\dfrac{1.02\sim6.71}{3.41(15)}$	$\dfrac{0.0544\sim0.4473}{0.1879(9)}$	$\dfrac{1.36\sim3.32}{2.09(7)}$	$\dfrac{0.0772\sim0.0868}{0.082(2)}$

注：$\dfrac{0.9\sim6.08}{2.03(30)}=\dfrac{最小值\sim最大值}{平均值（样品数）}$。

表 4-20　苏北盆地探区 E_1f_4 泥页岩有机质丰度统计表　（单位：%）

凹陷	$E_1f_4^{上}$		$E_1f_4^{下}$	
	TOC	"A"	TOC	"A"
高邮凹陷	$\dfrac{0.26\sim4.12}{1.36(115)}$	$\dfrac{0.0076\sim0.7251}{0.1604(80)}$	$\dfrac{0.4\sim1.6}{0.74(25)}$	$\dfrac{0.0033\sim0.0532}{0.0168(22)}$
金湖凹陷	$\dfrac{0.74\sim3.12}{1.53(52)}$	$\dfrac{0.0106\sim0.3975}{0.0742(22)}$	$\dfrac{0.67\sim1.62}{0.99(16)}$	$\dfrac{0.0062\sim0.0116}{0.0089(9)}$
海安凹陷	$\dfrac{0.65\sim1.7}{1.13(17)}$	$\dfrac{0.0428\sim0.18}{0.1156(3)}$	$\dfrac{0.29\sim2.04}{0.7(28)}$	$\dfrac{0.0022\sim0.0343}{0.0114(11)}$
盐城凹陷	$\dfrac{0.84\sim3.55}{1.71(17)}$	$\dfrac{0.0102\sim0.1447}{0.0500(17)}$	$\dfrac{0.5\sim0.7}{0.62(4)}$	$\dfrac{0.0031\sim0.0089}{0.0055(6)}$

注：$\dfrac{0.26\sim4.12}{1.36(115)}=\dfrac{最小值\sim最大值}{平均值（样品数）}$。

1. K_2t_2

有机质相对富集的泥灰岩主要分布于 K_2t_2 下亚段（$K_2t_2^2$），其 TOC 平均达 2.14%。平面上主要分布于高邮凹陷东部和海安凹陷，其中海安凹陷 $K_2t_2^2$ 含油页岩厚度最大，多为 10~30m，TOC 平均达 2.37%；其次为高邮凹陷东部和白驹凹陷，TOC 平均为 1.21% 和 1.5%，但厚度多为 10~30m；盐城凹陷厚度较薄，一般小于 10m。而上亚段（$K_2t_2^1$）泥岩有机质丰度相对较低，TOC 平均仅为 0.82%，在苏北盆地东部高邮凹陷、海安凹陷、盐城凹陷、阜宁凹陷均有分布，厚度多为 50~100m。

2. E_1f_2

纵向上依据 TOC 含量变化特征将 E_1f_2 划分为上（"泥脖子"—"七尖峰" 段）、下（"四尖峰"—"山字形" 段）两个含油页岩层。上含油页岩层 TOC 大于 2%（高邮凹陷除外），高邮凹陷、金湖凹陷、盐城凹陷、海安凹陷及阜宁凹陷均有分布，厚度除高邮凹陷深凹带大于 100m 外，其他凹陷多为 50~100m。下含油页岩层 TOC 为 1%~2%，但厚度大，多大于 100m，广泛分布于高邮凹陷、金湖凹陷、盐城凹陷、海安凹陷及阜宁凹陷，高邮凹陷深凹带大于 200m，向金湖凹陷西斜坡逐渐减薄。

3. E_1f_4

纵向上依据 TOC 含量变化特征，将 E_1f_4 划分为上（上部"尖峰"段）、下（下部"弹簧"段）两个含油页岩层，其中上含油页岩层 TOC 为 1%～2%，横向上分布于金湖凹陷天深 22 井—天 60 井—雷 2 井—锋 2 井—卞西 1 井—关 X4 井一带和高邮凹陷深凹带马 3 井—联 5 井—沙 X33 井—花 2 井—单 1 井一带，厚度为 50～250m。下含油页岩层 TOC 为 0.5%～1%，在高邮凹陷、金湖凹陷、海安凹陷和盐城凹陷均有残存，厚度最大为 500m。

三、有机质成熟度

（一）江汉盆地

江汉平原区古近系热演化成熟度 R_o 值一般为 0.6%～1.0%，其中演化程度相对较高的地区在潜江—广华地区、小板板参 1 井区，其 R_o 值达 1.5% 以上；江陵万城地区、资福寺地区亦可能演化程度较高。从全区看，古近系现今演化程度相对较高的地区主要集中分布在江陵凹陷、潜江凹陷及小板凹陷，以小板凹陷最高，R_o 值达 1.84%；次为潜江凹陷，R_o 值达 1.5%；其余地区 R_o 值均在 1.0% 以下；演化程度最低区可能为丫角—新沟的新 28 井区，R_o 值仅为 0.51%。

1. 新沟咀组

江陵凹陷、潜江凹陷、小板凹陷新沟咀组下段—沙市组上段泥页岩热演化主要处于成熟–高成熟阶段。江陵凹陷、潜江凹陷、小板凹陷的资福寺向斜带、总口向斜带、潘场向斜带和罗黄向斜带泥页岩热演化主要处于成熟–高成熟阶段，R_o 值为 1.1%～1.4%，个别地区大于 1.4%（图 4-61）；江陵凹陷、潜江凹陷各正向构造带，沔阳凹陷、陈沱口凹陷向斜带泥页岩热演化主要处于低熟–成熟阶段；在丫角—新沟低凸起南段、通海口凸起、岳口低凸起、江陵凹陷及陈沱口凹陷南缘、沔阳凹陷白庙向斜带周缘地区主要处于未熟阶段。

2. 潜江组

江陵凹陷、潜江凹陷、小板凹陷潜江组泥页岩热演化处于成熟阶段。江陵凹陷潜江组页岩埋深较浅，除盐卡、陵北地堑和清水口地区潜四段下埋深大于 2000m 外，其他绝大部分地区埋深普遍小于 1500m，潜四段下泥页岩局部进入生油门限（R_o 值大于 0.5%），绝大部分地区 R_o 值小于 0.5%（图 4-62），因此泥页岩主体处于未熟阶段；小板凹陷热演化基本与江陵凹陷一样，泥页岩埋深浅，一般小于 2000m，R_o 值小于 0.6%，基本处于未熟–低熟阶段。

潜江凹陷潜江组泥页岩热演化主要处于成熟阶段，R_o 值小于 1.2%，但潜江组不同层段泥页岩热演化不一样。该凹陷潜江组潜一段、潜二段泥页岩主要为未熟–低熟阶段，R_o 值小于 0.65%；潜三段、潜四上段泥页岩主要分布于蚌湖向斜带，主要处于成熟阶段，在张港、习家口、潜南等其他地区，主要处于未熟－低熟阶段；潜四下段泥页岩在蚌湖向斜带，处于成熟－高成熟阶段，其他地区主要处于未熟－成熟阶段。

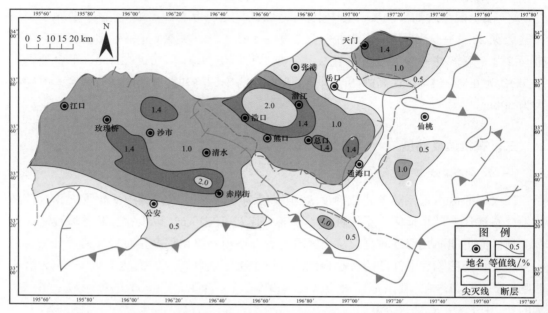

图 4-61　江汉盆地古近系新沟咀组下段页岩 R_o 等值线图

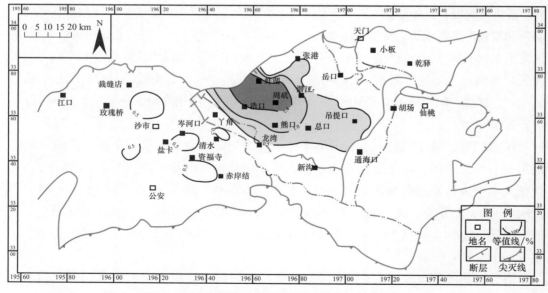

图 4-62　江汉盆地古近系潜江组页岩 R_o 等值线图

（二）苏北盆地

K_2t_2 富有机质泥页岩热演化程度均小于 1.2%，处于成熟演化阶段，以生油为主。其中，高邮凹陷、溱潼凹陷、盐城凹陷、海安凹陷的深凹带和斜坡带泥页岩 R_o 多大于 0.5%，进入生油门限。

E_1f_2 除高邮凹陷深凹带 R_o 大于 1.0% 外，其他地区，包括高邮斜坡带、金湖凹陷、溱潼凹陷、盐城凹陷、海安凹陷、洪泽凹陷的深凹带和斜坡带泥页岩成熟度均小于 1.0%，处于成熟阶段，主要以生油为主。

E_1f_4 泥页岩有机质成熟度更低，除高邮凹陷深凹带、金湖三河次凹和龙港次凹泥页岩成熟度相对较高，大于 0.7% 外，其他地区泥页岩成熟度为 0.5%~0.7%，处于低熟阶段，以生油为主。

苏北盆地三套陆相泥页岩的演化严格受断陷制约，断陷深凹区就是生油中心。总体上具有多生油中心、演化程度低的特点。盆地东部各凹陷实际上属于直到古近纪才进入大量生烃的晚期成油凹陷，而中部金湖凹陷、高邮凹陷及溱潼凹陷则是一类古近系沉积时期就已进入生烃门限的早期成油凹陷，从而决定着原油的成熟度不高、存在未成熟油的客观事实。

总之，上述地球化学特征表明，苏北盆地 K_2t_2、E_1f_2、E_1f_4 三套泥页岩纵向非均质性明显，而横向非均质性在同一沉积相带内各凹陷并不明显。

第五章

页岩储层特征

富有机质页岩既是烃源岩，又是页岩气富集和储集的载体。页岩储层的孔隙大小、形态、连通性、成岩作用对页岩油气的储存与常规储层存在很大差别。因此，页岩储层研究是页岩油气勘探评价、开发技术指标中的一项重要内容。页岩油气的勘探评价中，页岩储层特征研究需要了解的内容有三个方面：岩矿特征、物性特征以及储集空间类型。

中下扬子地区页岩储层主要分布在上震旦统陡山沱组、下寒武统、上奥陶统、下志留统、上二叠统以及中新生代地层。根据全国页岩气资源潜力调查评价及有利区优选项目成果资料（2003年），中下扬子地区及邻区页岩储层特征会在后面详述。

第一节 岩 矿 特 征

矿物成分研究是页岩储层研究中不可或缺的部分，是页岩气吸附储存、裂缝评价、渗流运移、压裂造缝和工艺性能等研究的重要基础。

页岩储层的矿物组成除常见的黏土矿物（伊利石、蒙脱石、高岭石）外，还混杂有石英、长石、云母、方解石、白云石、黄铁矿、磷灰石等脆性矿物。研究表明，页岩气储层中黏土矿物的含量与吸附气含量具有一定的关系，其中最主要的是伊利石，蒙脱石类膨胀性黏土矿物不利于后期对储层压裂造缝。

页岩气或吸附于有机质和黏土矿物表面，或游离于孔隙和天然裂缝中，而矿物成分分析，是进一步研究页岩储层吸附能力和基质孔隙度的基础。此外，矿物成分中的脆性矿物，如石英、方解石等，是控制裂缝发育程度的主要内在因素，直接影响储集空间和渗流通道。在页岩气评价中，必须寻找有机质含量高、硅质含量高、黏土矿物含量低（通常低于50%）、裂缝发育且能成功实施压裂增产的脆性优质页岩。因此，页岩气储层矿物成分研究对页岩气的地质资源评价、成藏机理研究及开发措施工艺设计均具有重要意义。

一、海相页岩

（一）上震旦统陡山沱组

1. 全岩矿物

陡山沱组页岩在中扬子地区较发育。下扬子地区陡山沱组以白云岩为主，且局部变质，因此不作为本书研究的目的层。上震旦统陡山沱组矿物以碳酸盐岩矿物为主，其次为石英、长石等矿物。黏土矿物含量为3.87%～27.9%，石英含量为23.7%～66.61%，钾长石含量为1.45%～14.23%，斜长石含量为2.57%～12.74%，方解石含量为13.22%～15.55%（图5-1）。以碳酸盐岩矿物、黏土矿物和石英＋长石＋黄铁矿矿物为三个端元，其分布

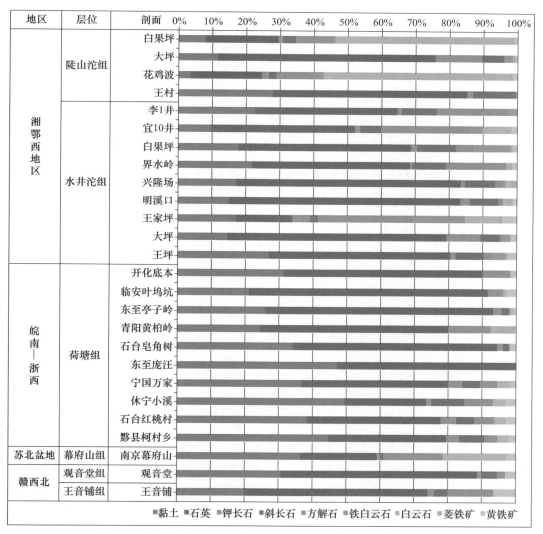

图 5-1 中下扬子地区震旦统—下寒武统页岩全岩矿物成分对比图

特征如图 5-2 所示。

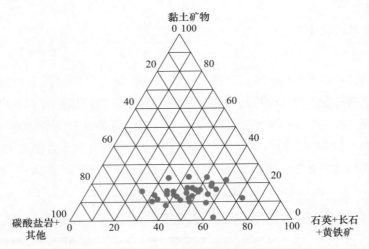

图 5-2　中扬子地区震旦系陡山沱组矿物成分图

2. 黏土矿物

页岩中主要黏土矿物为伊利石、蒙脱石、高岭石和绿泥石。不同的黏土矿物对天然气的吸附能力有着明显的差别。在 30℃温度条件下，干黏土 CH_4 吸附实验结果表明：伊利石和蒙脱石吸附 CH_4 能力明显高于高岭石（图 5-3）。

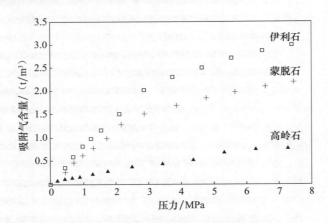

图 5-3　不同类型黏土矿物对气的吸附能力

陡山沱组黏土矿物总量平均分布范围为 3.87%～31.8%，平均含量为 14.5%。绿／蒙混层（C/S）、伊／蒙混层（I/S）、伊利石（I）、高岭石（K）和绿泥石（C）含量在不同区域发育特征存在较大差异。鹤峰地区所有黏土矿物均有发育，宜昌地区高岭石含量少，永顺—张家界一带，线绿／蒙混层（C/S）、高岭石和绿泥石含量较少或没有。整体上，中扬子地区黏土矿物含量中绿泥石含量相对较高，伊利石含量普遍较低，表明已经进入过成熟－准变质阶段。

（二）下寒武统

下寒武统页岩在中下扬子地区发育有水井沱组、荷塘组、幕府山组、王音铺组及观音堂组。岩石类型主要为黑色泥岩、碳质泥岩、页岩、碳质页岩、硅质岩、硅质泥岩、硅质页岩、钙质泥岩、粉砂质泥岩等，各个地区差别不大。

1. 全岩矿物

下寒武统页岩，不同地区因沉积环境的差异，矿物含量变化较大，各地区下寒武统页岩储层的全岩矿物也各具特点（图5-4）。

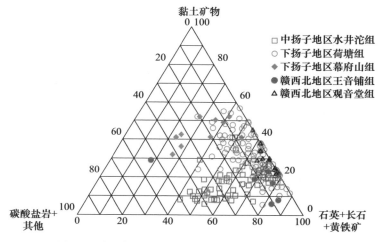

图5-4　中下扬子地区下寒武统页岩矿物成分三角图

（1）中扬子湘鄂西地区总体处于浅水陆棚－深水陆棚相，水体相对较浅，且有台地边缘相，以泥岩、灰质页岩、硅质页岩为主。页岩储层黏土含量低、碳酸盐岩含量高、石英含量高（图5-4）。水井沱组页岩黏土矿物含量为10.4%～28.9%，平均为18.7%；石英含量为18.8%～69.3%，平均为51.8%；钾长石含量为0.6%～10.4%，平均为3%；斜长石含量为2.7%～12.7%，平均为8.2%；黄铁矿含量为0.2%～4.9%，平均为1.8%；碳酸盐岩矿物（方解石、铁白云石、白云石、菱铁矿）含量为3.3%～61.6%，平均为20.61%。

（2）下扬子皖南—浙西地区处于深水陆棚－盆地相，水体较深，岩石类型以硅质岩、硅质页岩、碳质页岩、泥岩为主，黏土矿物含量普遍较高，分布在10%～58%，碳酸盐岩低，基本小于20%，石英、长石及黄铁矿含量分布范围较广，其含量基本在40%以上。皖南地区荷塘组页岩黏土矿物含量分布较广，其含量为21.1%～49.5%，平均为33.8%；石英含量为24%～70.45%，平均为48.38%；钾长石含量分布在1.5%～12.67%，平均为4.78%；斜长石含量为0.1%～9.75%，平均为3.5%；黄铁矿含量为0.43%～3.25%，平均为2.02%；碳酸盐岩矿物（方解石、铁白云石、白云石、菱铁矿）含量为

0.33%～12%，平均为 3.87%。

（3）下扬子苏北盆地下扬子苏北幕府山组的黏土矿物与碳酸盐岩矿物含量普遍较高。幕府山组黏土矿物含量平均值为 30%～52%；石英含量为 22.5%～40.5%，平均为 32.51%；长石（包括钾长石、斜长石）含量为 4%～15.8%，平均为 6.2%；黄铁矿含量为 0.5%～4%，平均为 2.3%；碳酸盐岩矿物含量为 3%～38%，平均为 5.1%。

（4）赣西北地区王音铺组及观音堂组沉积环境与皖南—浙西地区的荷塘组相似，页岩矿物含量基本相似，其脆性矿物含量较高，黏土矿物含量相对较低。王音铺组黏土矿物含量平均为 5%～30%；石英含量为 53.88%；长石（包括钾长石、斜长石）含量分布在 1.8%～4%，平均为 3.2%；黄铁矿含量为 0.5%～6.5%，平均为 3.8%；碳酸盐岩矿物含量为 2%～39%，平均为 4.2%。

2. 黏土矿物

图 5-5 为中下扬子地区下寒武统页岩黏土矿物组成对比图，从图 5-5 可见，黏土矿物中以伊利石为主，伊/蒙混层比较大，反映热演化程度均较高，这与页岩镜质体反射率（R_o）相对应。但不同地区，仍存在差异。

（1）中扬子地区水井沱组页岩伊利石含量为 12.54%～73%，但除了王家坪、界水岭、明溪口、兴隆场剖面样品的伊利石含量小于 16% 外，其他剖面或钻井样品伊利石含量在 50% 左右，相对于下扬子地区，伊利石含量相对较低。

（2）下扬子地区荷塘组页岩伊利石含量基本均大于 50%，分布在 51%～98.33%，伊/蒙混层值为 16.63%～27.5%。

（3）赣西北地区王音铺组与观音堂组两套泥页岩层系的黏土矿物主要成分是伊利石和伊/蒙混层，不含蒙脱石。其中伊利石含量为 11%～90%，平均为 72%；伊/蒙混层为 1%～13%，平均为 9.9%。

（三）上奥陶统—下志留统

上奥陶统页岩储层于中下扬子地区发育有五峰组，下志留统发育有龙马溪组/高家边组。五峰组—高家边组岩石类型主要有黑色页岩、碳质页岩、硅质页岩、粉砂质页岩。

1. 全岩矿物

上奥陶统—下志留统页岩储层矿物含量以石英矿物为主，其次为黏土矿物，碳酸盐岩矿物整体较低（图 5-6）。

（1）下扬子地区黏土矿物含量高，一般为 20%～40%，脆性矿物含量相对较低（图 5-7）。

（2）中扬子地区五峰组—龙马溪组页岩全岩矿物与下扬子地区五峰组—高家边组相比，其黏土矿物相对较低，基本分布在 20%～30%，脆性矿物含量相对较高，分布在 60%～80%。

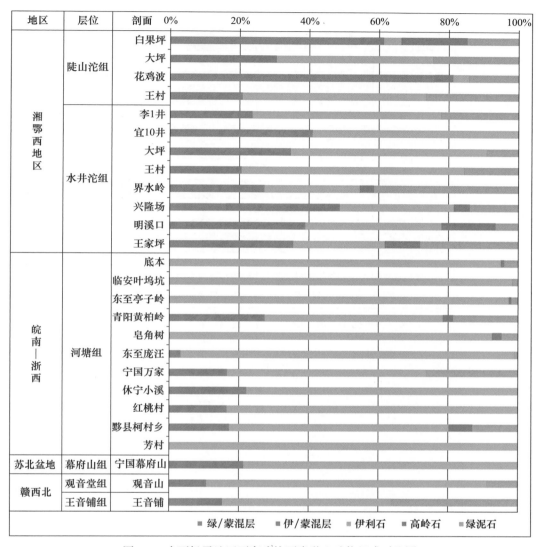

图 5-5 中下扬子地区下寒武统页岩黏土矿物组成对比图

2. 黏土矿物

（1）中扬子湘鄂西地区的五峰组—龙马溪组页岩以伊利石为主，其含量为 42%～60%，伊／蒙混层含量为 14%～36%（图 5-8）。

（2）下扬子皖南地区页岩风化较严重，露头较少，五峰组—高家边组黏土矿物以高岭石与绿泥石为主。绿泥石含量为 1%～23%，高岭石含量为 1%～22%，伊／蒙混层含量为 51%～77%。

（3）下扬子苏北盆地高家边组黏土矿物中，伊利石含量为 31%～79%，伊／蒙混层含量为 7%～56%，绿泥石含量为 1%～23%，高岭石含量为 1%～10%。

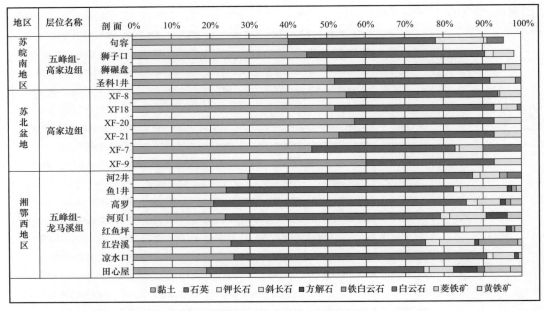

图 5-6　中下扬子地区五峰组—高家边组全岩矿物成分对比图

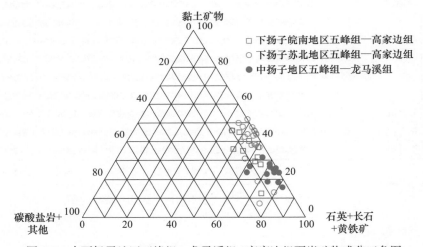

图 5-7　中下扬子地区五峰组—龙马溪组 / 高家边组页岩矿物成分三角图

从以上资料可见，中下扬子地区及邻区自陡山沱组—水井沱组到五峰组—龙马溪组，随沉积环境的变化黏土矿物含量逐渐增加，碳酸盐岩矿物含量逐渐减少。

二、海陆过渡相页岩

海陆过渡相页岩储层主要分布于中扬子湘中地区和下扬子地区龙潭组，以及赣西北萍乐拗陷的乐平组。岩性主要为黑色碳质页岩、页岩、泥页岩与粉砂岩 / 细砂互层，夹煤层。

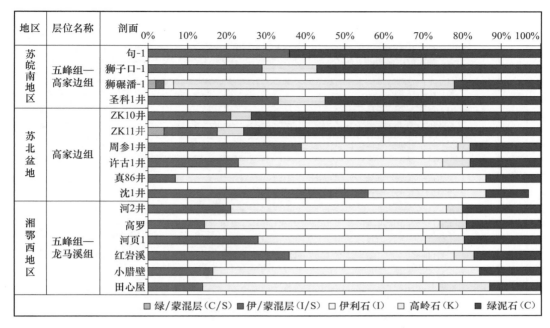

图 5-8 中下扬子地区五峰组—龙马溪组／高家边组页岩黏土矿物构成

1. 全岩矿物

中扬子地区龙潭组矿物以黏土矿物为主，其次为黄铁矿、石英、方解石等矿物。黏土矿物含量为 19%～65%，平均为 29.25；黄铁矿含量平均为 26.5%；方解石含量为 14%～32%，平均为 11.5%；石英含量为 14%～39%，平均为 22%；方解石含量为 14%～32%，平均为 11.5%；白云石含量为 3%～32%，平均为 8.75%；斜长石平均含量为 1.75%（图 5-9）。

下扬子地区龙潭组的野外露头较少，根据长页 1 井的井下样品测试结果：龙潭组页岩主要矿物成分为黏土和石英，平均含量分别为 28.9%～69.3% 和 13.7%～49.3%；方解石含量约为 3.5%，个别样品方解石含量较高，反映其为含灰质泥页岩或泥质灰岩夹层；钾长石＋斜长石、黄铁矿、菱铁矿平均含量分别为 1%～7.8%、0.6%～5.9%、1.2%～19.3%（图 5-9）。

图 5-10 为中下扬子地区龙潭组脆性矿物组成三角图，从中可见，龙潭组碳酸盐岩矿物含量均较低，脆性矿物含量均较高，且略高于黏土矿物。

从以上资料分析可见，不同地区矿物类型及含量差别不大，整体特征基本一致，说明龙潭组／乐平组沉积时水深基本相似，物源条件大致相同，从而导致岩石类型一致。但是，矿物总体上构成虽然具有一致性，可对于不同地区，在平面上存在一定差别。中扬子地区湘中拗陷二叠系龙潭组，黏土矿物平面分布西低东高，而脆性矿物，尤其是碳酸盐岩矿物含量西高东低。这与湘中地区在三湾运动中沉积的海陆交互相碎屑岩沉积特

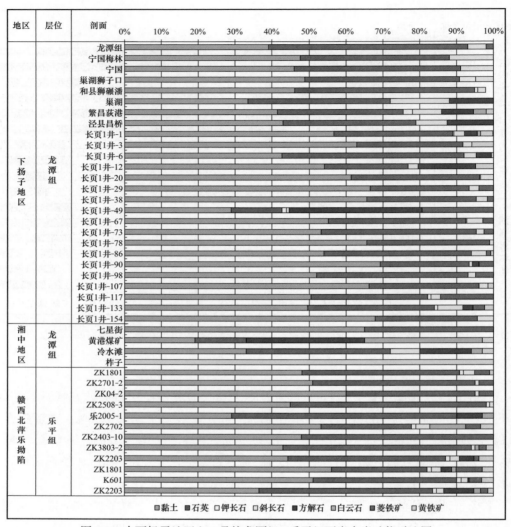

图 5-9 中下扬子地区上二叠统龙潭组 / 乐平组页岩全岩矿物对比图

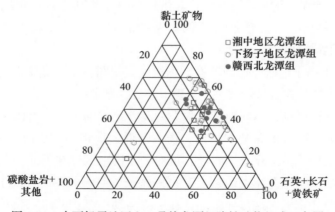

图 5-10 中下扬子地区上二叠统龙潭组脆性矿物组成三角图

征相吻合。下扬子地区矿物分布亦是如此（图 5-11），此特点与前文泥页岩发育的地质背景，尤其是沉积相密切相关。

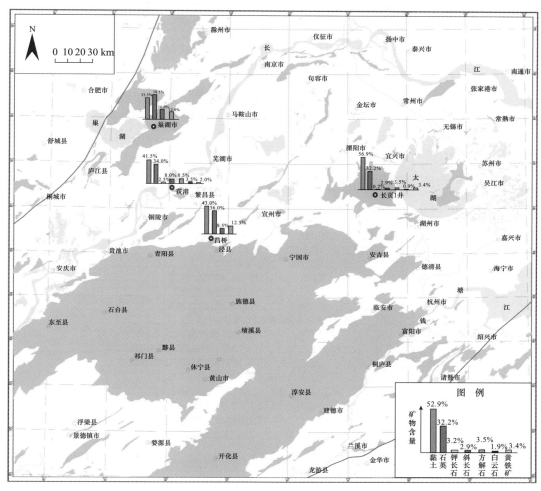

图 5-11 下扬子地区龙潭组全岩矿物含量平面分布图

2. 黏土矿物

龙潭组黏土矿物主要为伊利石、伊 / 蒙混层、高岭石及绿泥石（图 5-12）。

下扬子地区伊 / 蒙混层含量为 12.4%～94.0%，平均为 43.4%；伊利石含量为 7%～88%，平均为 23.0%；高岭石含量为 2.0%～45.0%，平均为 24.1%；绿泥石含量为 4.0%～26.0%，平均为 9.56%。

江西的萍乐拗陷乐平组高岭石含量为 12%～27%，绿泥石含量为 6%～16%，伊利石含量为 16%～37%，伊 / 蒙混层含量为 44%～52%（图 5-12）。

与上震旦统、下寒武统页岩相比，上二叠统龙潭组黏土矿物中伊利石的含量最低。

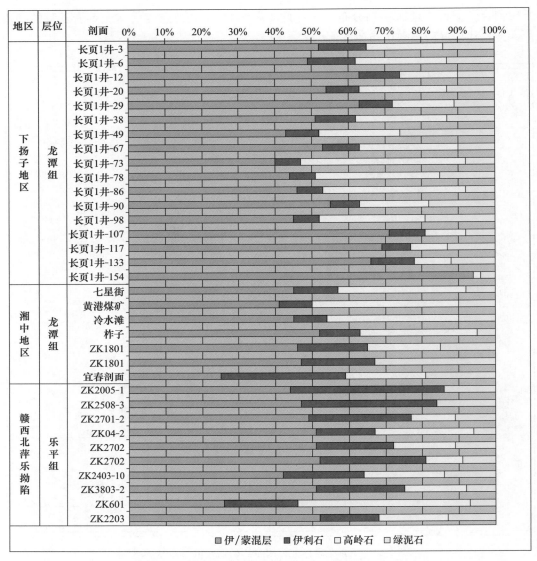

图 5-12　中下扬子地区龙潭组／乐平组页岩黏土矿物构成

三、陆相页岩

陆相页岩储层主要发育于苏北盆地与江汉盆地的中新生代地层。主要岩石类型：泰州组为灰质泥岩以及粉砂岩类，阜二段为泥岩，阜四段为泥岩和灰质泥岩。

1. 全岩矿物

苏北盆地陆相页岩主要发育于中白垩统的泰州组的泰二段及古近系的阜宁组的阜二段与阜四段。泰二段、阜二段、阜四段的石英＋长石＋黄铁矿含量为 23.3%～37%，黏土矿物含量为 45.5%～56%，碳酸盐岩矿物含量为 7%～21.3%（图 5-13）。与古生界相比，古近系泥页岩层系碳酸盐岩矿物含量呈明显增加的趋势，石英＋长石＋黄铁矿含量较少，黏土矿物含量相当。

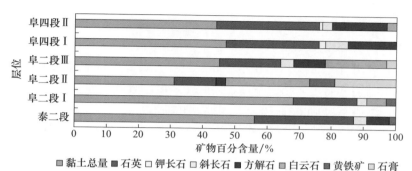

图 5-13 苏北地区古近系泥页岩矿物组分对比直方图

2. 黏土矿物

苏北盆地古近系泥页岩层系的黏土矿物主要成分为伊利石和伊/蒙混层，含有少量高岭石和绿泥石，不含蒙脱石。其中伊利石含量为 12%～26%，平均为 12.3%，明显小于古生界泥页岩的伊利石含量；伊/蒙混层含量为 71%～86%，平均为 77.5%，为无序间层（图 5-14）。

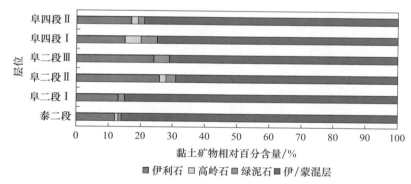

图 5-14 苏北地区古近系页岩黏土矿物构成

第二节　物　性　特　征

页岩气储层的物性特征是决定页岩气开发方案的重要因素，研究内容包括页岩的孔隙度和渗透率两大方面。页岩孔隙度是确定游离气含量的重要参数，与砂岩或碳酸盐岩储层相比，页岩储层的孔隙度和渗透率极低，其影响因素有页岩的矿物组分、有机碳含量以及有机质成熟度等。

一、海相页岩

（一）下寒武统

下寒武统页岩孔隙度与渗透率均较低。

中扬子地区水井沱组泥页岩沉积水体相对较浅，且发育台地边缘相，导致页岩中黏土含量低，碳酸盐岩和石英矿物含量高，因此孔隙度也较其他地区高，为 0.4%～21.3%，平均为 7.05%，渗透率为 $0.006 \times 10^{-3} \sim 0.496 \times 10^{-3} \mu m^2$。

下扬子地区页岩因沉积水体较深，黏土含量高，脆性矿物含量低，碳质、泥质页岩发育，因此孔隙度与渗透率均比中扬子地区低。下扬子地区荷塘组 / 幕府山组泥页岩孔隙度为 0.36%～3.1%，渗透率为 $0.037 \times 10^{-3} \sim 0.75 \times 10^{-3} \mu m^2$；赣西北地区统王音铺组 / 观音堂组页岩孔隙度为 1.4%～4.9%，平均为 2.66%，渗透率为 $0.0026 \times 10^{-3} \sim 0.0056 \times 10^{-3} \mu m^2$（图 5-15、图 5-16）。

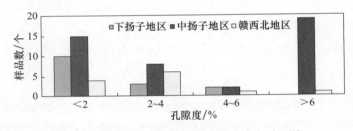

图 5-15　中下扬子地区下寒武统孔隙度对比图

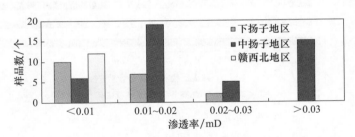

图 5-16　中下扬子地区下寒武统页岩渗透率对比图

（二）上奥陶统—下志留统

上奥陶统—下志留统的五峰组—龙马溪组 / 高家边组页岩之间的物性特征差别不大。

中扬子地区五峰组—龙马溪组泥页岩孔隙度为 0.57%～8.8%，平均为 4.57%；渗透率为 $0.004 \times 10^{-3} \sim 0.061 \times 10^{-3} \mu m^2$。

下扬子地区五峰组页岩孔隙度平均值为 0.91%，渗透率平均值为 $0.318 \times 10^{-3} \mu m^2$。高家边组泥页岩孔隙度平均值为 1.44%，渗透率平均值为 $0.02 \times 10^{-3} \mu m^2$，赣西北地区上奥陶统—下志留统新开岭组页岩孔隙度为 2.3%，渗透率为 $0.0051 \times 10^{-3} \, \mu m^2$。

二、海陆过渡相页岩

中扬子湘中地区龙潭组、下扬子地区龙潭组及乐平组，各地区物性具有以下特征。

湘中—湘东南地区孔隙度较大，普遍大于下扬子地区（图 5-17）。该区孔隙度为 0.8%～13.26%，大于 4% 的占 74%，部分样品孔隙度大于 10%。

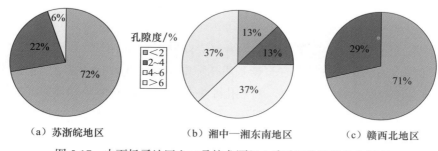

孔隙度/%
- □ <2
- ■ 2～4
- □ 4～6
- □ >6

（a）苏浙皖地区　　　　（b）湘中—湘东南地区　　　　（c）赣西北地区

图 5-17　中下扬子地区上二叠统龙潭组／乐平组孔隙度分布频率

下扬子苏浙皖地区与赣西北地区页岩孔隙度和渗透率差别不大。苏浙皖地区龙潭组泥页岩孔隙度为 0.27%～8.9%，平均为 3.44%，其中小于 2% 的占 72%，2%～4% 的占 22%，4%～6% 的占 5%，（图 5-17）。渗透率为 0.021×10^{-3}～$0.81 \times 10^{-3} \, \mu m^2$，平均为 $0.20 \times 10^{-3} \, \mu m^2$，赣西北地区乐平组孔隙度范围为 0.2%～2.4%，平均为 1.4%，渗透率为 0.000386×10^{-3}～$0.0312 \times 10^{-3} \, \mu m^2$，平均值为 $0.0078 \times 10^{-3} \, \mu m^2$。

三、陆相页岩

苏北盆地泰州组、阜二段、阜四段三套陆相页岩虽然致密，但碳酸盐岩矿物含量高，仍有微孔隙发育，与海相及海陆过渡相相比，页岩储层物性较好。

泰州组：实测孔隙度为 0.3%，渗透率小于 $0.001 \times 10^{-3} \, \mu m^2$；测井解释孔隙度为 1.4%～12.0%，平均为 5.8%。

阜二段：实测孔隙度为 0.52%～21.8%，平均为 5.4%；渗透率为 0.001×10^{-3}～$1.29 \times 10^{-3} \, \mu m^2$，平均为 $0.21 \times 10^{-3} \, \mu m^2$。测井解释孔隙度为 3.45%～21.8%，平均为 11.7%。

阜四段：实测孔隙度为 1.28%～11.5%，平均为 6.6%；渗透率为 0.001×10^{-3}～$12.3 \times 10^{-3} \, \mu m^2$，平均为 $4.5 \times 10^{-3} \, \mu m^2$。测井解释孔隙度为 8.3%～28.08%，平均为 15.4%。

综上，中下扬子地区因沉积环境与时代的不同，决定了页岩矿物组分、有机碳含量及有机质成熟度的差异，进而导致页岩储层物性特征具有以下三个特点。

（1）横向分布上，整体以中扬子地区页岩物性较好，孔隙度和渗透率值均较高。下扬子各地区之间页岩储层物性具有一致性。

（2）纵向上，由早到晚、从深至浅，各地区及各时期发育的海相－海陆过渡相－陆相页岩，储层物性整体变好，孔渗值增大。

（3）从测井解释（岩心样品）分析的结果看，泰二段、阜二段、阜四段页岩均具有较高的孔隙度，由于构造运动造成的裂缝产生的孔隙度分别达 14%、20% 和 28%，且具有较大的比表面积，可为页岩气的储集提供充足的空间。

第三节　储集空间类型

岩石孔隙是储存油气的主要空间，页岩储层以发育多种纳米级微孔为特征。根据统计，平均 50% 左右的页岩气储存在页岩基质孔隙中。页岩气藏的储集空间包括宏观的微孔隙、微裂缝和微观上的纳米孔隙。纳米孔隙主要包括有机质生烃过程形成的孔隙、有机质生烃超压形成的微裂缝、矿物颗间孔、溶蚀孔等，其中有机质生烃过程形成的纳米孔隙在页岩气的储集中起主要作用。

1. 原生粒间孔

原生粒间孔主要是分散于片状黏土中的粉砂质颗粒间的孔隙。这部分孔隙与常规储层孔隙相似，在致密的泥页岩中很少见，但由于页岩极其发育，多见片理孔。

2. 有机质生烃形成的微孔隙

目前有研究认为，泥页岩中的孔隙以有机质生烃形成的孔隙为主。据 Jarvie 等的研究，有机质含量为 7% 的页岩在生烃演化过程中，消耗 35% 的有机碳可使页岩孔隙度增加 4.9%。有机微孔的直径一般为 $0.01 \sim 1 \mu m$。

3. 晶间孔

蒙皂石向伊利石转化是页岩成岩过程中重要的成岩变化。当孔隙水偏碱性、富钾离子时，随着埋深增加，蒙皂石向伊利石转化，伴随体积减小而产生微裂（孔）隙。

4. 次生溶蚀孔隙

在下扬子地区荷塘组、龙潭组的泥页岩中均发现颗粒溶蚀现象。扫描电镜下的溶蚀孔隙孔径为 $1 \sim 60 \mu m$，也有 $60 \sim 1000 \mu m$ 的孔隙。这种较大孔隙多被硅质充填或部分被充填，连通性相对较差，主要为一些相对孤立的孔隙。此外，生物死亡后，体内软体组织腐烂溶蚀之后形成的孔隙，也为溶蚀孔，又称生物体腔孔，其孔的大小都在 100nm 左右，且连通性非常好。

5. 微裂缝

泥页岩储层中的裂缝多以微裂缝形式存在，其产生可能与断层和褶皱等构造运动相关，也可能与有机质生烃时形成的轻微超压而使页岩储层破裂有关，也有学者认为与水平差异有关。微裂缝对于页岩气的储集具有重大的影响，一方面可为页岩气提供有利的储存空间并增大吸附气的解析能力，另一方面若微裂缝与地层中的大断裂相连，则会导致页岩气的散失，影响页岩气的开采。

对于中下扬子地区，无论海相、海陆过渡相或是陆相泥页岩，其储集空间类型基本相似，概括起来主要有两大类：一是微孔隙，即纳米级孔隙；二是微裂缝。

一、海相页岩

（一）上震旦统陡山沱组

上震旦统陡山沱组页岩储集空间类型以晶间孔、次生溶蚀孔和微裂缝为主（图5-18），在陡山沱组顺层面的裂缝较发育，溶蚀孔隙较少。

（二）下寒武统

中扬子地区自加里东运动以来经历多期构造的叠加改造，区域地质差异较大，页岩

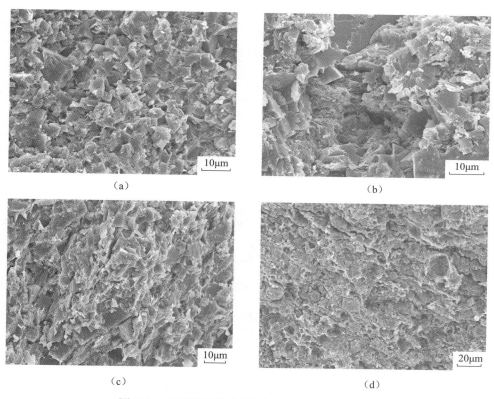

图 5-18 上震旦统陡山沱组泥页岩储集空间类型

（a）泥质灰岩，片丝状伊利石充填于微晶粒状方解石晶体之间，可见方解石晶体晶间微孔隙发育，乔家坪陡山沱组剖面；（b）泥页岩，片丝状伊利石集合体充填于方解石晶体之间，可见次生溶蚀孔隙，乔家坪陡山沱组剖面；（c）泥页岩，片丝状伊利石与泥晶粒状方解石晶体混杂，呈泥晶–鳞片状结构，晶间微孔缝发育，乔家坪陡山沱组剖面；（d）泥岩，泥晶结构白云石晶体集合体团粒与片丝状伊利石混杂，可见晶间微孔缝发育，乔家坪陡山沱组剖面

储集层类型丰富。由于受燕山运动期和喜马拉雅运动期挤压构造的叠加改造，储集层裂缝大量发育。下寒武统泥页岩中储集空间类型有次生溶蚀孔和微裂缝（图5-19）。

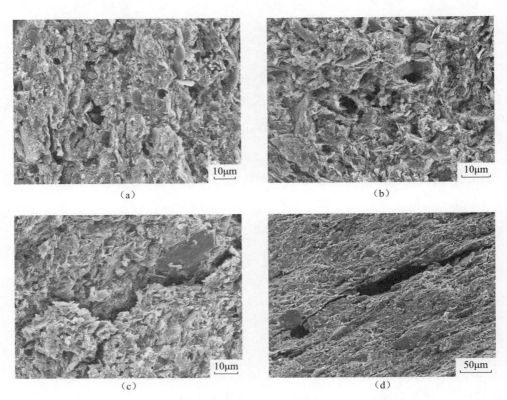

图 5-19　中扬子地区及麻阳盆地下寒武统页岩气储层孔隙特征

（a）碳质泥岩，明溪口牛蹄塘组，片丝状伊利石集合体呈鳞片状结构，排列具定向性，溶蚀孔隙发育；（b）碳质泥岩，兴隆场牛蹄塘组，片丝状伊利石及伊/蒙混层集合体呈鳞片状结构，可见次生溶蚀铸模孔隙；（c）碳质泥岩，兴隆场牛蹄塘组，片丝状伊利石及伊/蒙混层集合体中夹杂片状碳屑，微裂缝发育；（d）碳质泥岩，界水岭牛蹄塘组，层理间裂缝中充填硬石膏晶体集合体，残留裂缝发育

　　下扬子浙西地区下寒武统泥页岩中颗粒溶蚀现象很明显，储集空间发育有原生粒间孔、次生溶蚀孔以及微裂缝等类型（图5-20）。扫描电镜下的溶蚀孔隙孔径为1～60μm，2～20μm居多，常见20～40μm较大孔隙，也有60～1000μm的孔隙，这种较大孔隙多被硅质充填或部分被充填。

　　皖南宣城地区宣页1井扫描电镜分析结果揭示（图5-21），该地区下寒武统大陈岭组和荷塘组黑色泥岩岩性致密，含不等量碳质和黄铁矿，微孔发育类型主要有三种，微孔洞孔径为8～20μm。

　　（1）发育晶间微孔，见球状黄铁矿集合体、菱形含铁白云石等。

　　（2）次生溶蚀孔洞，其中发育立方体状黄铁矿，局部为硅质和方解石填充，岩性致密；次生片理间微孔，由陆源云母组成次生片理。

（3）局部发育微裂缝，宽度不等，长度为1~2.5mm。

苏北盆地幕府山组野外剖面泥页岩主要发育粒间孔和次生溶蚀孔两种储集空间类型，晶间孔仅在局部地区极少样品中发现。粒间孔中分布菊花状的铁矿，泥质向云母化伊利石转化；颗粒溶蚀现象在苏北盆地极为常见，是研究区发育最为广泛的储集空间类

图 5-20　下扬子浙西地区下寒武统页岩气储层孔隙特征

（a）灰黑色硅质泥岩，黟县荷塘组，见粒间孔；（b）黑色泥岩，宁国荷塘组，见溶蚀孔；（c）黑色泥岩，南京幕府山组，见微裂缝；（d）灰黑色硅质泥岩，黟县荷塘组，见微裂缝

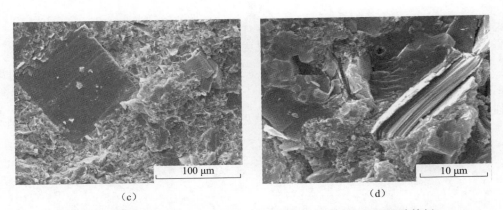

（c）　　　　　　　　　　　　　　　　　　　　　（d）

图 5-21　下扬子地区宣页 1 井大陈岭组、荷塘组页岩气储层孔隙特征

（a）晶间微孔；（b）微裂缝；（c）次生溶蚀孔；（d）溶蚀孔－次生片理间微孔

型。扫描电镜下的溶蚀孔隙孔径为 1～80 μm，孔隙边缘不规则，为储集页岩气提供空间（图 5-22）。

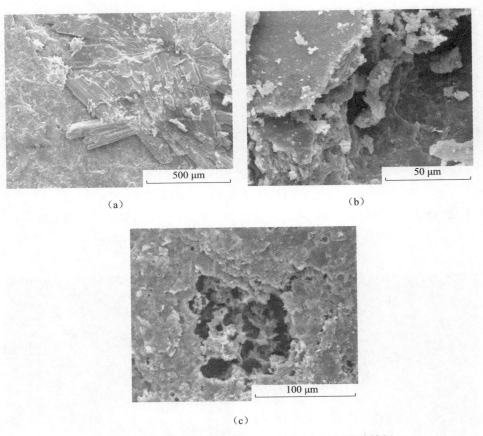

（a）　　　　　　　　　　　　　　　　　　　　　（b）

（c）

图 5-22　苏北盆地下寒武统幕府山组页岩气储层孔隙特征

（a）泥页岩，发育粒间孔；（b）黑色含硅碳质泥页岩，发育溶蚀孔；（c）黑色泥岩，发育溶蚀孔

赣西北地区下寒武统王音铺组、观音堂组泥页岩上述五种储集空间类型均有发育，且孔隙极其微小，平均小于 10 μm（图 5-23）。修页 1 井王音铺组含泥含细粉砂碳质岩结构致密，常见少量微孔隙、微孔缝，微孔隙多为 1～4 μm，少量为 5～7 μm，微孔缝宽 1～3 μm，长度为 10～50 μm 不等，见少量黄铁矿。

（三）上奥陶统—下志留统

对于页岩来说，构造转折带、地应力相对集中带以及褶皱 - 断裂发育带通常是页岩气富集的重要场所。

中扬子湘鄂西地区由于构造抬升，志留系大面积出露地表，剥蚀较严重，龙马溪组下部地层压力释放，页岩岩层层面裂缝发育。该地区龙马溪组页岩片丝状伊利石集合体排列具定向性，呈鳞片状结构，发育的储集空间类型有次生溶蚀孔、粒间孔及微裂缝（图 5-24）。

通过对下扬子地区苏北盆地上奥陶统—下志留统页岩扫描结果的观察（图 5-25），该区的页岩内部普遍发育有机生烃微孔隙、次生溶蚀微孔隙及微裂缝，为页岩气的储集

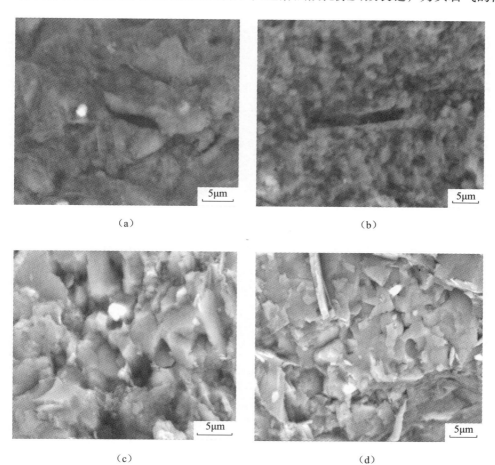

（a）　　　　　　　　　　（b）

（c）　　　　　　　　　　（d）

图 5-23　赣西北地区下寒武统页岩储集空间特征

（a）泥质粉砂岩，修水坪观音堂组，粒间孔；（b）碳质粉砂质泥岩，修水坪王音铺组，粒间孔；（c）粉砂质页岩，德安王音铺组，晶间孔隙；（d）水云母页岩，德安王音铺组，晶间孔；（e）含粉砂质水云母页岩，德安王音铺组，方解石溶蚀孔；（f）含细粉砂碳质岩，修页 1 井王音铺组，微裂缝

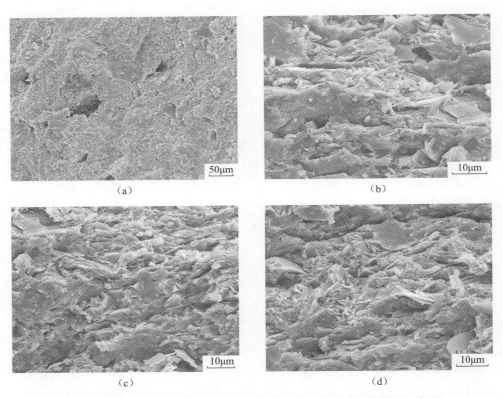

图 5-24　中扬子地区及麻阳盆地上奥陶统—下志留统页岩储集空间类型

（a）碳质泥岩，可见次生溶蚀微孔隙；（b）泥质粉砂岩，田心屋龙马溪组，可见次生溶蚀孔；（c）泥质粉砂岩，田心屋龙马溪组，见少量顺层微裂缝；（d）泥质粉砂岩，田心屋龙马溪组，可见少量顺层微裂缝

空间奠定了一定的物质基础。其中有机生烃微孔隙孔径虽小，但数量较多呈蜂窝状；次生溶蚀微孔隙最大可达 20μm，且可以和相邻孔隙组合形成孔隙群；微裂缝分布较散，具体需要结合该区的构造来评价其储气能力。初步认为苏北地区上奥陶统—下志留统泥页岩中的有机生烃微孔隙及次生溶蚀孔隙为优质储集空间，而微裂缝为次优质储集空间。

汤山镇汤头村野外剖面志留系高家边组泥岩，镜下观察发现，泥质向云母化伊利石转化，具有明显的定向性，发育少量的晶间孔［图 5-25（b）］；许 24 井奥陶系五峰组硅质泥岩中，陆源云母由于遭受溶蚀作用形成次生片理孔，并大致顺层分布［图 5-25（c）］。ZK11 井志留系高家边组页岩次生片理孔发育，且大致顺层分布［图 5-25（d）］。

综上，中下扬子地区震旦系—下古生界页岩，自下而上储集空间类型均有孔隙和裂缝，其中水井沱组顺层面裂缝和孔隙均很多，五峰组—龙马溪组主要发育溶蚀孔隙，顺层的裂缝很少见。究其原因主要因为陡山沱组页岩矿物组分中碳酸盐岩矿物含量相对较高，泥质含量较少，脆性较大，容易发生顺层裂缝，五峰组—龙马溪组矿物组分中黏

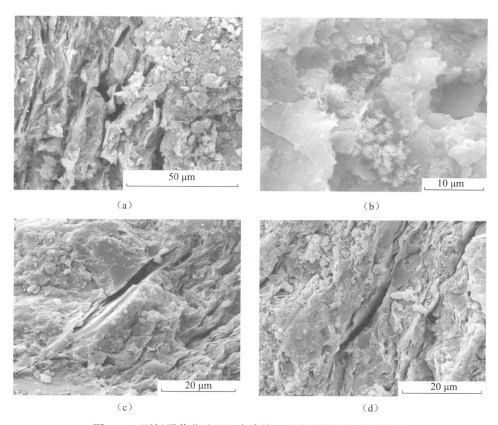

图 5-25　下扬子苏北地区上奥陶统—下志留统页岩孔隙特征

（a）许古 1 井，高家边组，深灰色泥岩，微裂缝；（b）苏北盆地汤山镇汤头村高家边组，泥晶间孔；（c）许 24 井，
奥陶系五峰组，2064m，硅质泥岩次生片理孔；（d）ZK11 井，高家边组，59.6m，泥页岩片理孔

土矿物含量相对较高，而碳酸盐岩矿物含量较少，塑性较强，黏土矿物的演化产生流体溶蚀作用较强，因此其溶蚀孔隙相对多一些。

二、海陆过渡相页岩

中扬子湘中地区上二叠统页岩储集空间主要有粒间孔、溶蚀孔、有机质微孔以及微裂缝四种（图 5-26）。粒间孔孔隙相对较大，2μm～200nm 不等，连通性好［图 5-26（a）、（b）］。溶蚀孔主要存在于碳酸盐岩和长石中，但在个别其他矿物（石英、黏土矿物）中也可见，孔隙大小不一，变化范围为 5μm～50nm，连通性相对较差，主要为一些相对孤立的孔隙［图 5-26（c）、（d）］。有机质微孔主要赋存于颗粒堆砌形成的格架孔中［图 5-26（d）］。微裂缝大多是由非构造应力作用成的，由封闭在泥岩中的黏土矿物脱水收缩作用和矿物之间的缝隙形成的裂缝，另外也有在晶间和矿物颗粒内受外力作用形成的裂缝等［图 5-26（f）］。

在下扬子地区龙潭组的泥页岩中均发现颗粒溶蚀现象，晶间孔尤为发育。苏北盆

（a）

（b）

（c）

（d）

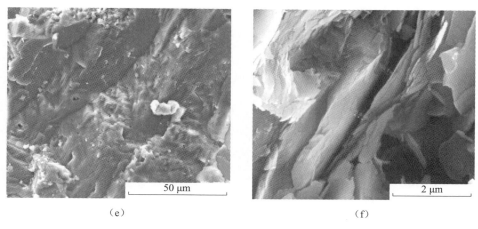

（e） （f）

图 5-26 湘中地区上二叠统页岩气储层孔隙特征

（a）灰黑色含硅质泥岩，岩门前大隆组；（b）灰黑色页岩，塘门口大隆组；（c）黑色碳质灰岩，冷水滩龙潭组；
（d）灰黑色页岩，塘门口大隆组；（e）黑色碳质灰岩，冷水滩龙潭组；（f）灰黑色页岩，塘门口大隆组；（a）、（b）
为粒间孔；（c）、（d）为溶蚀孔；（e）为有机质微孔；（f）为微裂缝

地主要为粒间孔和次生溶蚀孔（图 5-27）。浙西地区发育晶间孔（1～20 μm）、溶蚀孔
（2～30 μm）以及微裂缝（1～5 μm）（图 5-28）。

（a） （b）

图 5-27 苏北地区上二叠统页岩气储层孔隙特征

（a）泥岩，滨 1-4 井龙潭组，粒间孔；（b）黑色泥岩，野外剖面，次生溶孔

　　皖南地区上二叠统泥页岩微观孔隙较为发育，上述五种孔隙类型均有发育
（图 5-29）。东南地区浙江龙潭组结构较致密，常见微孔隙 1～3 μm，见少量 5～30 μm
较大孔隙（图 5-30）。

三、陆相页岩

　　苏北盆地与江汉盆地古近系泥页岩内普遍发育有机质微孔隙、次生溶蚀微孔隙和微
裂缝（图 5-30）。

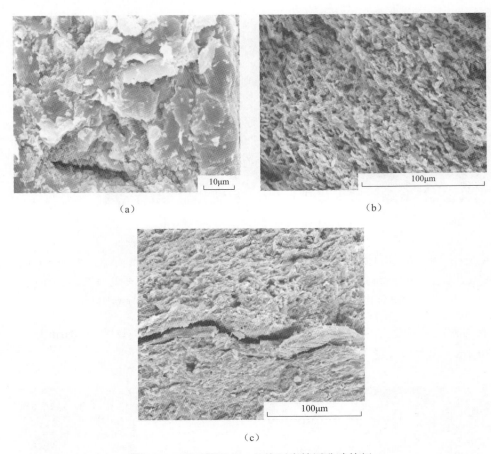

图 5-28　浙西地区上二叠统页岩储层孔隙特征

（a）灰黑色泥岩，长页 1 井龙潭组，晶间孔；（b）硅质泥岩，繁昌荻港龙潭组，溶蚀孔；（c）黑色泥岩，泾县龙潭组，微裂缝

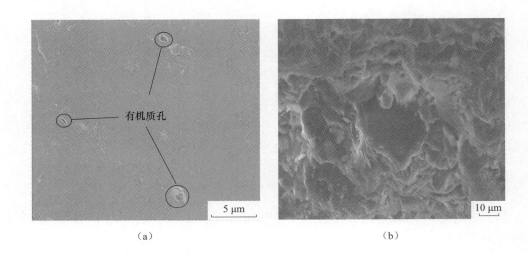

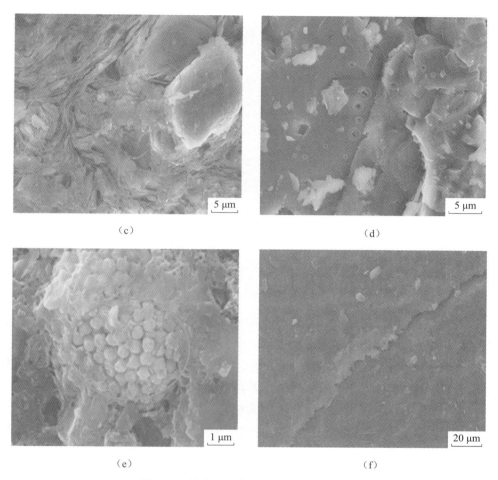

图 5-29 皖南地区龙潭组泥页岩孔隙类型

（a）湾沚镇二叠系龙潭组泥岩，有机质孔微孔；（b）金村龙潭组泥岩，粒间孔；（c）无为龙潭组泥岩，粒间孔；
（d）黄山龙潭组钙质泥岩，溶蚀孔；（e）茅山龙潭组碳质泥岩，晶间孔；（f）铜陵龙潭组碳质泥岩，微裂缝

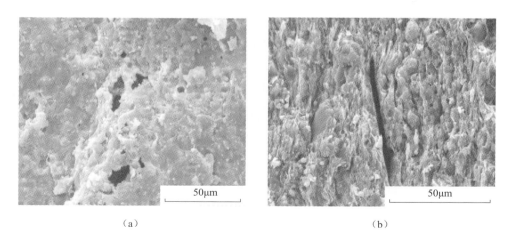

(c)

图 5-30　中下扬子地区陆相页岩气储层孔隙特征

（a）黑色泥岩，立 2 井泰二段，次生溶蚀孔（1～10μm）；（b）黑色泥岩，立 2 井阜四段，微裂缝（宽 1～2μm）；（c）灰色泥岩，新洋 X1 阜二段，微裂缝（宽 1～2μm）

　　由以上资料可见，有利页岩气储层孔隙发育特征，与区域地质背景下的构造活动、沉积环境以及有机地球化学特征密切相关。中下扬子地区下古生界泥页岩储层因有机质热演化程度高，有机质纳米级孔隙较为发育，是页岩气赋存的重要空间。因区内经历了强烈的构造活动，从古生界—新生界，自下而上发育的页岩储层中均存在微裂缝，多被方解石等矿物充填。晶间孔、粒间孔内少见石英、长石等无机碎屑矿物，而溶蚀孔内则多见碳酸盐岩和长石等矿物颗粒。上二叠统页岩为海陆过渡相，内部沉积多种碳酸盐岩矿物，故晶间孔发育。

第六章

页岩含气性特征

页岩含气量是进行页岩气资源潜力评价的一项重要指标，也是衡量页岩是否具有经济开采价值的首要参数。页岩含气量包括游离气、吸附气和溶解气。在分析含气性时，通常采用钻、测、录、试井数据的气测异常显示，综合判断页岩含气性优劣，现场解析数据可测定页岩的吸附气和游离气含量，此外，页岩吸附含气量可由统计拟合、地质类比、等温吸附实验和测井解释等多种方法得到。由于页岩气与煤层气具有相似的吸附机理，因此，目前对页岩吸附量的确定主要借鉴煤层气中吸附气的评价方法，采用等温吸附模拟实验，建立吸附气含量与压力的关系模型。页岩含气性主要与有机质、矿物成分及含量、储集空间类型相关。

第一节　海相页岩含气性特征

一、钻、测、录、试井

中扬子地区及麻阳盆地震旦系—志留系地层发育四套海相页岩层系，多口井钻进过程中发现气测异常，气显示良好，钻探的页岩气探井——河页 1 井，取心见岩心冒气泡。下扬子赣西北地区页岩气探井修页 1 井测井中，王音铺组页岩表现出低密度、高伽马值、高声波时差的特征，是良好的储气层。宣城 - 桐庐区块宁国地区，皖宁 1 井奥陶系和皖宁 2 井下寒武统荷塘组底部硅质页岩段发现多处气测异常。下扬子苏北地区古生界老井资料复查发现：镇 4 井、苏 103 井幕府山组页岩出现气测异常，N 参 2 井高家边组页岩见 CO_2 气层，都 4 井高家边组页岩见裂隙含油层。

（一）中扬子地区

中扬子地区有 5 口井钻遇下志留统钻井中见良好气显示。

（1）建深 1 井钻井中志留系有良好气显示。对志留系韩家店组和小河坝组两个层位中显示好的页岩井段进行试气，测得气产量 $5.13 \times 10^4 \text{m}^3/\text{d}$。

（2）河页 1 井在第八次取心（层位下志留统龙马溪组—上奥陶统五峰组）中，有 17.34m 的岩心冒气泡：井深 2150.0～2161.72m，厚 11.72m，碳质泥页岩出筒岩心表面可见零星状气泡分布；井深 2161.72～2167.34m，厚 5.62m，出筒岩心表面针孔状气泡相对较多，气泡最大直径可达 3mm［图 6-1（a）～（c）］。岩心做浸水试验无气泡溢出，泥浆洗净后放置一段时间可见气泡溢出［图 6-1（d）］。

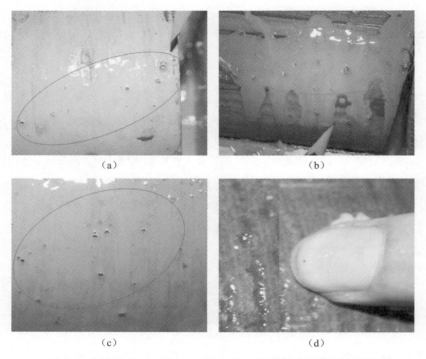

（a）　　　　　　　　　　　　（b）

（c）　　　　　　　　　　　　（d）

图 6-1　河页 1 井 2150.0～2173.0m 取心段现场岩心冒气泡情况

（3）对湘鄂西地区河 2 井 528.71～584.01m 井段（志留系下统）气水显示层段测试，产水量和产气量分别为 $25.58\text{m}^3/\text{d}$ 和 $3.0\text{m}^3/\text{d}$，完井 40 余年后井口仍可见天然气。

（4）利川复向斜的鱼 1 井、利 1 井，在钻进中发现多次气测异常、井漏和气浸。

钻遇下寒武统的茅 2 井在钻进中发现多次气测异常，130.6～184.3m 全烃从 0.1% 上升到 1.1%，200～368.5m 全烃达到 4.1%，岩性为深灰色和灰黑色碳质页岩、粉砂质页岩；下寒武水井沱组 465～658m，岩性为深灰色含粉砂质页岩、碳质页岩，普遍见气显示，全烃从 0.2% 上升到 2.9%。

（二）赣西北地区

修水县修页 1 井获得下寒武统观音堂组和王音铺组富有机质页岩岩心共 160.25m，对修页 1 井进行测井，下寒武统暗色泥页岩在测井曲线上表现出来的特征与泥页岩"三高两低"大体一致：低密度、高伽马值、高声波时差，是良好的储气层。

修页 1 井下寒武统暗色页岩：自然电位曲线平直；自然伽马曲线整体为高值，曲线形态呈锯齿状或微锯齿状，出现一些"尖峰"段，对应着相应高含碳量段；电阻率曲线总体呈低值，曲线形态低缓平直，变化幅度不大；页岩储层声波时差值显示高值：页岩比泥岩致密，孔隙度小，遇到裂缝气层有周波跳跃反应，或者曲线突然拔高。声波值偏小，则反映了有机质丰度低。

（三）下扬子地区

下扬子皖南—宣城地区早期钻井在早寒武系中气测异常较为明显；工区北部地区煤田钻井曾在二叠系龙潭组获得轻质油。宣城 – 桐庐区块宁国地区，皖宁 1 井奥陶系和皖宁 2 井下寒武统荷塘组底部硅质页岩段发现多处气测异常。这些现象均说明，下寒武统和上二叠统龙潭组曾经历过油气生成和迁移的过程。

皖宁 1 井未见含油、水显示。气测录井中发现全井共有四处异常显示井段：第一层气测异常为假异常；第二层为以游离状态存在于铁白云石化硅化泥岩裂隙中的干气层；第四层为二氧化碳、一氧化碳等非轻烃气体；仅有第三层中深灰色泥岩中存在甲烷气。

皖宁 2 井所揭示地层主要为泥页岩，其次为细粉晶泥质灰岩，泥页岩中有机质、有机碳含量普遍较高，自上而下见六层好的气测异常显示。

苏北地区的镇 4 井、苏 103 井在古生界幕府山组均出现气测异常（图 6-2）；N 参 2 井在高家边组地层见 CO_2 气层，都 4 井在高家边组见裂隙含油层，气测录井中有异常显示（表 6-1）。

二、现场解析

（一）中扬子地区

中扬子地区古生界页岩现场解析数据均有含气显示。河页 1 井是唯一一口中扬子地区针对古生界页岩气的浅探井，对其 16 件样品进行现场解析（GB/T19559—2008，页岩气现场测试仪，GCT 软件），数据结果显示，龙马溪组下部的深色页岩总含气量为 $0.19 \sim 0.86 m^3/t$，平均为 $0.41 m^3/t$（表 6-2）。

（二）赣西北地区

对赣西北修水县竹坪乡修页 1 井的下寒武统观音堂组至震旦系皮园村组硅质页岩，共进行六次现场解析，未有气显示。

（三）下扬子地区

下扬子地区宣页 1 井目的层全井段气测全烃升高不明显。含气量测试结果显示，全井段大部分样品含气量在 $1.0 m^3/t$ 左右，但也有个别样品存在较高含气量（图 6-3）。

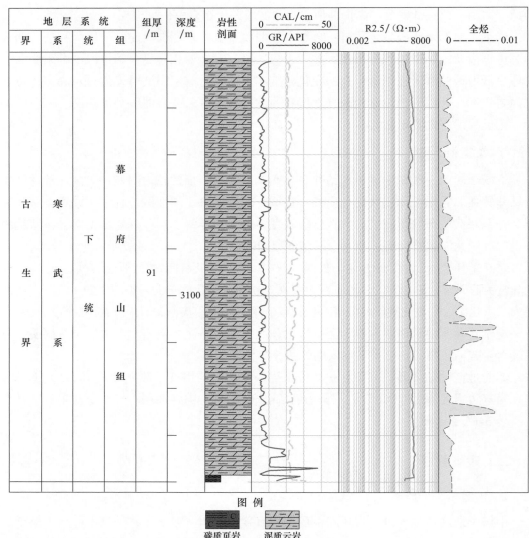

图 6-2 苏 103 井幕府山组单井剖面柱状图

表 6-1 都 4 井高家边组气测异常显示表

深度 /m	厚度 /m	岩性	气测全烃含量 /%	重烃 /%
287～1101	814	杂色泥岩	1.35/0.04	3/0.032
962	0	灰色泥质粉砂岩夹黑色泥岩	0.3/0.024	0.0096/0.0048
1008～1010	2	深灰色、灰黑色泥岩夹灰色泥质粉砂岩	0.2/0.0112	0.0048/0.0032
1017～1022	5	深灰色、灰黑色泥岩夹灰色泥质粉砂岩	0.2/0.016	0.0048/0.0032
1068	0	深灰色泥岩	0.3/0.0112	0.008/0.0032
1095	0	深灰色粉砂质泥岩	0.36/0.032	0.0048/0.0032

表 6-2 河页 1 井龙马溪组页岩现场解析数据表

样品编号	样品深度 /m	分析基	损失气 /(m³/t)	解吸气 /(m³/t)	残余气 /(m³/t)	总气量 /(m³/t)
1	1908.42～1908.70	原基	0.13	0.03	0.14	0.30
2	1913.55～1913.82	原基	0.09	0.02	0.14	0.25
3	1918.97～1919.21	原基	0.06	0.01	0.12	0.19
4	1925.03～1925.28	原基	0.14	0.02	0.20	0.36
5	1928.88～1929.15	原基	0.16	0.02	0.23	0.41
6	1934.08～1934.35	原基	0.14	0.01	0.28	0.43
7	1943.69～1943.96	原基	0.15	0.02	0.21	0.38
8	1948.49～1948.75	原基	0.15	0.03	0.23	0.41
9	1954.20～1954.46	原基	0.09	0.01	0.24	0.34
10	1960.25～1960.52	原基	0.10	0.02	0.24	0.36
11	1965.70～1965.97	原基	0.17	0.02	0.19	0.38
12	1971.96～1972.23	原基	0.15	0.02	0.22	0.39
13	1978.15～1978.42	原基	0.11	0.02	0.20	0.33
14	1986.20～1986.50	原基	0.09	0.01	0.26	0.36
15	2155.99～2156.22	原基	0.16	0.02	0.56	0.74
16	2163.62～2163.87	原基	0.15	0.02	0.69	0.86

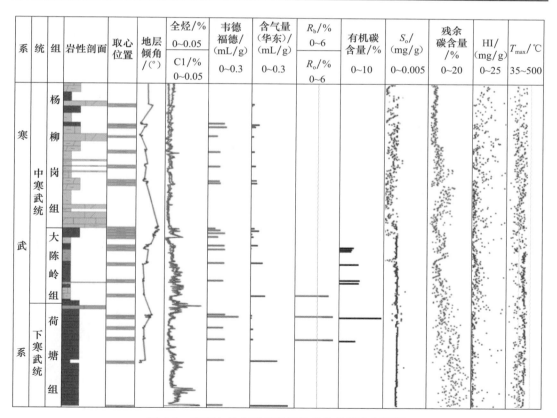

图 6-3 宣页 1 井主要目的层地球化学综合剖面图

三、等温吸附模拟

等温吸附模拟法是通过页岩样品的等温吸附实验来模拟样品的吸附特点及吸附量，通常采用 Langmuir（朗缪尔）模型来描述其吸附特征。根据该实验得到的等温吸附曲线可以获得不同样品在不同压力（深度）下的最大吸附含气量，也可通过实验确定该页岩样品的 Langmuir 方程计算参数。当使用等温吸附法时，可考虑公式：

$$q_{吸}=V_{L}P/(P_{L}+P)$$

式中，$q_{吸}$ 为吸附气含量，m^3/t；V_L 为一定温度下多孔介质能吸附气体的饱和量（Langmuir 体积常量），m^3；P_L 为吸附量等于饱和量的一半时的气体压力（Langmuir 压力常量），MPa；P 为地层压力，MPa。其中 Langmuir 体积由等温吸附实验法得到，它反映了泥页岩的最大吸附能力。

等温吸附模拟实验反映了页岩对 CH_4 气体的最大吸附能力，其结果往往比页岩的实际吸附气量大。模拟实验一般采用纯 CH_4 作为吸附气，而实际天然气成分除 CH_4 外还包括 CO_2 和 N_2 等，特别是页岩进入过成熟阶段以后，会产生较多的 CO_2，多源混合气体对页岩 CH_4 吸附气量会产生一定影响。此外，有机质含量、干酪根类型、矿物成分、成熟度等因素也会对吸附气含量产生影响。因此，等温吸附法一般只用来定性地比较不同页岩含气量的大小，其估算量往往要大于实际生产量，适用于开发设计前的储量预测。

从中下扬子及东南地区页岩样品等温吸附实验中 Langmuir 体积的统计分析（图 6-4）可见，赣西北地区王音铺组吸附气含量较高，6 个样品的 V_L 平均值为 $6.288m^3/t$；东南地区荷塘组、中扬子地区水井沱组、赣西北地区观音堂组次之，V_L 平均值分别为 $3.87m^3/t$、$3.713m^3/t$ 和 $2.718m^3/t$；中扬子地区陡山沱组和五峰组—龙马溪组、下扬子地区荷塘组/幕府山组和五峰组—高家边组 V_L 平均值为 $1.485\sim2.133m^3/t$；赣西北地区新开岭组、东南地区宁国组和胡乐组吸附气含量较低，V_L 平均值小于 $0.85m^3/t$。

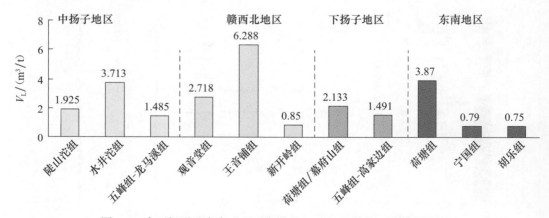

图 6-4　中下扬子及东南地区页岩样品 Langmuir 体积平均值统计图

（一）中扬子地区

中扬子地区下寒武统水井沱组页岩有机碳含量最高，吸附能力最强，五峰组—龙马溪组泥页岩吸附能力次之，陡山沱组最差。

1. 陡山沱组

陡山沱组页岩的等温吸附模拟实验结果表明西庄剖面 Langmuir 体积 V_L=1.67m³/t、Langmuir 压力 P_L=1.54MPa［图 6-5（a）］；乔家坪剖面 Langmuir 体积 V_L=2.18m³/t、Langmuir 压力 P_L=1.39MPa［图 6-5（b）］。陡山沱组两个剖面 Langmuir 体积平均值为 1.925m³/t。

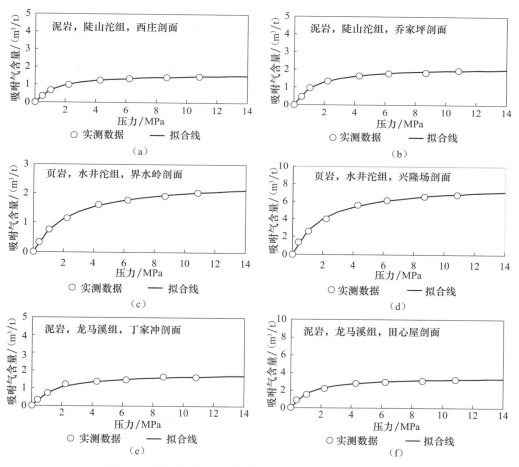

图 6-5 中扬子地区各层位富有机质页岩等温吸附曲线图

2. 水井沱组

水井沱组页岩的等温吸附模拟实验结果表明界水岭剖面 Langmuir 体积 V_L=2.47m³/t、

Langmuir 压力 P_L=2.44MPa［图 6-5（c）］；兴隆场剖面 Langmuir 体积 V_L=2.47m³/t、Langmuir 压力 P_L=2.44MPa［图 6-5（d）］；明溪口剖面 Langmuir 体积 V_L=8.19m³/t、Langmuir 压力 P_L=3.06MPa［图 6-5（e）］；默戎剖面 Langmuir 体积 V_L=1.72m³/t、Langmuir 压力 P_L=1.92MPa［图 6-5（f）］。水井沱组 4 个剖面 Langmuir 体积平均值为 3.713m³/t。

3. 五峰组—龙马溪组

五峰组—龙马溪组页岩的等温吸附模拟实验结果表明，丁家冲剖面 Langmuir 体积 V_L=1.90m³/t、Langmuir 压力 P_L=1.65MPa［图 6-5（g）］；田心屋剖面 Langmuir 体积 V_L=1.07m³/t、Langmuir 压力 P_L=1.27MPa［图 6-5（h）］。五峰组—龙马溪组 2 个剖面 Langmuir 体积平均值为 1.485m³/t。

（二）赣西北地区

以修页 1 井为例，根据测试结果和 Langmuir 模型计算（图 6-6），观音堂组页岩在 1.86MPa 压力时，最大吸附含气量为 1.48m³/t，在平均压力为 1.55MPa 时，平均吸附含气量为 2.72m³/t；王音铺组泥页岩在压力为 1.62MPa 时，最大吸附含气量为 6.21m³/t，在平均压力为 1.80MPa 时，平均吸附含气量为 6.28m³/t，说明赣西北地区下古生界页岩的含气量较高，在地下条件较好的情况下可能聚集足够的页岩气。

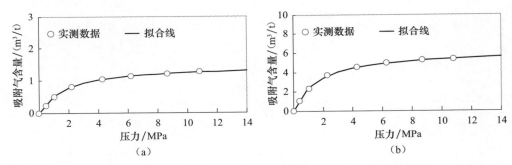

图 6-6　赣西北地区修页 1 井下古生界页岩页岩等温吸附曲线图

（a）修页 1 井观音党组；（b）修页 1 井王音铺组

泥页岩吸附 - 脱附过程曲线：吸附过程中随着相对压力的增加，吸附气体体积逐渐增大，但是增长较为缓慢，而脱附过程中则是减少缓慢，吸附 - 脱附过程存在滞后性。首尾基本重合，并且呈光滑曲线形态，说明死端孔隙较少。

观音堂组页岩的平均孔直径为 4.979nm，王音铺组页岩的平均孔直径为 10.98nm，新开岭组页岩的平均孔直径为 13.43nm（表 6-3），孔隙体积较大，有利于页岩气的储集。BET 比表面积也较大，有利于页岩气的吸附。

（三）下扬子地区

下扬子皖南—宣城地区宣页 1 井扫描电镜实验分析表明，荷塘组主要以有机质内

表6-3　修页1井下古生界页岩比表面-孔径参数表

样品号	层位	岩性	BET比表面/（m²/g）	总孔体积/（mL/g）	平均孔直径/nm	BJH累积比表面/（m²/g）	BJH总孔体积/（mL/g）	中值半径/nm
XY1-05	$\in_1 g$	泥岩	5.226	0.00651	4.979	7.480	0.00650	2.490
XY1-14	$\in_1 w$	泥岩	4.664	0.0128	10.98	8.601	0.0140	5.49
DW-1	O_3—S1x	泥岩	1.450	0.00487	13.43	1.580	0.00490	6.72

微孔隙发育为主，这对页岩气的吸附具有重要作用。通过对不同TOC含量的页岩进行等温吸附实验，结果表明，吸附含气量随有机碳含量的增加而呈现增大的趋势［图6-7（a）］。49件岩心样品含气量分析结果显示，下寒武统荷塘组解析气含量最高约0.26mL/g，中寒武统大陈岭组解析气含量可达0.67mL/g。与国内外其他地区钻井页岩气含量相比，尽管含量偏低，但宣城—桐庐地区作为高热演化、复杂构造区，依然显示有一定页岩气吸附能力，具有页岩气勘探潜力。

从下扬子皖南—苏南—浙西北地区荷塘组选取了6个样品进行等温吸附模拟［图6-7（b）］。

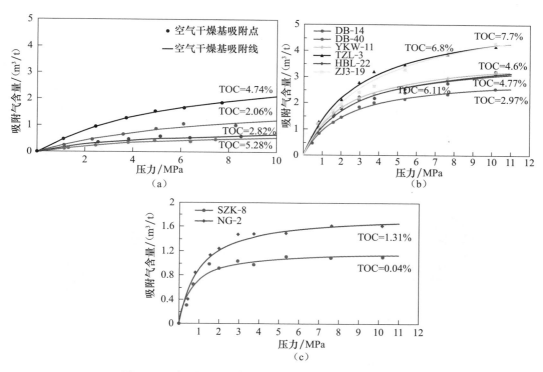

图6-7　下扬子地区下古生界富有机质页岩等温吸附曲线

（a）宣页1井荷塘组；（b）皖南—苏南—浙西北地区荷塘组；

（c）皖南—苏南—浙西北地区五峰组—高家边组

荷塘组吸附气含量较高，吸附气含量为 1.515~2.825m³/t，所测的 6 个样品平均值为 2.12m³/t。下志留统高家边组测试了 2 个样品 [图 6-7（c）]，吸附气含量相对较低，所测的 2 个样品的平均值为 0.755m³/t。

第二节　海陆过渡相页岩含气性特征

一、钻、测、录、试井

湘中拗陷泥盆系—二叠系发育海陆过渡相泥页岩，页岩气探井湘页 1 井钻井过程中龙潭组—大隆组见五处明显的气测异常显示，页岩段有机碳含量高，残余有机碳普遍大于 3%，T_{max} 一般为 440～460℃（R_o 为 1.0%～1.3%）。试验阶段最高日产气 1000 多立方米，商业开采期可望达日产 2 万～10 万 m³。大隆组气测录井解释第一层：井深 572.00～579.40m；第二层：井深 579.40～588.30m；第三层：井深 588.30～617.40m；第四层：井深 617.40～628.00m，四层综合解释均为含气层。龙潭组气测录井解释第一层：井深 679.6～687.0m，综合解释为含气层；第二层：井深 695.20～697.30m；第三层：井深 701.10～701.90m；第二层、第三层两次综合解释为煤层。

下扬子皖南—苏南—浙西北地区页岩气探井长页 1 井钻探过程中，多次见到疑似气泡（图 6-8），反映具有较好的气显示。苏北地区在二叠系孤峰组、龙潭组、大隆组有 10 口井见油气显示，以含油显示为主，同时也有含气显示，包括烃类气、二氧化碳气显示等，主要分布于滨城地区浅部和泰州—泰兴地区。油显示主要位于砂岩夹层中，少量位于泥岩中；天然气显示主要发育于泥页岩裂隙中，岩性包括灰黑色泥岩、黑色白云质泥岩、黑色硅质泥岩和黑色碳质泥岩等。一些井的气测录井中出现气测异常，主要集中在黄桥地区，其岩性主要为黑色碳质泥岩、泥岩、煤层等，综合解释为地层残余气及煤成气。

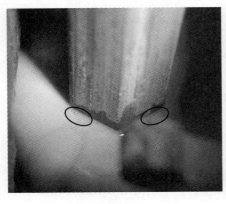

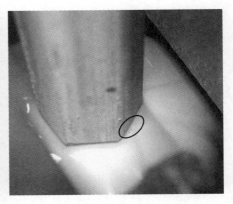

(a)　　　　　　　　　　　　　　(b)

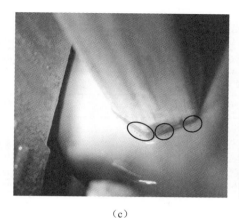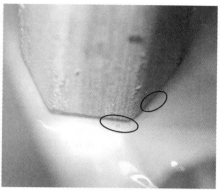

（c）　　　　　　　　　　　　　　（d）

图 6-8　长页 1 井作业时所见气泡情况

二、现场解析

湘中拗陷对湘页 1 井 10 个岩心样品进行现场解析，总含气量分布范围为 0.1644～1.4138m³/t，平均为 0.4785m³/t。

在萍乐拗陷对莲花小江矿区 ZK003-1 井乐平组老山灰色泥质粉砂岩段进行三次解析，岩心长度 10cm，用时 12h，解析气体量分别为 164mL、122mL、100mL。高安建山煤矿勘查区的 ZK1901 井对乐平组老山页岩段进行两次解析，由于页岩太致密，在开始阶段气量达到 40mL 左右，后不再有气体产生。白源北煤矿勘查区对 ZK2203 井安源组三家冲页岩段进行两次解析，第一次解析，井深 968.5m，岩心长度 12cm，解析气体 126mL；第二次解析，井深 981m，岩心长度 13cm，解析气体 108mL。

下扬子皖南—苏南—浙西北地区由于尚未发现工业性页岩气，对页岩含气状况尚不能定量描述。对长页 1 井现场解吸了三个样品，但解析气量均为 0。

三、等温吸附模拟

湘中拗陷泥盆系—二叠系的 7 个层位等温吸附模拟结果表明（表 6-4），龙潭组的吸附气含量最高，V_L 平均值为 10.522m³/t，其次为上石炭统大塘阶测水段，V_L 平均值为 3.022m³/t，中泥盆统棋梓桥组、跳马涧组、上泥盆统佘田桥组、锡矿山组、上二叠统大隆组 V_L 平均值为 1.35～1.96m³/t（等温吸附曲线如图 6-9 所示）。

表 6-4　萍乐拗陷页岩等温吸附测试结果统计表

序号	样品编号	层位	V_L/(m³/t)	P_L/MPa
1	ZK2403-10	安源组三家冲段中部	2.15	1.22
2	ZK601	安源组三家冲段中部	1.11	0.91
3	ZK2203	安源组紫家冲段中部	2.41	1.98
4	ZK2508-3	乐平组老山段	2.44	1.59

序号	样品编号	层位	$V_L/(\text{m}^3/\text{t})$	P_L/MPa
5	ZK2701-2	乐平组老山段中部	1.65	0.79
6	ZK04-2	乐平组老山段下部	1.52	0.57
7	ZK2702	乐平组老山段中部	3.02	1.74

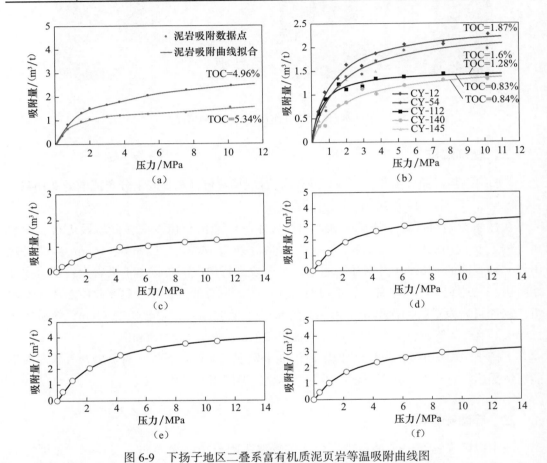

图 6-9　下扬子地区二叠系富有机质泥页岩等温吸附曲线图

（a）皖南—宣城地区龙潭组—大隆组；（b）皖南—苏南—浙西北地区龙潭组；（c）苏北地区孤峰组；（d）苏北地区
龙潭组；（e）、（f）为苏北地区大隆组，（e）为大隆组黑色泥岩，（f）为大隆组硅质页岩

　　萍乐拗陷页岩样品等温吸附实验的结果显示，二叠系乐平组 Langmuir 体积 V_L 值为 1.52～3.02m³/t，平均值为 2.158m³/t；三叠系安源组 Langmuir 体积 V_L 值为 1.11～2.41m³/t，平均值为 1.89m³/t，总体来说萍乐拗陷页岩含气性良好。

　　下扬子皖南宣城地区龙潭组—大隆组页岩吸附气含量为 1.51～2.44m³/t。皖南—苏南—浙西北地区，龙潭组 5 个样品等温吸附模拟的吸附气含量平均值为 0.947m³/t。苏北地区二叠系孤峰组、龙潭组、大隆组分别选取的 1 个、6 个、5 个样品的等温吸附模拟实验结果表明，各层系吸附能力存在一定差异：大隆组和龙潭组页岩吸附能力较强，孤峰组页岩吸附能力较弱。孤峰组 V_L 平均值为 1.55m³/t，龙潭组 V_L 平均值为 2.81m³/t，大隆组 V_L 平均值为 3.59m³/t。

第三节 陆相页岩含气性特征

一、钻、测、录、试井

下扬子苏北地区中新生代泥页岩层系油气显示丰富，主要分布在 E_1f_2 和 E_1f_4 两套泥页岩层系中。钻遇古近系的井中 71 口井次油气显示均为页岩油显示，部分井段见气测异常。

苏北盆地存在三种页岩油气显示类型，包括泥岩裂缝含油显示、泥页岩中的粉砂岩和碳酸盐岩薄夹层含油显示，另在部分井段见白云石晶洞含油显示。纵向上裂缝含油广泛分布于阜四段、阜二段和泰二段泥页岩中；薄夹层含油显示主要见于金湖凹陷阜二段下和龙潭组泥页岩中的粉砂岩薄夹层中；晶洞含油显示主要见于阜二段和阜四段白云岩相对发育的层段（如马 4 井、黄 20 井和真 31 井）；横向上裂缝含油在全区广泛分布，尤其是东部的盐城凹陷、海安凹陷；薄夹层含油显示主要分布于金湖凹陷西斜坡和高邮局部地区；晶洞含油显示主要见于高邮凹陷南部断阶段。

根据电阻率曲线特征可将阜二段泥页岩在纵向上分为"泥脖子""七尖峰""四尖峰""山字形""泥尾巴"段（图 6-10），全区共有 83 口井在该层系见显示，纵向上主要分布于阜二段中下部的 $E_1f_2^{页2}$、$E_1f_2^{页3}$、$E_1f_2^{页4}$ 三个亚段。平面上主要分布于盐城凹陷、高邮凹陷、金湖凹陷和海安凹陷，其中盐城凹陷油气显示最为富集，钻探井中有 12 口井在该层见显示。

根据电阻率曲线特征阜四段泥页岩可分为上下两段，上部"尖峰段"和下部"弹簧段"（图 6-11）。全区共有 23 口井于阜四段见油气显示，纵向上主要分布在 $E_1f_4^{页1}$、$E_1f_4^{页2}$、$E_1f_4^{页3}$ 三个亚段，平面上主要分布在高邮凹陷和金湖凹陷的深凹带。

二、现场解析

中下扬子及东南地区陆相页岩以生页岩油为主，未有页岩样品进行现场解析。

三、等温吸附模拟

根据测试结果和 Langmuir 模型计算，广东地区布心组油页岩在 0.55MPa 压力时，最大吸附气含量为 1.64m³/t（图 6-12）。布心组泥页岩样品的平均孔直径为 7.7nm，BET 比表面积为 8.727m²/g，孔隙体积较大，利于页岩气的吸附和储集。

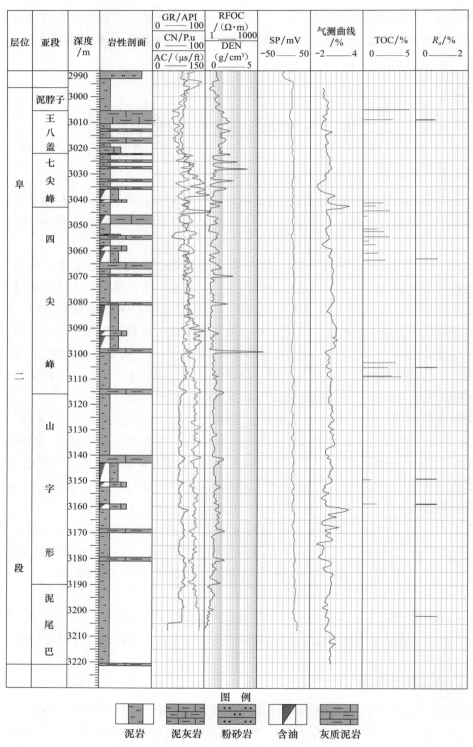

图 6-10 苏北盆地盐参 1 井阜二段测井柱状图

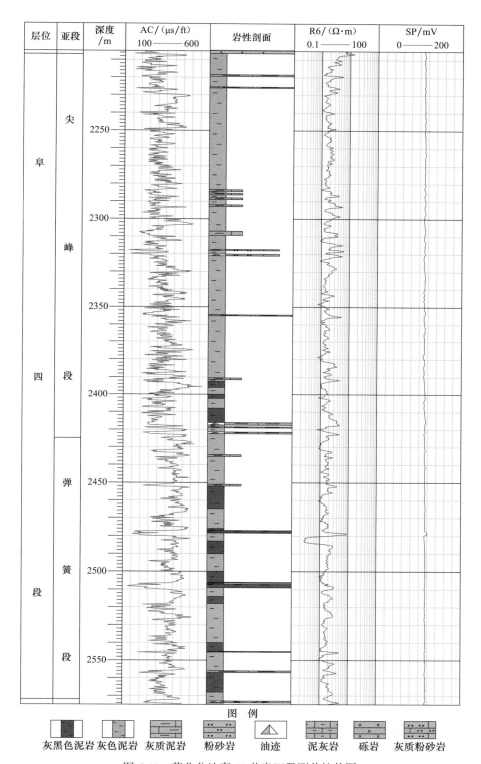

图 6-11　苏北盆地真 43 井阜四段测井柱状图

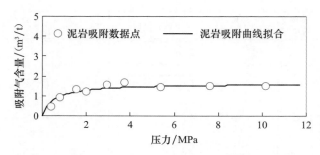

图 6-12 三水洪岗布心组 HG-010 泥页岩等温吸附曲线图

第四节 含气性主要控制因素分析

综合前面不同沉积相页岩的含气性特征分析，页岩含气性受多种因素影响，如有利于页岩气成藏和保存的页岩单层厚度，影响页岩气的吸附气含量矿物组分，影响页岩气游离气含量的页岩储层物性特征、泥页岩有机地球化学特征、泥页岩储层压力及后期构造活动等。

1. 富有机质页岩厚度与埋深

泥页岩的厚度和埋深是控制页岩气成藏的关键因素。形成工业性的页岩气藏，有效泥页岩必须达到一定的厚度。泥页岩的埋深一方面控制页岩气的生产和聚集，另一方面决定页岩气的开发成本。当泥页岩埋深达到一定的深度，具有一定的温度、压力条件，才能形成烃类气体，如生物成因气、热成因气；随着埋深的增加，压力逐渐增大，孔隙度减小，不利于游离气富集，但有利于吸附气的赋存。

好的页岩气远景区其页岩的厚度为 90～180m。例如，阿肯色州的 Fayetteville 页岩厚度为 15～21m，往东 Arkoma 页岩厚度约为 180m，密西西比海湾的一些地方页岩厚度达到了 305m，坎佩尼阶的 Lewis 页岩有 305～450m。页岩气储层的埋藏深度从最浅的 73m 到最深的 2448m，大多数地区埋深范围为 780～1380m。例如，新 Albany 页岩和 Antrim 页岩埋深有 9000 口井为 76～610m；阿巴拉契亚盆地页岩、泥盆纪页岩和 Lewis 页岩，大约有 20000 口井为 915～1525m；Caney 页岩和 Fayetteville 页岩的埋深为 610～1830m。

2. 富有机质泥页岩有机地球化学特征

泥页岩有机地球化学特征不但影响着岩石的生气能力，而且对岩石的储集能力（尤其是吸附能力）具有重要的控制作用。富含有机质页岩中生成天然气的数量主要取决于以下三个因素：①岩石中原始沉积的有机物质的数量，即岩石中的有机碳含量；②不同类型有机物质成因的联系和原始生成天然气的能力，即有机质类型；③有机物质转化成烃类天然气的程度，即有机质热演化程度。前两个因素主要取决于沉积位置的环境，而第三个则取决于沉积后热演化的强度和持续时间，或是在最大埋深下的压实变质作用程度。

页岩中有机质含量对页岩气成藏的控制作用主要体现在页岩气的生成过程和赋存过程。岩石中总有机碳含量不仅在烃源岩中是重要的，在以吸附和溶解作用为储集天然气方式的页岩气储层中也是很重要的。有机质的含量是生烃强度的主要影响因素，它决定着生烃的多少，因此，对页岩气成藏具有重要的控制作用。Schmoker 将有机质超过2%（包括 2%）的泥盆系页岩定为"富有机质的"页岩。页岩气藏要求大面积的供气，而有机质页岩的分布和面积决定有效气源岩的分布和面积；从裂缝中聚集的天然气以大面积的活塞式整体推进为主要方式，因此必须有大量的天然气生成；页岩气藏要求源岩长期生气供气，而有机质含量是决定生气量的一个主要因素。高的有机碳含量意味着更高的生烃潜力。页岩的总有机碳含量与页岩对气的吸附能力之间存在正相关的线性关系。中扬子地区泥页岩样品的吸附能力与有机碳含量作相关图得出很好的线性关系，其相关系数为 0.8201（图 6-13）。湘中拗陷 24 个泥页岩样品由等温吸附实验获取含气量，并根据对应样品的热解实验获取其有机质含量，作含气量与有机质含量的相关性图，含气量与有机质含量呈正相关关系，r^2 为 0.781（图 6-14）。下扬子皖南—苏南—浙西北地区有

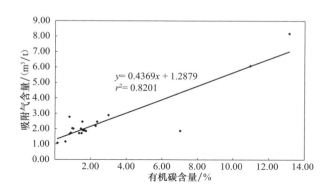

图 6-13　有机碳含量与吸附气含量相关图

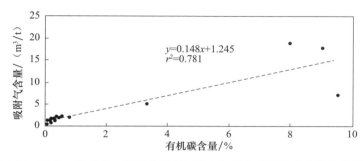

图 6-14　湘中、湘东南、湘东北地区页岩含气量与有机质含量线性关系图

机碳含量和吸附气含量呈正相关关系，拟合系数（r^2）达 0.9559（图 6-15），说明有机碳含量是控制页岩吸附气含量最主要的因素，这是因为有机质具有多微孔结构，并且随着有机碳含量的增加，各种微孔隙类型增多、微孔隙度增大，可供天然气吸附的比表面积也增大，页岩吸附气含量也增加。相同压力下，页岩有机碳含量越高，甲烷吸附量越高。有机碳含量在一定程度上控制着页岩的弹性和裂缝的发育程度，更重要的是控制着页岩的含气量。在对 Antrim 页岩总有机碳含量与含气量关系的研究中发现，页岩的含气量主要取决于其总有机碳含量。有机碳含量进而影响到页岩气的产量，有机碳含量高的地区页岩气的产量比有机碳含量低的地区要高。而且总有机碳含量还可以帮助我们准确地确定储层中的岩石孔隙度和含水饱和度。含气页岩中的总有机碳含量一般为 1.5%～20%。Barnett 页岩的总有机碳含量平均为 4.5%，未熟的岩石露头高达 11%～13%。

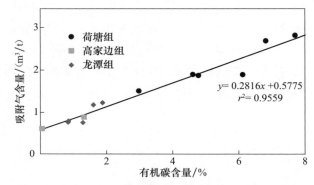

图 6-15　下扬子地区古生界泥页岩有机碳含量和吸附气含量的关系

　　页岩中干酪根的类型可以提供有关烃源岩可能的沉积环境的信息。干酪根的类型不但对岩石的生烃能力有一定的影响作用，还可以影响天然气吸附率和扩散率。一般来说，在湖沼沉积环境形成的煤系地层的泥页岩中，富含有机质，并以腐殖质的Ⅲ型干酪根为主，有利于天然气的形成和吸附富集，煤层气的生成和富集成藏也正好说明了这一点（煤层中有机质的含量更加丰富，煤层的含气率一般为页岩含气率的 2～4 倍）。在半深湖–深湖相、海相沉积的泥页岩中，Ⅰ型干酪根的生烃能力和吸附能力一般高于Ⅱ型或Ⅲ型干酪根。

　　在热成因页岩气的储层中，烃类气体是在时间、温度和压力的共同作用下生成的。热成熟度可以帮助我们了解储层中是以石油为主，还是以天然气为主或是不产油气。干酪根的成熟度不仅可以用来预测源岩中生烃潜能，还可以用于高变质地区寻找裂缝性页岩气储层潜能，作为页岩储层系统有机成因气研究的指标。干酪根的热成熟度也影响页岩中能够被吸附在有机物质表面的天然气量。含气页岩的热成熟度通常用 R_o 来表示，对于质量相同或相近的烃源岩，一般来说 R_o 越高表明生气的可能越大（生气量越大），裂缝发育的可能性越大（游离态的页岩气相对含量越大），页岩气的产量越大。热成熟度控制有机质的生烃能力，不但直接影响页岩气的生气量，而且影响生烃后天然气的赋存状态、运移程度、聚集场所。适当的热成熟度配合适宜的生烃条件使生气作用处于最佳状态。

3. 富有机质页岩矿物组成

页岩的岩性多为富含有机质的暗色、黑色页岩或者含高碳、灰质泥页岩类，岩石组成一般为30%～50%的黏土矿物、15%～25%的粉砂质（石英颗粒）和1%～20%的有机质，多呈现为黑色泥岩与浅色粉砂质泥岩互层。页岩的矿物组成包括一定数量的碳酸盐岩、黄铁矿、黏土质、石英及有机碳。泥页岩中石英的含量与黏土矿物对其含气量具有很大的影响。

石英含量影响着页岩的含气量，黏土矿物含量影响着页岩的吸附气含量。下扬子皖南—苏南—浙西北地区页岩吸附气含量与石英含量拟合作相关性图，结果表明随着石英含量的增加，页岩的吸附气含量是增加的（图6-16）。虽然拟合系数（R^2）不高，仍反映一定正相关性。而且石英含量高的页岩，孔隙度也较大，石英含量是影响游离气含量的因素。石英等脆性矿物易在外力的作用下形成裂缝和微裂缝，有利于泥页岩层段的压裂改造。

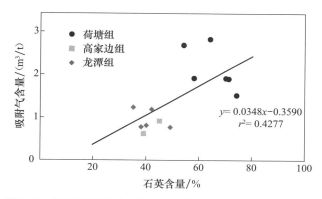

图6-16 下扬子地区古生界页岩石英含量和吸附气含量关系

黏土矿物含量影响着页岩的吸附气含量。黏土矿物具有大量的微孔隙，相对页岩中其他矿物成分具有较强的吸附能力，诸如伊利石的微孔有助于提高吸附天然气的能力。分析下扬子皖南—苏南—浙西北地区样品的全岩X衍射分析和等温吸附模拟结果，对吸附气含量和黏土含量作线性回归曲线，可知吸附气含量和黏土含量均呈正相关关系（图6-17），荷塘组、龙潭组的拟合系数（r^2）分别为0.7390、0.2493。由其他样品黏土矿物X衍射分析结果可知，伊利石是黏土矿物中的主要组成部分。吸附气含量和黏土含量成正比反映了伊利石微孔的有效吸附能力。通过对苏北地区不同黏土矿物含量的泥页岩进行等温吸附模拟实验发现，在有机碳较低的页岩中，页岩也具有一定的吸附能力，其中伊利石的吸附作用至关重要，在有机碳含量、成熟度、黏土矿物总量相近的情况下，伊利石含量高，吸附气含量相对高（图6-18）。值得注意的，黏土矿物含量不能过高，这不利于页岩压裂；因此在页岩气勘探阶段，必须寻找黏土含量小于50%的页岩，方能被成功压裂。

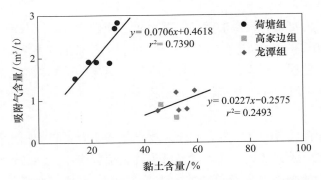

图 6-17 下扬子地区各组页岩黏土含量和吸附气含量关系

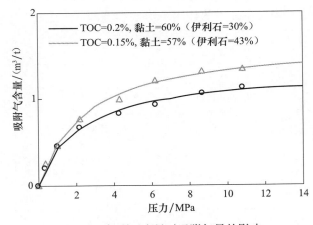

图 6-18 伊利石含量对吸附气量的影响

Barnett 页岩在岩性上是由含硅页岩、石灰岩和少量白云岩组成。总体上，岩层中硅含量相对较多（占体积的35%～50%），而黏土矿物含量较少（＜35%）。Lewis 页岩为富含石英的泥岩，其总有机碳含量为0.5%～2.5%。Antrim 页岩由薄层状粉砂质黄铁矿和富含有机质页岩组成，夹灰色、绿色页岩和碳酸盐岩层。其中脆性矿物含量的重要影响因素有页岩基质孔隙度、微裂缝发育程度、含气性及压裂改造方式等。富有机质页岩中黏土矿物含量越低，长石、石英、方解石等脆性矿物含量越高，岩石脆性越强，在人工压裂等外力作用下越容易形成天然裂缝网络，一般都形成多树枝网状结构缝，这样有利于页岩气的开采。而黏土矿物含量高时页岩塑性强，能够吸收一部分能量，主要形成平面上的裂缝，不利于页岩储层裂缝的改造。

4. 富有机质页岩储集物性

通常饱含气的泥页岩储层具有很低的渗透率，其孔隙空间太小，即使微小的甲烷分子也不能容易通过，需要多组连通的天然裂缝才能对页岩气进行商业开采。富有机质页岩储层内孔隙是储存天然气的重要空间和确定游离气含量的关键参数。据统计，有平均50% 左右的页岩气存储在页岩基质孔隙中。页岩储集层为特低孔渗储集层，以发育多种类型微米至纳米级孔隙为特征，包括颗粒间微孔、黏土片间微孔、颗粒溶孔、溶蚀杂基内孔、粒内溶蚀孔及有机质孔等多种微孔隙。

一般页岩的基质孔隙度为 0.5%～6.0%，大多为 2%～4%。由于页岩中极低的基岩渗透率，开启的、相互垂直的或多套天然裂缝能增加页岩气储层的产量。在上覆岩层的压力及地壳运动的作用下，岩石中可能会产生天然裂缝。储层中压力的大小决定裂缝的几何尺寸，通常集中形成裂缝群。目前，页岩气的开采中大多数情况下都需要对页岩气井进行水力压裂，形成人工裂缝网络。裂缝网络具有改善储层性质和增加产能的双重作用。一方面，裂缝可以扩大页岩内部的储集空间，增加页岩气的游离气储量；另一方面，裂缝可以使孔隙之间的连通性变好，从而提高页岩气产层的渗透率，游离气可以更容易排出，并且能加速吸附气的解析，形成较好的渗流网络，从而提高页岩气井的产气能力。Patcher 和 Martin 通过取自美国东部地区的大量岩心观察和研究得出以下两点认识：一是裂缝的发育具有一定的方向性，裂缝发育的走向为北东 40°～50°，与阿巴拉契亚山脉走向相同，表明褐色页岩的裂缝是构造成因，其分布受构造控制；二是产气量高的井，都处在裂缝发育带内，而裂缝不发育地区的井，产量低或不产气，说明天然气生产与裂缝密切相关。而近期在 Barnett 页岩的研究中，关于原生天然裂缝的重要性具有争议：近期一些的研究发现 Barnett 页岩中天然裂缝的存在阻碍了人工裂缝。

5. 压力

下扬子皖南—苏南—浙西北地区长页 1 井选取了不同深度的 5 块泥页岩样品进行等温吸附模拟实验。长页 1 井页岩不同深度样品等温吸附曲线表明，页岩对天然气的吸附量随着压力的增大而增加，二者呈正相关关系。当压力为 0.38～0.42MPa 时，吸附气含量为 Langmuir 体积的 22.4%～39.2%，平均为 28.5%；在这之后，吸附气含量随压力的增大而增加，且越来越接近 Langmuir 体积。当压力增大到 5.3MPa 之后，吸附气含量的增长逐势逐渐放缓，曲线趋于平直；当压力为 10.16～10.2MPa 时，吸附气含量为 Langmuir 体积的 83.1%～ 92.8%，平均为 89.0%。图 6-19 更加清晰地展示了在不同深度、不同压力的条件下吸附气含量的变化规律。总体上看，随着深度的增加、压力的增大，吸附气含量在纵向上呈现由低到高的特征。由此可以得出结论：压力是页岩吸附气含量的重要控制因素之一。

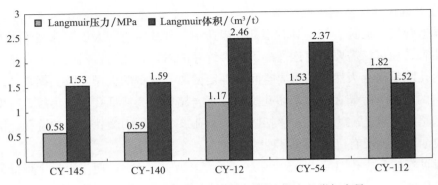

图 6-19 下扬子南部地区龙潭组泥页岩最大吸附气含量

6. 构造作用

构造作用对页岩气的生成和聚集有重要的影响，其影响作用主要体现在以下几个方面：①构造作用能够直接影响泥页岩的沉积作用和成岩作用，进而对泥页岩的生烃过程和储集性能产生影响；②构造作用会造成泥页岩层的抬升和下降，从而控制页岩气的成藏过程；③构造作用可以产生裂缝，有效改善泥页岩的储集性能，对储层渗透率的改善尤其明显。

大规模的断裂作用可以使裂缝发育程度增大，波及很多地区。断裂作用在一定程度上控制着页岩气的成藏，控制着页岩层中天然气的运移方向、成藏规模、成藏气量。页岩内天然气的运移基本是依靠裂隙作为通道的，裂隙的发育主要依靠断裂作用的造隙功能。页岩气的成藏规模受到诸多因素的控制，适度的断裂作用创造的裂隙网络和裂缝网络为其扩展和延伸起到关键的作用，但是过度的断裂作用可以使储层破坏，造成天然气聚集分散。断裂作用形成的裂缝网络可以吸附和保存大量的天然气，从而提高成藏气量。导致产能系数和渗透率升高的破裂作用，可能是由干酪根向沥青转化的热成熟作用（内因）或者构造作用力（外因），或者这两者产生的压力引起。此外，这些事件可能发生在截然不同的时间。对于任何一个事件来说，页岩内的烃类运移的距离均相对较短。位于页岩上部或下部的常规储层也可能同时含有作为烃源岩的这套岩层生成的油气。

区域构造条件和埋深对于页岩气成藏起重要的控制作用，一般情况下，构造转折带、地应力相对集中带以及褶皱-断裂发育带通常是页岩气富集的重要场所。在这些地区裂缝发育程度较高，能够为天然气提供大量的储集空间，因此构造活动是影响泥页岩储层发育的重要因素。中扬子地区自加里东运动以来经历多期构造的叠加改造，区域地质差异较大，页岩储集层类型丰富。构造隆升和挤压作用改善了页岩储集性能，提高了页岩气聚集量。从区域构造运动的角度分析，在湘鄂西地区的平原区及其南部受印支期、燕山期、喜马拉雅期构造运动的强烈改造，使得该区地层大幅度抬升接受剥蚀，部分地区褶皱变形相当严重。上覆地层剥蚀，地层压力的释放以及褶皱断裂作用促进泥页岩裂缝的发育，形成区域的裂缝网络系统。一方面，裂缝可以扩大页岩内部的储集空间，增加页岩气的游离气储量；另一方面，裂缝可以使孔隙之间的连通性变好，从而提高页岩气产层的渗透率，游离气可以更容易排出，并且能加速吸附气的解析，形成较好的渗流网络，从而提高页岩气井的产气能力。

除以上影响因素外，岩石的湿度、地层水矿化度等，对富有机质页岩的含气量有不同程度的影响。其中，干岩石的含气量明显高于"湿"岩石，伊利石的吸附能力高于蒙脱石，高岭石的吸附能力最弱。而地层水矿化度对生物成因页岩气的含气量有明显的影响。从以上富有机质页岩含气量的影响因素看，页岩气的聚集和保存也是需要一定条件的，开展页岩气聚集条件研究，是寻找页岩气富集有利区的基础。

第七章

页岩气资源潜力评价

页岩气资源潜力评价，需要根据页岩气发育的地质条件和资料的完善程度，利用现有的参数，采取适合评价区地质条件的方法，对页岩气储量进行估算，以此为页岩气的勘探开发提供依据。

第一节　资源潜力评价方法

页岩气作为非常规能源的一种，其烃源岩和储集特征均与常规天然气藏不同，因此，页岩气资源评价方法区别于传统常规气藏。可用于页岩油气资源评价的方法主要有体积法、类比法、资源面积丰度类比法等多种（表 7-1）。体积法是统计法中的一部分，可适用于页岩气勘探开发的各阶段和各种地质条件，是适合于我国现阶段页岩气资源量计算的基本方法。在本次页岩气资源潜力评价过程中，采用体积法进行页岩气资源量计算。

表 7-1　不同勘探程度页岩油气的资源评价方法

勘探程度	评价方法	主要方法和影响因素	结果可靠性说明
高	体积法	依据区域资料和井资料，结合评价参数的数据统计模型，在有多口探井控制和地震资料控制的条件下，绘制相关参数的平面展布图，根据有效体积参数及含油气量，进行资源潜力计算	可依据成因法或盆地模拟方法，计算其对应层段的生烃量，结合其排烃特征，估算页岩油气的最大残留量。同时根据资料的情况，进行误差控制。误差控制方法各个评价单位可根据实际资料情况，自主选择，但应该有评价误差和可靠性说明
低	类比法	依据区域资料和井分析化验资料，获取泥页岩体积参数，通过对含油气性主要影响因素的分析，如有机质丰度、有机质类型、成熟度、黏土矿物、物性、温压条件等，确定与类比标准区的相似系数，通过类比法得到含气量，进行页岩气的资源评价	
	资源面积丰度类比法	以页岩气的形成富集条件研究为基础，通过评价区与类比标准区或评价示范区对比分析，确定相似系数，依据类比标准区资源丰度、评价区面积及相似系数，计算页岩气资源量	

一、页岩气地质资源量

由于页岩中所含的溶解气量极少，故页岩气总资源量可近似分解为吸附气总量与游离气总量之和

$$Q_总 = Q_吸 + Q_游 + Q_溶 \tag{7-1}$$

$$Q_总 \approx Q_吸 + Q_游 \tag{7-2}$$

式中，$Q_总$ 为页岩气资源量；$Q_吸$ 为吸附气资源量；$Q_游$ 为游离气资源量；$Q_溶$ 为溶解气资源量（总量不足 1%）。

页岩气地质资源量为页岩总重与单位质量页岩所含天然气的乘积

$$Q_总 = Ah\rho q \tag{7-3}$$

考虑单位换算关系，资源量可表示为

$$Q_总 = 0.01Ah\rho q \tag{7-4}$$

$$q \approx + q_吸 + q_游 \tag{7-5}$$

式中，$Q_总$ 为页岩气地质资源量，10^8t；A 为含气页岩分布面积；h 为有效页岩厚度，m；ρ 为页岩密度，t/m³；q 为总含气量，m³/t；$q_吸$ 为吸附含气量，m³/t；$q_游$ 为游离含气量，m³/t。

计算过程中可根据资料及含气量数据获取情况，采用总含气量或游离含气量与吸附含气量分别计算的方法进行页岩气地质资源量计算。

1. 吸附气资源量

当资料程度较高，且能够分别获得吸附含气量与游离含气量数据时，可采用吸附气与游离气分别计算的方法进行页岩气资源量计算

$$Q_吸 = 0.01Ah\rho q_吸 \tag{7-6}$$

式中，$Q_吸$ 为吸附含气量，m³/t，可由实验分析法获得。当使用等温吸附法时，可考虑下式：

$$q_吸 = V_L P/(P_L + P) \tag{7-7}$$

式中，V_L 为 Langmuir 体积，m³；P 为地层压力，MPa；P_L 为 Langmuir 压力，MPa。

需要说明的是，采用等温吸附法计算所得的含气量数值可能较实际含气量数值大，需校正后使用。

2. 游离气资源量

$$Q_游 = 0.01Ah\Phi_g S_g/Z \tag{7-8}$$

式中，Φ_g 为（裂隙）孔隙度，%；S_g 为含气饱和度，%；Z 为天然气压缩因子，无量纲。

3. 地质资源量

页岩气地质资源量可由下式获得：

$$Q_总 = 0.01Ah(\rho q_吸 + \Phi_g S_g/Z) \tag{7-9}$$

需要说明以下几点：

（1）含气量是页岩气资源量计算过程中的关键参数，q 可由解吸法、等温吸附法、类比法、统计法、测井解释法及计算法等方法获得，各种方法所获得的含气量数据具有不同的地质意义和使用条件。

（2）当资料程度较低而缺乏含气量数据时，可类比相似地质条件下的含气量数据进行参考取值，含气量的取值方法需要在计算结果中予以注明。

（3）通过现场解吸获得的吸附含气量或总含气量，因已经包含了天然气体积从地下到地表由于压力条件改变而引起的体积变化，故当通过现场解吸法获取吸附气含量或总含气量时，上述公式［式（7-8）、式（7-9）］中的压缩因子 $Z=1$，当采用其他方法且未考虑到压力条件转变引起的体积变化时，所获得的含气量（特别是游离气含量）需要通过图版法或其他方法获得压缩因子。资源量计算过程中，压缩因子 $Z \leqslant 1$。

4. 可采资源量

可采资源量可由地质资源量与可采系数相乘而获得。

$$Q_{可采} = Qk \tag{7-10}$$

式中，$Q_{可采}$ 为页岩气可采资源量，10^8t；k 为页岩气可采系数，无量纲。

$$Q_{可采} = (q_o - q_r)Q/q_o \tag{7-11}$$

式中，q_o 为页岩原始含气量，m^3/t；q_r 为最终可能实现的最小残余含气量，m^3/t。

页岩气可采系数的取值范围为 20%～30%。可借鉴国外经验并结合我国具体情况确定具体值。

二、页岩油地质资源量

分析认为页岩油具有两种赋存形式：游离和吸附，真正对非常规油气有贡献、通过采取一定措施能够拿出来的应该是游离的这部分烃，因此页岩油地质资源量主要计算的是游离烃的地质资源量，即游离油量＝原地资源量－吸附油量，计算公式如下（宋国琦，2012）。

计算公式：

$$Q_{油地质} = Ah\rho (A^* - \times \text{TOC}) \tag{7-12}$$

式中，$Q_{油地质}$ 为页岩油地质资源量，10^4t；A 为氯仿沥青 "A" 含量，%。

页岩油中的溶解气地质资源量计算公式为

$$Q_{气地质} = Q_{油地质} \text{GOR} \tag{7-13}$$

式中，GOR 为气油比。

可采资源量：

$$Q_{油可采} = Q_{油地质}k_o \tag{7-14}$$

式中，k_o 为页岩油可采系数，无量纲。

第二节　评价参数及其选取标准

一、页岩气评价参数及其标准

页岩气计算参数主要包括面积、厚度、密度、（裂隙）孔隙度、游离含气饱和度、吸附含气量、总含气量、Langmuir 体积、Langmuir 压力、压缩因子等。不直接参与计算但可能对计算结果具有较大影响的间接参数主要包括深度、地层压力、温度、干酪根类型等，页岩气评价参数的选取标准见表 7-2。对于页岩气远景区，页岩总有机碳（TOC）平均不小于 0.5%，埋藏深度一般为 100～4500m，海相页岩有机质成熟度（R_o）不小于 1.1%，海陆过渡相或陆相页岩不小于 0.4%，对于地表条件无特殊要求，有页岩发育的平原、丘陵、山区、高原、沙漠、戈壁等均可。

表 7-2　页岩气远景区评价参数选区标准表

选区	主要参数	海相	海陆过渡相或陆相
远景区	TOC/%	平均不小于 0.5	
	R_o/%	不小于 1.1	不小于 0.4
	埋深 /m	100～4500	
	地表条件	平原、丘陵、山区、高原、沙漠、戈壁等	
	保存条件	现今未严重剥蚀	

1. 面积

对于面积的估计可有多种方法，这里主要介绍本次计算资源量所使用的有机碳含量关联法。有机碳含量关联法：页岩面积的大小及其有效性主要取决于其中有机碳含量的大小及其变化，可据此对面积的条件概率予以赋值。即当资料程度较高时，可依据有机碳含量变化进行取值。在扣除了缺失面积的计算单元内，以 TOC 平面分布等值线图为基础，依据不同 TOC 含量等值线所占据的面积，分别求取与之对应的面积概率值。

2. 厚度

可通过露头测量、钻井资料、地球物理等方法获得计算区内不同位置的厚度值，并当厚度数据达到一定程度时，可编制页岩分布等厚图。与之对应，厚度参数可作为离散型数据（数据资料较少时）或连续型数据（数据资料较多时）进行估计。

3. 密度

页岩密度参照地表样品测试数据，并根据相关资料数据得到的泥页岩骨架密度加以修正。

4. 总孔隙度

天然气在页岩中的储集空间包括了基质微孔隙和裂缝两部分，故总孔隙度是二者之和，可通过高精度实验和测井解释等多种方法获取计算区内不同样品点的总孔隙度（也称裂缝孔隙度）值，所取得的样品点应尽量在计算区内均匀分布。对获得的总孔隙度值进行统计分析，得到总孔隙度的条件概率赋值。当数据量较少且不能编制等值线图时，可采用离散数据统计法进行，当数据较多并且能够编制等值线图时，可采用相对面积占有法进行条件概率估计。

5. 游离含气饱和度

该值直接获取较困难，但可通过测井解释等方法间接获取。如果裂缝不发育且已经有直接证据表明页岩中有天然气排出，此时的基质孔隙为游离气主要储集空间，游离含气饱和度可考虑为 100%，当有断裂发育，但埋深较大、保存条件较好且已经有直接证据表明页岩中有天然气排出时，游离含气饱和度亦可考虑为 100%，当页岩埋深较小、保存条件较差时，该值通常小于 100%，可依据埋深、保存条件及实验结果等给予合理估计，利用具有连续分布特点离散数据的正态分布进行计算并予以概率赋值，当资料较多并且能够编制游离含气饱和度等值线图时，可采用相对面积占有法进行条件概率估计。

6. 吸附含气量

吸附含气量可由统计拟合、地质类比、等温吸附实验、现场解析和测井解释等多种方法得到。这里主要介绍本次计算资源量所使用的等温吸附模拟法，是通过页岩样品的等温吸附实验来模拟样品的吸附特点及吸附量，通常采用 Langmuir 模型来描述其吸附特征。根据该实验得到的等温吸附曲线可以获得不同样品在不同压力（深度）下的最大吸附含气量，也可通过实验确定该页岩样品的 Langmuir 方程计算参数。将通过各种方法获取的计算区内不同位置的页岩吸附气含量进行汇总，通过概率统计分析得到不同概率下的含气量估计。根据数据多寡，可分别采用概率统计或相对面积占有法对页岩的吸附含气量进行估计。

7. 总含气量

页岩总含气量可通过实验、统计、类比、计算（如测井解释）、综合解析等多种方法获得。根据数据情况，可将所得到的总含气量值进行概率统计分析后赋值。由于该值变化较大且目前较难以大量获得，故也可以在评判分析后综合赋值。

8. Langmuir 体积和压力

Langmuir 体积和压力可由等温吸附实验法得到，其中的 Langmuir 体积反映了给定泥页岩的最大吸附能力，Langmuir 压力则是当吸附量达到 1/2 Langmuir 体积时所对应的压力。通过该两项参数，可通过概率统计方法对不同压力（埋深）下的页岩吸附含气量进行估计。

9. 压缩因子

压缩因子是天然气在地层温压条件下的体积与地面（标准）状态下的体积之比，与页岩的埋深（即压力和温度）等条件有关。具体参数可由图版法、经验公式计算法、统计公式拟合法等方法获得。

10. 体积系数

体积系数是天然气在地层温压条件下的体积与地面（标准）状态下的体积之比，与页岩的埋深（即压力和温度）等条件有关。参考图版和类比资料对三个层位进行相应赋值作为计算参数。

11. 地层压力

地层压力可通过静水柱体折算压力的方法求取。

12. 采收率

根据目前国外的实际页岩气开采情况，本书中此次页岩气资源量计算采收率取值为10%，作为可采地质资源量的计算参数。

13. 可采系数

可采系数是可以开采天然气与总含气量的比值，主要通过类比美国研究成熟地区的资料得出。

二、页岩油评价参数及其标准

页岩油计算参数主要包括页岩分布的面积、有效页岩的厚度、密度、含油率、气油比（GOR）、页岩油可采系数等，其中，面积、有效页岩的厚度和密度参数等同于页岩气。页岩油评价参数的选取标准见表7-3，远景区主要考虑海相、陆相页岩，有效厚度大于20m，有机碳含量在0.5%以上，有机质成熟度为0.5%～1.2%，脆性矿物含量达到30%。

表 7-3　页岩油远景区评价参数选区标准表

选区	主要参数	参考标准
远景区	沉积相	海相、陆相（深湖、半深湖、浅湖）等
	泥页岩厚度	有效泥页岩厚度大于20m
	有机碳含量	TOC > 0.5%
	有机质成熟度	$0.5\% < R_o < 1.2\%$
	可改造性	脆性矿物含量 > 30%

1. 含油率

含油率以质量分数表示，通过对泥页岩生烃样品中氯仿沥青 "A" 的测定，以轻烃补偿系数进行校正。

（1）氯仿沥青 "A"。

江汉盆地勘探程度高，钻井较多，分析化验资料丰富，氯仿沥青 "A" 应用实测资料分析不同有机碳级别进行统计，取其平均值。

（2）轻烃补偿系数。

轻烃补偿系数根据演化程度与氯仿沥青"A"轻烃恢复系数对应表，采用插值法计算各地区各层系轻烃恢复系数。

2. 岩油可采系数

页岩油资源量可采系数求取，通过对有机碳类型及含量、热演化程度、脆性物质含量、油质及气油比、孔渗特征及裂缝发育情况、埋深、地层压力、岩性组合、砂地比等进行打分计算得出可采系数。主要考虑地质条件、工程条件及技术经济条件，具体需要通过实验测试数据获得，其标准见表7-4。

$$K=15\% \times [\, 0.4 \times (A_1 \times 0.4 + A_2 \times 0.3 + A_3 \times 0.3) + 0.3 \times (B_1 \times 0.4 + B_2 \times 0.3 + B_3 \times 0.3)$$
$$+ 0.3 \times (C_1 \times 0.4 + C_2 \times 0.3 + C_3 \times 0.3) \,] \tag{7-15}$$

式中，A_1 为有机碳含量赋值；A_2 为有机质类型赋值；A_3 为镜质体反射率赋值；B_1 为黏土矿物含量赋值；B_2 为孔渗条件赋值；B_3 为砂地比赋值；C_1 为埋深赋值；C_2 为气油比赋值；C_3 为地层压力赋值。

表 7-4　页岩油资源可采系数参数取值标准表

	概率赋值区间	有机碳含量	有机质类型	镜质体反射率
有机地球化学参数取值标准（0.4）	权值	0.4	0.3	0.3
	1.0～0.75	> 4.0%	以Ⅰ型为主	> 1.3%
	0.75～0.5	2.0%～4.0%	以Ⅱ₁型为主	0.8%～1.3%
	0.5～0.25	1.0%～2.0%	以Ⅱ₂型为主	0.5%～0.8%
	0.25～0.0	< 1.0%	以Ⅲ型为主	< 0.5%
	概率赋值区间	黏土矿物	孔渗条件	砂地比
储集参数取值标准（0.3）	权值	0.4	0.3	0.3
	1.0～0.75	< 15%	基质孔隙度 > 8.0%，微裂缝发育	> 30%
	0.75～0.5	15%～30%	基质孔隙度5.0%～8.0%，微裂缝较发育	20%～30%
	0.5～0.25	30%～45%	基质孔隙度3.0%～5.0%，微裂缝发育一般	10%～20%
	0.25～0.0	> 45%	基质孔隙度 < 3.0%，微裂缝不发育	< 3.0%
	概率赋值区间	埋深	气油比	地层压力
构造及保存参数取值标准（0.3）	权值	0.4	0.3	0.3
	1.0～0.75	2000～3000m	> 5000	异常高压
	0.75～0.5	3000～3500m或1500～2000m	1000～5000	压力异常
	概率赋值区间	埋深	气油比	地层压力
	0.5～0.25	3500～4000m或1000～1500m	500～1000	压力异常不明显
	0.25～0.0	> 4000m或 < 1000m	< 500	无压力异常

3. 气油比 GOR

气油比通过实测资料统计而得。

第三节 评价单元划分

划分评价单元是页岩气资源潜力评价的一个重要环节，需要确定多项参数，如目标层系、地质时代、岩性及其组合特征、沉积相类型、干酪根类型、埋深、地层压力、地层温度、构造特征、勘探及工作量及程度、地形地貌等信息。

一、页岩气评价单元划分

根据中下扬子及东南地区不同层位、不同地区的地质特征，将中下扬子及东南地区划分为 53 个计算单元，其中元古界 11 个、下古生界 13 个、上古生界 14 个、中生代 2 个、古近系 13 个。

（一）元古界

元古界有 1 个评价单元，为中扬子及鄂东地区下震旦统陡山沱组（表 7-5），包括湘鄂西地区、江汉平原地区以及鄂东地区，地貌特征以山地、平原为主，其次为丘陵。该单元为台地边缘 – 斜坡相沉积，岩性组合特征为灰黑色、黑色页岩和粉砂质页岩，有机质类型属于 II_1 型干酪根，页岩埋深 0～6000m，区内有很少钻遇的井，发现少量的气测异常。

表 7-5 中扬子及鄂东地区下震旦统页岩气资源量评价单元信息表

项目	内容
评价单元名称	中扬子及鄂东地区（不含先导试验区）
目标层系	下震旦统陡山沱组
地质时代	新元古代
岩性及其组合特征	灰黑色、黑色页岩，粉砂质页岩
沉积相类型	台地边缘 – 斜坡相
干酪根类型	II_1 型
埋深 /m	0～6000
地层压力 /MPa	17.3～27.4
地层温度 /℃	25～205
构造特征	包括湘鄂西地区、江汉平原地区及鄂东地区
勘探及工作量及程度	有很少钻遇的井，发现少量的气测异常
地形地貌	以山区、平原为主，其次为丘陵

（二）下古生界

下古生界共 13 个评价单元，评价层系主要为下寒武统和上奥陶统—下志留统。各评价单元信息详见于表 7-6～表 7-8。

表 7-6　下古生界页岩气资源潜力评价单元信息表（1）

项目	评价单元				
	苏南—皖南—浙西地区	下扬子宣城地区、中部构造带	修武盆地	修武盆地	九瑞盆地
评价层系	荷塘组	荷塘组	王音铺组	观音堂组	王音铺组
页岩性及其组合特征	页岩、泥岩、碳质页泥、碳质泥岩、硅质页岩、硅质岩	硅质页岩、硅质岩	黑色碳质页岩	黑色含碳页岩	黑色碳质页岩
沉积相类型	深水陆棚、盆地相	盆地相	下陆坡页岩相	下陆坡页岩相	下陆坡页岩相
干酪根类型	Ⅰ型为主，Ⅱ型为辅	Ⅰ型	Ⅰ型	Ⅰ型	Ⅰ型
有机碳含量 /%			4.96～17.18	1.14～17.16	4.96～17.18
有机质成熟度 /%			1.72～4.81	1.14～2.53	1.72～4.81
埋深 /m	1000～2000	2000～4500	0～4000	0～3700	0～5000
地层压力 /MPa		25～45	0～50	0～37	0～50
地层温度 /℃		75	10～170	10～150	10～180
构造特征	南京拗陷、钱塘拗陷	南京拗陷和江南隆起，构造复杂	断陷盆地	断陷盆地	断陷盆地
勘探及工作量及程度	宣页 1 井	较低，1 口参数井、4 条二维地震剖面	低	低	低
地形地貌	平原、丘陵	丘陵	丘陵	丘陵	丘陵

表 7-7　下古生界页岩气资源潜力评价单元信息表（2）

项目	评价单元				
	九瑞盆地	苏北地区	中扬子及鄂东地区	麻阳盆地	修武盆地
评价层系	观音堂组	幕府山组	水井沱组	牛蹄塘组	新开岭组
岩性及其组合特征	黑色含碳页岩	硅质岩、黑色泥页岩和碳质页岩	黑色、灰黑色碳质、灰质、粉砂质页岩	黑色、灰黑色碳质、灰质页岩	黑色含碳页岩
沉积相类型	下陆坡页岩相	深水盆地相	深水陆棚相	深水陆棚-盆地相	滞流盆地页岩相
干酪根类型	Ⅰ型	Ⅰ型、Ⅱ₁型	Ⅰ型和Ⅱ₁型	Ⅰ型和Ⅱ₁型	Ⅰ型

续表

项目	评价单元				
	九瑞盆地	苏北地区	中扬子及鄂东地区	麻阳盆地	修武盆地
有机碳含量 /%	1.14～17.16	0.66～12.1			0.26～3.68
有机质成熟度 /%	1.14～2.53	0.73～5.47			2.00～3.24
埋深 /m	0～4700	2500～4500	0～5000	0～4000	0～2500
地层压力 /MPa	0～47	25～45	17.3～24.3	17.3～22.5	0～25
地层温度 /℃	10～160	77.5～127.5	25～175	25～145	10～90
构造特征	断陷盆地	平原	平原	麻阳盆地	断陷盆地
勘探及工作量及程度	低	钻遇幕府山组层系的井数为 12 口	有部分钻遇井，发现气测异常	无钻遇目的层井	低
地形地貌	丘陵	平原	山区、平原、丘陵	山区	丘陵

表 7-8 下古生界页岩气资源潜力评价单元信息表（3）

项目	评价单元		
	九瑞盆地	苏北地区	中扬子及鄂东地区
评价层系	新开岭组	五峰组—高家边组	五峰组—龙马溪组
岩性及其组合特征	黑色含碳页岩	灰黑色、黑色泥岩，含有机质和黄铁矿	黑色硅质页岩，灰黑色粉砂质、碳质泥页岩
沉积相类型	滞流盆地页岩相	深水盆地相沉积	碎屑岩陆棚
干酪根类型	I 型	I 型、II$_1$ 型	II$_1$ 型和 II$_2$ 型
有机碳含量 /%	0.26～3.68		
有机质成熟度 /%	2.00～3.24		
埋深 /m	0～4000	2000～4700	0～4000
地层压力 /MPa	0～40	2.1～49.35	17.3～22.5
地层温度 /℃	10～160	75～142.5	25～145
构造特征	断陷盆地	扬子板块稳定大陆边缘阶段，桐湾－广西旋回	包括湘鄂西地区、江汉平原地区及鄂东地区
勘探及工作量及程度	勘探程度低	苏北地区钻遇五峰组—高家边组层系的井数为 27 口	较多钻遇的井，河页 1 井有实验测试结果较好
地形地貌	丘陵	平原	以山区、平原为主，其次为丘陵

中扬子地区划分 3 个评价单元，位于麻阳盆地和鄂东地区，沉积相有深水陆棚相、盆地相和碎屑岩陆棚相，主要发育有黑色和灰黑色碳质、灰质、粉砂质页岩，水井沱组和牛蹄塘组有机质类型为 I 型、II$_1$ 型，五峰组—龙马溪组为 II$_1$ 型和 II$_2$ 型。区内地貌以山区、平原为主，其次为丘陵，水井沱组有部分钻遇井，发现气测异常，五峰组—龙马溪组钻遇井较多，其中河页 1 井有实验测试结果较好，麻阳盆地牛蹄塘组勘探程度低，暂无钻遇井。

下扬子地区划分4个评价单元，位于苏南—皖南—浙西地区、宣城地区和苏北地区，主要为深水陆棚相和深水盆地相，岩性组合特征为页岩、泥岩、碳质页岩、碳质泥岩、硅质页岩、硅质岩，有机质类型为Ⅰ型、Ⅱ₁型。区内主要地貌特征为平原，部分地区见丘陵。4个评价单元勘探程度整体较高，仅宣城地区荷塘组较低，只有1口参数井和4条二维地震剖面。此外，苏南—皖南—浙西地区荷塘组宣页1井，苏北地区幕府山组有12口钻遇井，苏北地区五峰组—高家边组有27口钻遇井。

东南地区划分有6个评价单元，位于修武盆地和九瑞盆地，为一系列的断陷盆地构成的丘陵地貌，沉积相为下路坡页岩相或滞流盆地页岩相，发育岩性有黑色碳质页岩、黑色含碳页岩，有机质类型为Ⅰ型。区内各评价单元勘探程度普遍偏低，均无参数井或钻遇井。

（三）上古生界

上古生界共划分出14个页岩气评价单元，评价层系主要为泥盆系、下石炭统、二叠系。各评价单元信息详见表7-9～表7-12。

表7-9　上古生界页岩气资源潜力评价单元信息表（1）

项目	评价单元			
	湘中地区	湘东北地区	湘中地区	湘中地区
目标层系	棋梓桥组	棋梓桥组	佘田桥组	大塘阶测水段
岩性及其组合特征	灰色–深灰色厚层状灰岩、白云质灰岩，可相变为泥灰岩	灰色–深灰色厚层状灰岩、白云质灰岩，可相变为泥灰岩	灰色–深灰色厚层状灰岩、白云质灰岩，可相变为泥灰岩	灰色云质灰岩、灰岩、泥灰岩，部分地区夹石膏层，砂、泥岩互层夹煤层，灰色–深灰色中－厚层状灰岩、含生屑灰岩夹泥质灰岩
沉积相类型	滨海相	滨海相	潮坪相	滨海沼泽相
干酪根类型	Ⅰ型、Ⅱ型	Ⅰ型、Ⅱ型	Ⅰ型、Ⅱ型	Ⅱ型、Ⅲ型
埋深/m	500～3000	500～3000	500～3000	500～3000
地层压力/MPa	5～30	5～30	5～30	5～30
地层温度/℃	55	55	55	55
构造特征	湘中凹陷	湘潭凹陷	湘中凹陷	湘中凹陷
勘探及工作量及程度	低	低	低	低
地形地貌	丘陵	丘陵	丘陵	丘陵

表7-10　上古生界页岩气资源潜力评价单元信息表（2）

项目	评价单元			
	湘东南地区	湘中地区	湘东南地区	苏南—皖南—浙西地区
目标层系	大塘阶测水段	龙潭组	大塘阶测水段	龙潭组
岩性及其组合特征	以黑色泥页岩、粉砂质泥岩为主	上部：粉砂质泥岩、泥岩；下部：以砂岩为主，泥岩及煤层	以黑色泥页岩、粉砂质泥岩为主	页岩、泥岩、泥岩与粉砂岩互层，夹煤层

续表

项目	评价单元			
	湘东南地区	湘中地区	湘东南地区	苏南—皖南—浙西地区
沉积相类型	滨海湾湖泊沼泽相	沼泽－台坪相	滨海湾湖泊沼泽相	滨岸相、三角洲相
干酪根类型	Ⅱ型、Ⅲ型	Ⅱ型、Ⅲ型	Ⅱ型、Ⅲ型	Ⅱ-Ⅲ型
埋深/m	500～3000	500～3000	500～3000	300～2000
地层压力	5～30	5～30	5～30	3～20
地层温度/℃	30～65	30～65	30～65	30～60
构造特征	桂耒凹陷	湘中凹陷	桂耒凹陷	南京拗陷
勘探及工作量及程度				长页1井（参数井）
地形地貌	丘陵	丘陵	丘陵	平原、丘陵

表 7-11　上古生界页岩气资源潜力评价单元信息表（3）

项目	评价单元			
	下扬子宣城地区、中部构造带	萍乐拗陷古生界	萍乐拗陷古生界	苏北地区古生界
目标层系	龙潭组—大隆组	小江边组	乐平组	龙潭组
岩性及其组合特征	煤系泥页岩、硅质页岩	硅质岩、碳质页岩和灰岩	硅质岩、黑色泥页岩和碳质页岩	黑色泥岩、碳质泥岩和灰色细砂岩、泥质粉砂岩互层，夹煤层
沉积相类型	陆棚－滨岸沉积相	海相	海陆交互相	滨岸沼泽相沉积
干酪根类型	Ⅱ₂-Ⅲ型	Ⅰ型	Ⅲ型	Ⅱ₂型、Ⅲ型
埋深/m	2000～4000	0～4500	200～4000	673～4500
地层压力/MPa	20～40	0～50	2～40	6.73～45
地层温度/℃	70	20～135	20～120	31.8～127.5
构造特征	位于南京拗陷和江南隆起，构造复杂	扬子准地台之南缘，与南华准台地（华南加里东褶皱带）毗邻	扬子准地台之南缘，与南华准台地毗邻	扬子板块稳定大陆边缘阶段，广西－印支旋回
勘探及工作量及程度	少量二维地震资料，无页岩气钻井，勘探程度较低	有部分煤矿勘探井	有部分煤矿勘探井	苏北地区钻遇龙潭组层系的井数为47口
地形地貌	丘陵	丘陵	丘陵	平原

表 7-12　上古生界页岩气资源潜力评价单元信息表（4）

项目	评价单元	
	浙西北地区	永梅拗陷
目标层系	中上二叠统	童子岩组
地质时代	晚二叠世	中晚二叠世
岩性及其组合特征	暗色泥页岩	暗色泥页岩

续表

项目	评价单元	
	浙西北地区	永梅拗陷
沉积相类型	台盆相	陆棚、潮坪
干酪根类型	Ⅱ型、Ⅲ型	Ⅱ–Ⅲ型
埋深 /m	2000～3500	0～1000
地层压力 /MPa	20～35	0～10
地层温度 /℃	57～100	0～28.5
构造特征	推覆挤压	推覆挤压
勘探及工作量及程度	低	低
地形地貌	山地、丘陵	山地、丘陵

中扬子湘中地区划分为 7 个评价单元，位于湘中和湘中南，为湘潭凹陷、湘中凹陷和桂末凹陷的丘陵地带，多属于滨海相、滨海沼泽相沉积，亦有潮坪相、湖泊沼泽相和沼泽 – 台坪相沉积。滨海相和潮平相沉积页岩有机质类型为 Ⅰ 型、Ⅱ 型，其余均为 Ⅱ 型、Ⅲ 型。岩性组合以白云质灰岩、泥灰岩为主，部分地区夹石膏层或煤层。页岩埋深为 500～3000m，7 个评价单元勘探程度均很低。

下扬子地区 3 个评价单元，主要位于苏南—皖南—浙西地区、宣城地区和苏北地区，地貌特征为平原、丘陵，沉积相多为滨岸沼泽沉积，页岩有机质类型为 Ⅱ–Ⅲ 型，岩性组合为页岩、泥岩、泥岩与粉砂岩互层，夹煤层，煤系泥页岩、硅质页岩和灰色细砂岩、泥质粉砂岩互层。页岩埋深 300～4000m，最深可达 4500m。苏南—皖南—浙西地区龙潭组有参数井长页 1 井；宣城地区龙潭组—大隆组勘探程度较低，有少量二维地震资料，无页岩气钻井；苏北地区钻遇龙潭组层系的井有 47 口。

东南地区分为 4 个评价单元，主要位于萍乐拗陷和咏梅拗陷，地貌特征多为山地、丘陵。沉积相有海相、海陆交互相、台盆相、陆棚相和潮坪相。岩性组合为硅质岩、碳质页岩、灰岩和暗色泥页岩。区内评价单元勘探程度低，仅在萍乐拗陷有部分煤矿勘探井。

（四）中生代

中生代共 2 个评价单元，分别为东南地区萍乐拗陷安源组和中扬子湘鄂西地区秭归盆地下侏罗统—上三叠统（表 7-13）。萍乐拗陷安源组评价单元为海陆交互相沉积，发育硅质岩、黑色泥页岩和碳质页岩，有机质类型为 Ⅲ 型，埋深小于 1500m；区内地貌为丘陵，有部分煤矿勘探井。中扬子湘鄂西地区秭归盆地下侏罗统—上三叠统评价单元为三角洲 – 湖泊相沉积，岩性以泥岩为主，夹粉砂岩；页岩埋深 3000～4500m，有机质类型为 Ⅲ 型；区内地貌为山地，勘探程度低。

表 7-13 中生代页岩气资源潜力评价单元信息表

项目	评价单元	
	萍乐拗陷中生界	中扬子湘鄂西地区秭归盆地
目标层系	安源组	下侏罗统—上三叠统
地质时代	三叠系	中生代
岩性及其组合特征	硅质岩、黑色泥页岩和碳质页岩	以泥岩为主，夹砂岩
沉积相类型	海陆交互相	三角洲 – 湖泊相
干酪根类型	Ⅲ型	Ⅲ型
埋深 /m	< 1500	3000～4500
地层压力 /MPa	1～15	
地层温度 /℃	20～75	
构造特征	扬子准地台之南缘，与南华准台地（华南加里东褶皱带）毗邻	
勘探及工作量及程度	有部分煤矿勘探井	勘探程度极低
地形地貌	丘陵	中 – 高山

（五）古近系

古近系共划分出 13 个评价单元，其中页岩气评价单元 1 个，分布在东南地区的三水盆地，页岩油评价单元有 12 个，分布于中下扬子地区。

东南地区三水盆地页岩气评价单元目标层系为布心组，发育暗色油页岩，属河流、湖泊相沉积，页岩有机质类型为 Ⅱ–Ⅲ 型，埋深 500～3000m，该单元地貌为平原，勘探程度中等（表 7-14）。

表 7-14 古近系页岩气资源潜力评价单元信息表

项目	内容
评价单元名称	三水盆地
目标层系	布心组
岩性及其组合特征	暗色油页岩
沉积相类型	河流、湖相
干酪根类型	Ⅱ–Ⅲ型
埋深 /m	500～3000
地层压力 /MPa	5～30.0
地层温度 /℃	14～86
构造特征	断陷
勘探工作量及程度	勘探程度中等
地形地貌	平原

　　中扬子地区划分页岩油评价单元 8 个，集中分布于江汉盆地，少数分布于洞庭湖盆地，岩性主要为泥页岩、泥质砂岩、泥质白云岩与高盐岩韵律组合，均为滨浅湖沉积，有机质类型以Ⅱ型、Ⅲ型为主，页岩埋深 500～3000m，区内勘探程度整体较高（表 7-15、表 7-16）。下扬子地区划分页岩油评价单元 4 个，分布于高邮凹陷、金湖凹陷、海安凹陷和盐城凹陷平原区，岩性均为泥页岩，沉积相也具一致性，为半深湖 – 深湖相沉积，区内勘探程度高（表 7-17），高邮凹陷有三维 3941.5km²，二维 17816km，探井 667 口；金湖凹陷有三维 2810.7km²，二维 18804km，探井 443 口；海安凹陷有三维 1057km²，二维 9523km，探井 86 口；盐城凹陷有三维 253km²，二维 4039km，探井 10 口，4 个评价单元均有多口井在泥页岩中见到油气显示。

表 7-15　古近系页岩油资源潜力评价单元信息表（1）

项目	评价单元				
	江汉盆地潜江凹陷	江汉盆地潜江凹陷	江汉盆地江陵凹陷	江汉盆地小板凹陷	江江汉盆地沔阳凹陷
评价层系	潜江组	新沟咀组	新沟咀组	新沟咀组	新沟咀组
岩性及组合特征	泥页岩、泥质白云岩与高盐岩韵律组合	泥页岩、泥质砂岩	泥页岩、泥质砂岩	泥页岩、泥质砂岩	泥页岩、泥质砂岩
沉积相类型	滨浅湖	滨浅湖	滨浅湖	滨浅湖	滨浅湖
构造特征	向斜	向斜	向斜	向斜	向斜
干酪根类型	Ⅰ型、Ⅱ型	Ⅱ型、Ⅲ型	Ⅱ型、Ⅲ型	Ⅱ型、Ⅲ型	Ⅱ型、Ⅲ型
有机碳含量 /%	0.5～2	0.6～1.4	0.5～1.2	0.5～1.2	0.5～1.2
有机质成熟度 /%	0.6～1.65	0.65～2.1	0.65～2.1	0.5～1.4	0.65～1.1
埋深 /m	1500～4500	1500～4500	500～4500	1500～4000	600～2500
压力系数 /MPa	1.14	1.14	1.14	1.14	1.14
地层温度 /℃	$0.031H+25.00$	$0.031H+25.00$	$0.031H+25.00$	$0.031H+25.00$	$0.031H+25.00$
原油相对密度	0.86	0.84	0.84	0.88	0.88
勘探程度	高	高	高	较低	较高

注：$0.031H+25.00$ 为 $0.031×$ 深度 $+25℃$。

表 7-16　古近系页岩油资源潜力评价单元信息表（2）

项目	评价单元		
	江汉盆地陈沱口凹陷	洞庭盆地沅江凹陷	洞庭盆地沅江凹陷
评价层系	新沟咀组	沅江组	桃园组
岩性及组合特征	泥页岩泥质砂岩	泥页岩、泥质白云岩	泥页岩、泥质白云岩
沉积相类型	滨浅湖	滨浅湖	滨浅湖
构造特征	向斜	向斜	向斜
干酪根类型	Ⅱ型、Ⅲ型	Ⅱ型、Ⅲ型	Ⅱ型、Ⅲ型

续表

项目	评价单元		
	江汉盆地陈沱口凹陷	洞庭盆地沅江凹陷	洞庭盆地沅江凹陷
有机碳含量 /%	0.5～1.2	0.4～2.88	0.4～1.0
有机质成熟度 /%	0.5～1.1	0.8～1.43	0.8～1.43
埋深 /m	500～3000	500～3000	500～3000
压力系数 /MPa	1.14	1.14	1.14
地温梯度 /℃	3.1	3.1	3.1
原油相对密度	0.88	0.88（湘 10 井）	0.88（湘 10 井）
工作程度	高	低	低

表 7-17　古近系页岩油资源潜力评价单元信息表（3）

项目	评价单元								
	高邮凹陷			金湖凹陷		海安凹陷		盐城凹陷	
目标层系	上	上	下	上	下	上	下	上	下
岩性及其组合特征	泥页岩	泥页岩	泥页岩	泥页岩	泥页岩	泥页岩	泥页岩	泥页岩	泥页岩
沉积相类型	半深湖－深湖	半深湖－深湖	半深湖－深湖	半深湖－深湖	半深湖－深湖	半深湖－深湖	半深湖－深湖	半深湖－深湖	半深湖－深湖
干酪根类型	I－II₁型	I型，部分II₁型	I型，部分II₁型	I型，部分II₁型	I－II₁型	I－II₁型	II₁型，部分I型	I型	I型，部分II₁型
埋深 /m	500～4500			500～3000		1500～3000		1500～3000	
地层压力 /MPa	43.51		45.15	20.01		38		48.78	
地层温度 /℃	112		134	84		120		115	
构造特征	南断北超、南陡北缓的箕状结构			南断北超的箕状凹陷		北东走向的主干断层将凹陷在南北方向上划分为几个相对独立的次级构造单元		两条主干断层将盐城划分为两个相对独立的构造单元	
勘探工作量及程度	三维 3941.5km²，二维 17816km，探井 667 口，多口井在泥页岩中见到油气显示			三维 2810.7km²，二维 18804km，探井 443 口，多口井在泥页岩中见到油气显示		三维 1057km²，二维 9523km，探井 86 口，多口井在泥页岩中见到油气显示		三维 253km²，二维 4039km，探井 10 口，多口井在泥页岩中见到油气显示	
地形地貌	平原	平原	平原	平原	平原	平原	平原	平原	平原

二、评价参数确定

根据前文介绍的参数获取方法，对不同层系的不同计算单元的各个页岩气资源量计算参数进行赋值。$P_5 \sim P_{95}$ 表示概率的大小，数字越大说明数据的可靠性越高，一般选取 P_{50} 对应参数计算得出的资源量值为地质资源量。

（一）元古界

中扬子地区震旦系页岩油气评价单元资源量参数中面积计算采用 TOC 关联法，P_{50} 为 35857km²；采用概率取值法计算出页岩厚度为 23m，吸附气和游离气含量分别采用等温吸附实验和计算的方法，最终求取总含气量为 1.43m³/t，利用离散数据统计法计算出页岩密度为 2.62t/m³，详细参数见表 7-18。

表 7-18　中扬子地区震旦系页岩气资源量计算参数表

参数	P_5	P_{25}	P_{50}	P_{75}	P_{95}	参数选取方法
面积 /km²	56895	48545	35857	24168	14818	TOC 关联法
厚度 /m	50	45	23	15	11	概率取值
吸附含气量 /(m³/t)	1.08	1.02	0.96	0.90	0.85	等温吸附试验
游离含气量 /(m³/t)	0.68	0.56	0.47	0.31	0.16	计算
孔隙度 /%	3.0	2.7	2.2	1.6	0.9	离散数据统计法
游离气含气饱和度 /%	60	55	50	45	40	经验值
压缩因子	1.00	1.00	0.90	0.89	0.85	图版法
总含气量 /(m³/t)	1.76	1.58	1.43	1.21	1.01	计算
页岩密度 /(t/m³)	2.64	2.63	2.62	2.61	2.60	离散数据统计法

（二）下古生界

中扬子地区水井沱组、上奥陶统—下志留统、麻阳盆地牛蹄塘组三个评价单元页岩气资源量参数选取方法基本一致，TOC 关联法计算出的页岩面积分别为 43676km²、22102km²，概率取值法求取的页岩厚度分别为 43m、21m、60m，通过等温吸附实验得到的吸附气含量分别为 1.04m³/t、0.65m³/t、1.48m³/t，离散数据统计法得出的游离含气量分别为 0.47m³/t、0.37m³/t、0.42m³/t。各项参数不统计概率下负值情况详见表 7-19～表 7-21。

表 7-19　中扬子地区下寒武统水井沱组页岩气资源量计算参数表

参数	P_5	P_{25}	P_{50}	P_{75}	P_{95}	参数选取方法
面积 /km²	59447	52437	43676	34914	27904	TOC 关联法
厚度 /m	50	47	43	31	25	概率取值
吸附含气量 /(m³/t)	1.28	1.14	1.04	0.94	0.80	等温吸附试验
游离含气量 /(m³/t)	0.67	0.53	0.47	0.40	0.30	计算
孔隙度 /%	2.8	2.3	2.0	1.6	1.2	离散数据统计法
游离气含气饱和度 /%	60	55	50	45	40	经验值

续表

参数	P_5	P_{25}	P_{50}	P_{75}	P_{95}	参数选取方法
压缩因子	0.98	0.97	0.90	0.82	0.76	图版法
总含气量 /（m³/t）	1.95	1.67	1.51	1.34	1.10	计算
页岩密度 /（t/m³）	2.55	2.54	2.52	2.50	2.49	离散数据统计法

表 7-20 麻阳盆地下寒武统牛蹄塘组页岩气资源量计算参数表

参数	P_5	P_{25}	P_{50}	P_{75}	P_{95}	参数选取方法
面积 /km²	8432	7398	6106	4813	3780	TOC 关联法
厚度 /m	68	62	60	53	51	概率取值
吸附含气量 /（m³/t）	2.5	1.95	1.48	1.05	0.68	等温吸附试验
游离含气量 /（m³/t）	0.58	0.49	0.42	0.30	0.25	计算
孔隙度 /%	2.3	1.9	1.6	1.2	1.0	离散数据统计法
游离气含气饱和度 /%	60	55	50	45	40	经验值
压缩因子	0.92	0.87	0.82	0.80	0.75	图版法
总含气量 /（m³/t）	3.08	2.44	1.90	1.35	0.93	计算
页岩密度 /（t/m³）	2.56	2.53	2.51	2.48	2.47	离散数据统计法

表 7-21 中扬子地区上奥陶统—下志留资源量计算参数表

参数	P_5	P_{25}	P_{50}	P_{75}	P_{95}	参数选取方法
面积 /km²	39099	31545	22102	12658	5104	TOC 关联法
厚度 /m	42	35	21	16	10	概率取值
吸附含气量 /（m³/t）	0.92	0.84	0.65	0.65	0.56	等温吸附试验
游离含气量 /（m³/t）	0.58	0.45	0.37	0.24	0.15	计算
孔隙度 /%	2.3	1.9	1.6	1.1	0.7	离散数据统计法
游离气含气饱和度 /%	60	55	50	45	40	经验值
压缩因子	0.93	0.92	0.85	0.81	0.77	图版法
总含气量 /（m³/t）	1.50	1.29	1.02	0.89	0.71	计算
页岩密度 /（t/m³）	2.60	2.58	2.56	2.52	2.50	离散数据统计法

下扬子地区、宣城地区荷塘组页岩气资源量各参数方法相同，面积、厚度、密度和总含气量计算分别采用 TOC 关联法、概率取值法、类比法和现场解析，苏北地区幕府山组和五峰组—高家边组资源量参数中含气量和密度与前两者不同，采用了离散数据统计法，各概率取值结果详见表 7-22～表 7-25。三个地区中下扬子地区页岩面积最大，但是厚度最小，仅 23.04m，宣城地区页岩厚度达 220m，苏北地区幕府山组面积为

$105km^2$，厚度为 $65m$，五峰组—高家边组页岩面积为 $3734km^2$，厚度为 $35.3m$。下扬子地区与宣城地区的目标层系均为荷塘组，现场解析样品为同一批，故含气量数据亦采用相同数据。

表 7-22　下扬子地区下寒武统荷塘组页岩气资源量计算参数表

参数	P_5	P_{25}	P_{50}	P_{75}	P_{95}	参数选取方法
面积 /km^2	81713.9	69405.7	54717.4	40135.5	28122.3	TOC 关联法
厚度 /m	41.20	31.60	23.04	15.16	7.8	概率取值
页岩密度 /（t/m^3）	2.58	2.58	2.58	2.58	2.58	类比法
总含气量 /（m^3/t）	1.295	1.038	0.9316	0.873	0.84	现场解吸

表 7-23　宣城区块下寒武统荷塘组页岩气资源量计算参数表

参数	P_5	P_{25}	P_{50}	P_{75}	P_{95}	参数选取方法
面积 /km^2	7346.40	7346.40	7346.40	5782.14	2677.45	TOC 关联法
厚度 /m	300	270	222	168	150	概率取值
页岩密度 /（t/m^3）	2.58	2.58	2.58	2.58	2.58	类比法
总含气量 /（m^3/t）	1.295	1.038	0.9316	0.873	0.84	现场解吸

表 7-24　苏北地区幕府山组资源页岩气量计算参数表

	参数	P_5	P_{25}	P_{50}	P_{75}	P_{95}	参数获取及赋值方法
体积参数	面积 /km^2	4105	4105	105	105	105	TOC 关联法
	有效厚度 /m	65	65	65	65	65	相对面积占有法
含气量参数	总含气量 /（m^3/t）	0.87	0.81	0.77	0.73	0.71	计算
	吸附气含量 /（m^3/t）	0.70	0.68	0.67	0.66	0.66	离散数据统计法
	游离气含量 /（m^3/t）	0.17	0.13	0.10	0.07	0.05	离散数据统计法
其他参数	页岩密度 /（t/m^3）	2.85	2.79	2.75	2.66	2.61	离散数据统计法
	可采系数 /%	39	33	33	28	22	类比法

表 7-25　苏北地区上奥陶统—下志留统五峰组—高家边组页岩气资源量计算参数表

	参数	P_5	P_{25}	P_{50}	P_{75}	P_{95}	参数获取及赋值方法
体积参数	面积 /km^2	5003	4046	3734	2691	1783	TOC 关联法
	有效厚度 /m	48.3	40.6	35.3	32.7	30.7	相对面积占有法
含气量参数	总含气量 /（m^3/t）	0.51	0.46	0.43	0.40	0.33	计算
	吸附气含量 /（m^3/t）	0.34	0.33	0.33	0.32	0.27	离散数据统计法
	游离气含量 /（m^3/t）	0.17	0.13	0.1	0.08	0.06	离散数据统计法
其他参数	页岩密度 /（t/m^3）	2.81	2.74	2.7	2.65	2.59	离散数据统计法
	可采系数 /%	39	33	33	28	22	类比法

东南地区 6 个评价单元的页岩气资源量多项参数选取多采用类比法，页岩面积和厚度多采用面积法，吸附含气量采用等温吸附实验法。各单元各项参数不同概率下赋值情况见表 7-26～表 7-31。

修武盆地王音铺组页岩面积为 420～976km²，厚度为 24～41m，总含气量为 2.02～4.22m³/t（表 7-26）。

表 7-26 修武盆地下寒武统王音铺组资源量计算参数表

参数	P_5	P_{25}	P_{50}	P_{75}	P_{95}	参数选取方法
面积 /km²	976	770	650	500	420	面积法
厚度 /m	41	37	35	32	24	面积法
孔隙度（裂隙）/%	3.02	2.69	2.24	2.02	1.68	类比法
游离含气饱和度 /%	57	55	50	45	41	类比法
游离气含气量 /（m³/t）	0.0075	0.0064	0.0049	0.0039	0.0030	计算
吸附含气量 /（m³/t）	4.22	3.38	2.80	2.48	2.01	等温吸附试验
总含气量 /（m³/t）	4.22	3.39	2.81	2.48	2.02	计算
Langmuir 体积 /m³	4.43	3.54	2.95	2.66	2.21	类比法
Langmuir 压力 /MPa	2.39	1.91	1.59	1.43	1.19	类比法
压缩因子	0.0075	0.0078	0.0080	0.0082	0.0085	类比法
可采系数 /%	18.00	18.50	19.50	20.00	20.50	类比法

修武盆地观音堂组页岩面积为 260～641.2km²，厚度为 28～50m，总含气量为 1.22～2.44m³/t（表 7-27）。

表 7-27 修武盆地下寒武统观音堂组页岩气资源量计算参数表

参数	P_5	P_{25}	P_{50}	P_{75}	P_{95}	参数选取方法
面积 /km²	641.2	583.8	549.45	323.3	260	面积法
厚度 /m	50	44	42	38	28	面积法
孔隙度（裂隙）/%	2.84	2.52	2.10	1.89	1.58	类比法
游离气含气饱和度 /%	57	55	50	45	41	类比法
游离含气量 /（m³/t）	0.0070	0.0060	0.0046	0.0037	0.0028	计算
吸附含气量 /（m³/t）	2.43	2.01	1.67	1.48	1.21	等温吸附试验
总含气量 /（m³/t）	2.44	2.02	1.67	1.49	1.22	计算
Langmuir 体积 /m³	2.51	2.08	1.73	1.56	1.30	类比法
Langmuir 压力 /MPa	1.58	1.31	1.09	0.98	0.82	类比法
压缩因子	0.0075	0.0078	0.0080	0.0082	0.0085	类比法
可采系数 /%	18.00	18.50	19.50	20.00	20.50	类比法

九瑞盆地下寒武统王音铺组页岩面积为 650～1210km², 有效厚度为 24～42m, 总含气量为 1.62～3.33m³/t（表 7-28）。

表 7-28　九瑞盆地下寒武统王音铺组页岩气资源量计算参数表

参数	P_5	P_{25}	P_{50}	P_{75}	P_{95}	参数选取方法
面积 /km²	1210	1040	170	889	650	面积法
厚度 /m	42	38	36	32	24	面积法
孔隙度（裂隙）/%	3.02	2.69	2.24	2.02	1.68	类比法
游离气含气饱和度 /%	57	55	50	45	41	类比法
游离含气量 /（m³/t）	0.0075	0.0064	0.0049	0.0039	0.0030	计算
吸附含气量 /（m³/t）	3.32	2.66	2.21	1.97	1.62	等温吸附试验
总含气量 /（m³/t）	3.33	2.67	2.22	1.98	1.62	计算
Langmuir 体积 /m³	3.41	2.72	2.27	2.04	1.70	类比法
Langmuir 压力 /MPa	1.22	0.97	0.81	0.73	0.61	类比法
压缩因子	0.0075	0.0078	0.0080	0.0082	0.0085	类比法
可采系数 /%	18.00	18.50	19.50	20.00	20.50	类比法

九瑞盆地下寒武统观音堂组计算页岩面积为 495～1090km², 有效厚度为 27～47m, 总含气量 1.22～2.44m³/t（表 7-29）。

表 7-29　九瑞盆地下寒武统观音堂组页岩气资源量计算参数表

参数	P_5	P_{25}	P_{50}	P_{75}	P_{95}	参数选取方法
面积 /km²	1090	934	720	570	495	面积法
厚度 /m	47	44	40	30	27	面积法
孔隙度（裂隙）/%	2.84	2.52	2.10	1.89	1.58	类比法
游离气含气饱和度 /%	57	55	50	45	41	类比法
游离含气量 /（m³/t）	0.0070	0.0060	0.0046	0.0037	0.0028	计算
吸附含气量 /（m³/t）	2.43	2.01	1.67	1.48	1.21	等温吸附试验
总含气量 /（m³/t）	2.44	2.02	1.67	1.49	1.22	计算
Langmuir 体积 /m³	2.51	2.08	1.73	1.56	1.30	类比法
Langmuir 压力 /MPa	1.58	1.31	1.09	0.98	0.82	类比法
压缩因子	0.0075	0.0078	0.0080	0.0082	0.0085	类比法
可采系数 /%	18.00	18.50	19.50	20.00	20.50	类比法

修武盆地新开岭组页岩面积为 258～550km, 厚度为 19～40m, 总含气量为 0.5701～1.2076m³/t（表 7-30）。

表 7-30 修武盆地上奥陶统—下志留统新开岭组页岩气资源量计算参数表

参数	P_5	P_{25}	P_{50}	P_{75}	P_{95}	参数获取及概率估计方法
面积 /km²	550	470	398	319	258	面积法
厚度 /m	40	33.6	28	22.4	19	面积法
孔隙度（裂隙）/%	2.88	2.53	2.30	1.84	1.73	类比法
游离气含气饱和度 /%	58	55	50	45	41	类比法
游离含气量 /（m³/t）	0.0073	0.0061	0.0050	0.0036	0.0031	计算
吸附含气量 /（m³/t）	1.20	0.96	0.80	0.70	0.57	类比法
总含气量 /（m³/t）	1.2076	0.9686	0.8021	0.7057	0.5701	计算
Langmuir 体积 /m³	1.28	1.02	0.85	0.77	0.64	类比法
Langmuir 压力 /MPa	2.99	2.39	1.99	1.79	1.49	类比法
压缩因子	0.0180	0.0182	0.0183	0.0184	0.0185	类比法
可采系数 /%	18.00	18.50	19.00	20.00	20.50	类比法

九瑞盆地新开岭组计算页岩面积为 300～730km²，厚度为 21.6～40.5m，总含气量为 0.5701～1.2076m³/t（表 7-31）。

表 7-31 九瑞盆地上奥陶统—下志留统新开岭组页岩气资源量计算参数表

参数	P_5	P_{25}	P_{50}	P_{75}	P_{95}	参数获取及概率估计方法
面积 /km²	730	547.5	470	380	300	面积法
厚度 /m	40.50	32.40	27.00	24.30	21.60	面积法
孔隙度（裂隙）/%	2.88	2.53	2.30	1.84	1.73	类比法
游离气含气饱和度 /%	58	55	50	45	41	类比法
游离含气量 /（m³/t）	0.0073	0.0061	0.0050	0.0036	0.0031	计算
吸附含气量 /（m³/t）	1.20	0.96	0.80	0.70	0.57	类比法
总气量 /（m³/t）	1.2076	0.9686	0.8021	0.7057	0.5701	计算
Langmuir 体积 /m³	1.28	1.02	0.85	0.77	0.64	类比法
Langmuir 压力 /MPa	2.99	2.39	1.99	1.79	1.49	类比法
压缩因子	0.0180	0.0182	0.0183	0.0184	0.0185	类比法
可采系数 /%	18.00	18.50	19.00	20.00	20.50	类比法

（三）上古生界

上古生界页岩气评价单元资源量计算参数表见表 7-32～表 7-49。

中扬子地区评价单元页岩气资源量参数面积计算大多采用 TOC 关联法，厚度计算采用实测与 TOC 关联法结合，吸附含气量采用测试与概率赋值法结合，游离含气量通过计算获得。

湘中地区泥盆系棋梓桥组页岩气资源量计算参数中页岩面积为 368～2009km^2，有效厚度为 20～40m，总含气量 1.429～1.533m^3/t（表 7-32）。

表 7-32　湘中地区泥盆系中统棋梓桥组页岩气资源量计算参数表

参数	P_5	P_{25}	P_{50}	P_{75}	P_{95}	参数选取方法
面积 /km^2	2009	1703	1415	993	368	TOC 关联法
厚度 /m	40	35	30	25	20	实测、TOC 关联法
孔隙度 /%	3.50	3.00	2.50	2.00	1.54	类比与概率赋值
游离气含气饱和度 /%	75	70	65	60	55	类比与概率赋值
游离含气量 /（m^3/t）	0.033	0.026	0.019	0.014	0.009	计算
吸附含气量 /（m^3/t）	1.5	1.48	1.46	1.44	1.42	测试与概率赋值
总含气量 /（m^3/t）	1.533	1.506	1.479	1.454	1.429	计算
Langmuir 体积 /m^3	2.25	2.20	2.18	2.16	2.14	测试与概率赋值
Langmuir 压力 /MPa	11.50	11.00	10.90	10.80	10.70	测试与概率赋值
压缩因子	0.80	0.82	0.84	0.86	0.88	图版法
可采系数	0.30	0.29	0.28	0.27	0.26	概率赋值

湘东北地区棋梓桥组页岩气资源量计算参数中面积为 256～1805km^2，页岩厚度为 20～45m，总含气量为 1.429～1.533m^3/t（表 7-33）。

表 7-33　湘东北地区中泥盆统棋梓桥组页岩气资源量计算参数表

参数	P_5	P_{25}	P_{50}	P_{75}	P_{95}	参数获取及概率估计方法
面积 /km^2	1805	1447	961	602	256	TOC 关联法
厚度 /m	45	38	32	28	20	实测、TOC 关联法
孔隙度 /%	3.50	3.00	2.50	2.00	1.54	类比与概率赋值
游离气含气饱和度 /%	75	70	65	60	55	类比与概率赋值
游离含气量 /（m^3/t）	0.033	0.026	0.019	0.014	0.009	计算
吸附含气量 /（m^3/t）	1.5	1.48	1.46	1.44	1.42	测试与概率赋值
总含气量 /（m^3/t）	1.533	1.506	1.479	1.454	1.429	计算
Langmuir 体积 /m^3	2.25	2.20	2.18	2.16	2.14	测试与概率赋值
Langmuir 压力 /MPa	11.50	11.00	10.90	10.80	10.70	测试与概率赋值
压缩因子	0.80	0.82	0.84	0.86	0.88	图版法
可采系数	0.30	0.29	0.28	0.27	0.26	概率赋值

湘中地区佘田桥组页岩气资源量计算参数中页岩面积为 608～2205km^2，页岩厚度为 25～45m，总含气量为 1.019～1.083m^3/t（表 7-34）。

表 7-34 湘中地区泥盆系上统佘田桥组页岩气资源量计算参数表

参数	P_5	P_{25}	P_{50}	P_{75}	P_{95}	参数获取及概率估计方法
面积 /km²	2205	1800	1505	1396	608	TOC 关联法
厚度 /m	45	40	35	30	25	实测、TOC 关联法
孔隙度（裂隙）/%	3.50	3.00	2.50	2.00	1.50	类比与概率赋值
游离气含气饱和度 /%	75	70	65	60	55	类比与概率赋值
游离含气量 /（m³/t）	0.033	0.026	0.019	0.014	0.009	计算
吸附含气量 /（m³/t）	1.05	1.04	1.03	1.02	1.01	测试与概率赋值
总含气量 /（m³/t）	1.083	1.066	1.049	1.034	1.019	计算
Langmuir 体积 /m³	1.50	1.44	1.34	1.30	1.27	测试与概率赋值
Langmuir 压力 /MPa	6.90	6.84	6.78	6.75	6.72	测试与概率赋值
压缩因子	0.80	0.82	0.84	0.86	0.88	图版法
可采系数	0.27	0.26	0.25	0.24	0.23	概率赋值

湘中地区石炭系下统大塘阶测水段页岩气资源量计算参数中页岩面积为 568～2556km²，页岩厚度为 20～40m，总含气量为 1.210～1.633m³/t（表 7-35）。

表 7-35 湘中地区石炭系下统大塘阶测水段页岩气资源量计算参数表

参数	P_5	P_{25}	P_{50}	P_{75}	P_{95}	参数获取及概率估计方法
面积 /km²	2556	2093	1495	996	568	TOC 关联法
厚度 /m	40	36	32	25	20	实测、TOC 关联法
孔隙度（裂隙）/%	3.50	3.00	2.50	2.00	1.60	类比与概率赋值
游离气含气饱和度 /%	75	70	65	60	55	类比与概率赋值
游离含气量 /（m³/t）	0.033	0.026	0.020	0.014	0.010	计算
吸附含气量 /（m³/t）	1.6	1.55	1.5	1.4	1.2	类比与概率赋值
总含气量 /（m³/t）	1.633	1.576	1.520	1.414	1.210	计算
Langmuir 体积 /m³	0.85	0.82	0.75	0.73	0.70	测试与概率赋值
Langmuir 压力 /MPa	1.65	1.60	1.56	1.53	1.50	测试与概率赋值
压缩因子	0.80	0.81	0.82	0.83	0.84	图版法
可采系数	0.30	0.29	0.28	0.27	0.26	概率赋值

湘东南地区石炭系下统大塘阶测水段组页岩气资源量计算参数中页岩面积为 695～2126km²，页岩厚度为 20～30m，总含气量为 2.260～3.283m³/t（表 7-36）。

表 7-36 湘东南地区石炭系下统大塘阶测水段页岩气资源量计算参数表

参数	P_5	P_{25}	P_{50}	P_{75}	P_{95}	参数获取及概率估计方法
面积 /km²	2126	1696	1040	884	695	TOC 关联法
厚度 /m	30	28	25	22	20	实测、TOC 关联法

参数	P_5	P_{25}	P_{50}	P_{75}	P_{95}	参数获取及概率估计方法
孔隙度（裂隙）/%	3.50	3.00	2.50	2.00	1.60	类比与概率赋值
游离气含气饱和度 /%	75	70	65	60	55	类比与概率赋值
游离含气量 /（m³/t）	0.033	0.026	0.020	0.014	0.010	计算
吸附含气量 /（m³/t）	3.25	3	2.75	2.5	2.25	类比与概率赋值
总含气量 /（m³/t）	3.283	3.026	2.770	2.514	2.260	计算
Langmuir 体积 /m³	0.85	0.82	0.75	0.73	0.70	测试与概率赋值
Langmuir 压力 /MPa	1.65	1.60	1.56	1.53	1.50	测试与概率赋值
压缩因子	0.80	0.81	0.82	0.83	0.84	图版法
可采系数	0.30	0.29	0.28	0.27	0.26	概率赋值

湘中地区龙潭组页岩气资源量计算参数中面积为 995～2612km²，页岩厚度为 21～45m，总含气量为 0.9611～1.1355m³/t（表 7-37）。

表 7-37　湘中地区二叠系上统龙潭组页岩气资源量计算参数表

参数	P_5	P_{25}	P_{50}	P_{75}	P_{95}	参数获取及概率估计方法
面积 /km²	2612	2012	1896	1591	995	TOC 关联法
厚度 /m	45	38	35	30	21	实测、TOC 关联法
孔隙度（裂隙）/%	3.50	3.00	2.50	2.00	1.65	类比与概率赋值
游离气含气饱和度 /%	75	70	65	60	55	类比与概率赋值
游离含气量 /（m³/t）	0.0355	0.0276	0.0208	0.0105	0.0111	计算
吸附含气量 /（m³/t）	1.10	1.08	1.05	1.00	0.95	测试与概率赋值
总含气量 /（m³/t）	1.1355	1.1076	1.0708	1.0105	0.9611	计算
Langmuir 体积 /m³	3.85	3.52	275	2.53	2.25	测试与概率赋值
Langmuir 压力 /MPa	1.65	1.60	1.56	1.53	1.50	测试与概率赋值
压缩因子	0.74	0.76	0.78	0.80	0.82	图版法
可采系数	0.30	0.29	0.28	0.27	0.26	概率赋值

湘东南地区龙潭组页岩气资源量计算参数中面积为 1092～2046km²，页岩厚度为 20～35m，总含气量为 1.211～1.885m³/t（表 7-38）。

表 7-38　湘东南地区二叠系上统龙潭组页岩气资源量计算参数表

参数	P_5	P_{25}	P_{50}	P_{75}	P_{95}	参数获取及概率估计方法
面积 /km²	2046	1802	1599	1330	1092	TOC 关联法
厚度 /m	35	30	25	22	20	实测、TOC 关联法
孔隙度（裂隙）/%	3.50	3.00	2.50	2.00	1.65	类比与概率赋值
游离气含气饱和度 /%	75	70	65	60	55	类比与概率赋值

参数	P_5	P_{25}	P_{50}	P_{75}	P_{95}	参数获取及概率估计方法
游离含气量 /（ m^3/t ）	0.035	0.028	0.021	0.015	0.011	计算
吸附含气量 /（ m^3/t ）	1.85	1.8	1.6	1.4	1.2	测试与概率赋值
总含气量 /（ m^3/t ）	1.885	1.828	1.621	1.415	1.211	计算
Langmuir 体积 /m^3	3.85	3.52	275	2.53	2.25	测试与概率赋值
Langmuir 压力 /MPa	1.65	1.60	1.56	1.53	1.50	测试与概率赋值
压缩因子	0.74	0.76	0.78	0.80	0.82	图版法
可采系数	0.30	0.29	0.28	0.27	0.26	概率赋值

下扬子地区上古生界龙潭组页岩气资源量计算参数中面积计算采用 TOC 关联法，结果为 16120～40484.5km²；厚度计算利用相对面积占有法，结果为 9～42m；页岩密度通过概率赋值求取，结果为 2.37～2.73g/cm³；总含气量计算采用类比法，结果为 0.55～1.21m³/t（表 7-39）。

表 7-39　下扬子地区上二叠统龙潭组页岩气资源量计算参数表

参数	P_5	P_{25}	P_{50}	P_{75}	P_{95}	参数选取方法
面积 /km²	40484.5	31412.5	28511.8	23140.5	16120	TOC 关联法
厚度 /m	42	31	22	15	9	相对面积占有法
总含气量 /（ m^3/t ）	1.21	1.04	0.86	0.71	0.55	类比
页岩密度 /（ t/m^3 ）	2.73	2.62	2.58	2.45	2.37	概率赋值

下扬子苏北地区上古生界龙潭组页岩气资源量计算参数中面积计算采用 TOC 关联法，平均值为 3843km²；厚度计算利用相对面积占有法，平均值为 40m；吸附含气量与游离含气量计算均采用离散数据统计法，总含气量结果为 0.50～0.67m³/t（表 7-40）。

表 7-40　苏北地区龙潭组页岩气资源量计算参数表

参数		P_5	P_{25}	P_{50}	P_{75}	P_{95}	参数获取及赋值方法
体积参数	面积 /km²	3843	3843	3843	3843	3843	TOC 关联法
	有效厚度 /m	40	40	40	40	40	相对面积占有法
含气量参数	总含气量 /（ m^3/t ）	0.67	0.60	0.56	0.53	0.50	计算
	吸附含气量 /（ m^3/t ）	0.51	0.50	0.49	0.48	0.47	离散数据统计法
	游离含气量 /（ m^3/t ）	0.16	0.10	0.07	0.05	0.03	离散数据统计法
其他参数	页岩密度 /（ t/m^3 ）	2.42	2.25	2.13	2.01	1.84	离散数据统计法
	可采系数 /%	39	33	33	28	22	类比法

宣城区块、九江区块、安庆区块、南陵区块以及无为区块龙潭组—大隆组页岩气资源量计算各项参数计算方法相同，面积计算采用 TOC 关联法，厚度计算利用相对面积

占有法，页岩密度通过测井曲线得出，五个区块的目标层系均为龙潭组—大隆组，属于同一套页岩，故同用测井曲线以及含气量测试样品，故具有相同的密度与含气量数据。

宣城区块龙潭组—大隆组评价单元中面积平均值为 2970km²，页岩有效厚度为 65～85m，密度为 2.48t/m³，总含气量为 0.03～1.04m³/t（表 7-41）。

表 7-41　宣城区块上二叠统龙潭组—大隆组页岩气资源量计算参数表

参数	P_5	P_{25}	P_{50}	P_{75}	P_{95}	参数选取方法
面积 /km²	2970	2970	2970	2970	2970	TOC 关联法
厚度 /m	85	80	75	70	65	相对面积占有法
页岩密度 /(t/m³)	2.48	2.48	2.48	2.48	2.48	测井曲线
总含气量 /(m³/t)	1.04	0.74	0.53	0.33	0.03	计算

九江区块龙潭组—大隆组页岩气资源量计算参数中面积为 221～452km²，厚度为 30～40m（表 7-42）。

表 7-42　九江区块上二叠统龙潭组—大隆组页岩气资源量计算参数表

参数	P_5	P_{25}	P_{50}	P_{75}	P_{95}	参数选取方法
面积 /km²	452	452	452	452	221	TOC 关联法
厚度 /m	40	37	35	32	30	相对面积占有法
页岩密度 /(t/m³)	2.48	2.48	2.48	2.48	2.48	测井曲线
总含气量 /(m³/t)	1.04	0.74	0.53	0.33	0.03	计算

安庆区块龙潭组—大隆组页岩气资源量计算参数中面积为 1048～1485km²，厚度为 30～40m（表 7-43）。

表 7-43　安庆区块上二叠统龙潭组—大隆组页岩气资源量计算参数表

参数	P_5	P_{25}	P_{50}	P_{75}	P_{95}	参数选取方法
面积 /km²	1485	1485	1485	1485	1048	TOC 关联法
厚度 /m	40	37	35	32	30	相对面积占有法
页岩密度 /(t/m³)	2.48	2.48	2.48	2.48	2.48	测井曲线
总含气量 /(m³/t)	1.04	0.74	0.53	0.33	0.03	计算

南陵区块龙潭组—大隆组页岩气资源量计算参数中面积为 445km²，厚度为 50～80m（表 7-44）。

表 7-44　南陵区块上二叠统龙潭组—大隆组页岩气资源量计算参数表

参数	P_5	P_{25}	P_{50}	P_{75}	P_{95}	参数选取方法
面积 /km²	445	445	445	445	445	TOC 关联法
厚度 /m	80	72	65	58	50	相对面积占有法

续表

参数	P_5	P_{25}	P_{50}	P_{75}	P_{95}	参数选取方法
页岩密度 /(t/m³)	2.48	2.48	2.48	2.48	2.48	测井曲线
总含气量 /(m³/t)	1.04	0.74	0.53	0.33	0.03	计算

无为区块龙潭组—大隆组资源量计算参数中面积为153km²，厚度为30～40m（表7-45）。

表7-45　无为区块上二叠统龙潭组—大隆组页岩气资源量计算参数表

参数	P_5	P_{25}	P_{50}	P_{75}	P_{95}	参数选取方法
面积 /km²	153	153	153	153	153	TOC 关联法
厚度 /m	40	37	35	32	30	相对面积占有法
页岩密度 /(t/m³)	2.48	2.48	2.48	2.48	2.48	测井曲线
总含气量 /(m³/t)	1.04	0.74	0.53	0.33	0.03	计算

东南地区萍乐凹陷二叠系小江边组页岩气资源量计算参数中面积计算采用TOC关联法，结果为1792～5121km²；厚度计算利用TOC关联法，结果为21.25～28.75m；吸附含气量与游离含气量计算均采用公式计算的方法，总含气量计算结果为0.89～1.34m³/t（表7-46）。其他参数多用类比法进行赋值。

表7-46　萍乐拗陷二叠系小江边组页岩气资源量计算参数表

参数	P_5	P_{25}	P_{50}	P_{75}	P_{95}	参数获取及概率估计方法
面积 /km²	5121	4096	2560	2048	1792	TOC 关联法
厚度 /m	28.75	26.25	25.00	23.75	21.25	TOC 关联法
孔隙度（裂隙）/%	2.52	2.21	2.10	1.89	1.58	类比与概率赋值
游离气含气饱和度 /%	65.00	57.50	50.00	45.00	37.50	类比与概率赋值
游离含气量 /(m³/t)	0.0061	0.0047	0.0039	0.0032	0.0022	公式计算
吸附含气量 /(m³/t)	1.33	1.22	1.17	1.05	0.88	公式计算
总含气量 /(m³/t)	1.34	1.23	1.17	1.06	0.89	公式计算
Langmuir 体积 /m³	2.88	2.63	2.50	2.25	1.88	类比法
Langmuir 压力 /MPa	1.61	1.47	1.40	1.33	1.19	类比法
体积系数	0.008928	0.009114	0.0093	0.009486	0.009672	类比法

东南地区萍乐拗陷二叠系乐平组页岩气资源量计算参数中面积计算采用TOC关联法，结果为2172～5356km²；厚度计算利用TOC关联法，结果为25～41.5m；吸附含气量与游离含气量计算均采用公式计算的方法，总含气量计算结果为0.86～1.14m³/t（表7-47）。其他参数多用类比法进行赋值。

表 7-47　萍乐拗陷二叠系乐平组资源量计算参数表

参数	P_5	P_{25}	P_{50}	P_{75}	P_{95}	参数获取及概率估计方法
面积 /km²	5356	4426	3766	3118	2172	TOC 关联法
厚度 /m	41.5	36	33	30	25	TOC 关联法
孔隙度（裂隙）/%	1.80	1.58	1.50	1.35	1.13	类比与概率赋值
游离气含气饱和度 /%	65.00	57.50	50.00	45.00	37.50	类比与概率赋值
游离含气量 /(m³/t)	0.0045	0.0035	0.0029	0.0023	0.0016	公式计算
吸附含气量 /(m³/t)	1.14	1.05	1.00	0.96	0.86	公式计算
总含气量 /(m³/t)	1.14	1.05	1.00	0.96	0.86	公式计算
Langmuir 体积 /m³	2.48	2.27	2.16	2.05	1.84	等温吸附实验
Langmuir 压力 /MPa	1.35	1.23	1.17	1.11	0.99	等温吸附实验
体积系数	0.00855	0.00882	0.009	0.00918	0.00945	类比法

　　东南地区金衢盆地二叠系页岩气资源量计算参数中面积计算采用相对面积占有法，结果为 163.20～3574.02km²；厚度计算利用相对面积占有法，结果为 3.11～14.23m；吸附含气量利用等温吸附实验，测得结果为 1.10～28.1m³/t，总含气量计算结果为 1.15～2.42m³/t（表 7-48）。

表 7-48　金衢盆地二叠系页岩气资源量计算参数表

参数	P_5	P_{25}	P_{50}	P_{75}	P_{95}	参数获取及概率估计方法
面积 /km²	3574.02	1568.50	883.82	410.50	163.20	相对面积占有法
厚度 /m	14.23	11.30	8.25	6.32	3.11	相对面积占有法
孔隙度（裂隙）/%	94.00	72.00	56.00	42.00	35.00	离散数据统计法
游离气含气饱和度 /%	58.00	55.00	50.00	45.00	41.00	类比法
游离含气量 /(m³/t)	0.2370	0.1722	0.1217	0.0822	0.0517	
吸附含气量 /(m³/t)	2.18	1.75	1.46	1.32	1.10	等温吸附试验
总含气量 /(m³/t)	2.42	1.92	1.58	1.40	1.15	
Langmuir 体积 /m³	2.25	1.80	1.50	1.35	1.13	离散数据统计法
Langmuir 压力 /MPa	1.02	0.82	0.68	0.61	0.51	离散数据统计法
压缩因子	0.13	0.13	0.13	0.13	0.13	比较计算法
可采系数 /%	20.00	20.00	20.00	20.00	20.00	专家经验法

　　东南地区永梅拗陷童子岩组页岩气资源量计算参数中面积计算采用相对面积占有法，结果为 84.10～1853.67km²；厚度计算利用相对面积占有法，结果为 5.87～24.02m；吸附含气量利用等温吸附实验，测得结果为 0.74～2.03m³/t，总含气量计算结果为 0.74～2.06m³/t（表 7-49）。

表 7-49　永梅拗陷童子岩组页岩气资源量计算参数表

参数	P_5	P_{25}	P_{50}	P_{75}	P_{95}	参数获取及概率估计方法
面积 /km^2	1853.67	1467.93	871.53	300.40	84.10	相对面积占有法
厚度 /m	24.02	18.85	16.32	11.30	5.87	相对面积占有法
孔隙度（裂隙）/%	6.97	5.23	4.04	2.92	1.11	离散数据统计法
游离气含气饱和度 /%	94.00	72.00	56.00	44.00	29.00	类比法
游离含气量 /（m^3/t）	0.0285	0.0163	0.0089	0.0052	0.0014	
吸附含气量 /（m^3/t）	2.03	1.63	1.33	1.11	0.74	等温吸附试验
总含气量 /（m^3/t）	2.06	1.65	1.34	1.12	0.74	
Langmuir 体积 /m^3	2.25	1.80	1.50	1.36	1.13	离散数据统计法
Langmuir 压力 /MPa	1.02	0.82	0.68	0.61	0.51	离散数据统计法
压缩因子	0.13	0.13	0.13	0.13	0.13	比较计算法
可采系数 /%	20.00	20.00	20.00	20.00	20.00	专家经验法

（四）中生代

中生代页岩油气评价单元页岩气资源量计算参数表见表 7-50～表 7-52。

东南地区萍乐拗陷三叠系安源组页岩气资源量计算参数中面积计算采用 TOC 关联法，结果为 960～1906km^2；厚度计算利用 TOC 关联法，结果为 31～51m；吸附含气量和游离含气量利用公式计算方法，总含气量计算结果为 0.64～0.95m^3/t（表 7-50）。

表 7-50　萍乐拗陷三叠系安源组页岩气资源量计算参数表

参数	P_5	P_{25}	P_{50}	P_{75}	P_{95}	参数获取及概率估计方法
面积 /km^2	1906	1570	1384	1216	960	TOC 关联法
厚度 /m	51	44	40	36	31	TOC 关联法
孔隙度（裂隙）/%	2.76	2.42	2.30	2.07	1.73	类比与概率赋值
游离气含气饱和度 /%	65.00	57.50	50.00	45.00	37.50	类比与概率赋值
游离含气量 /（m^3/t）	0.0070	0.0054	0.0045	0.0036	0.0025	公式计算
吸附含气量 /（m^3/t）	0.94	0.87	0.83	0.75	0.63	公式计算
总含气量 /（m^3/t）	0.95	0.87	0.84	0.76	0.64	公式计算
Langmuir 体积 /m^3	2.17	1.98	1.89	1.70	1.42	等温吸附实验
Langmuir 压力 /MPa	1.58	1.44	1.37	1.30	1.16	等温吸附实验
体积系数	0.008448	0.008624	0.0088	0.008976	0.00924	类比法

中扬子地区秭归盆地上三叠统页岩气资源量计算参数中面积为 68～1356km^2；厚度为 10～50m；页岩密度为 2.58t/m^3；总含气量计算结果为 0.59m^3/t（表 7-51）。

表 7-51　秭归盆地上三叠统页岩气资源量数据表

计算参数	P_5	P_{25}	P_{50}	P_{75}	P_{95}
面积 /km²	1356	1070	713	357	68
厚度 /m	50	40	30	20	10
密度 /(t/m³)	2.58	2.58	2.58	2.58	2.58
总含气量 /(m³/t)	0.59	0.59	0.59	0.59	0.59

中扬子地区秭归盆地下侏罗统页岩气资源量计算参数中面积为 47～910km²；厚度为 10～50m；页岩密度为 2.58t/m³；总含气量计算结果为 0.59m³/t（表 7-52）。

表 7-52　秭归盆地下侏罗统页岩气资源量数据表

计算参数	P_5	P_{25}	P_{50}	P_{75}	P_{95}
面积 /km²	910	719	479	240	47
厚度 /m	50	40	30	20	10
密度 /(t/m³)	2.58	2.58	2.58	2.58	2.58
总含气量 /(m³/t)	0.59	0.59	0.59	0.59	0.59

（五）古近系

古近系页岩气评价单元三水盆地布心组页岩气资源量参数中面积计算采用相对面积占有法，结果为 55.9～525km²；厚度计算利用相对面积占有法，结果为 3.04～36.10m；吸附含气量利用等温吸附实验，测得结果为 1.15～2.39m³/t，游离含气量微小，为 0.0014～0.0241m³/t，总含气量计算结果为 1.15～2.41m³/t（表 7-53）。

表 7-53　三水盆地布心组页岩气资源量参数表

参数	P_5	P_{25}	P_{50}	P_{75}	P_{95}	参数获取及概率估计方法
面积 /km²	525	394.2	262.5	131.2	55.9	相对面积占有法
厚度 /m	36.10	30.20	19.70	9.40	3.04	相对面积占有法
孔隙度（裂隙)/%	5.90	4.50	3.10	2.20	1.10	离散数据统计法
游离气含气饱和度 /%	94.00	72.00	56.00	42.00	29.00	类比法
游离含气量 /(m³/t)	0.0241	0.0142	0.0076	0.0041	0.0014	
吸附含气量 /(m³/t)	2.39	1.91	1.59	1.41	1.15	等温吸附试验
总含气量 /(m³/t)	2.41	1.92	1.60	1.41	1.15	
Langmuir 体积 /m³	2.46	1.97	1.64	1.48	1.23	离散数据统计法
Langmuir 压力 /MPa	0.83	0.66	0.55	0.50	0.41	离散数据统计法
压缩因子	0.01	0.01	0.01	0.01	0.01	比较计算法
可采系数 /%	20.00	20.00	20.00	20.00	20.00	专家经验法

古近系页岩油评价单元资源量计算参数赋值情况见表7-54～表7-64。

江汉盆地潜江凹陷潜江组页岩油资源量参数计算结果：有效页岩面积为212～1448km²，厚度为45～192m，密度为2.27t/m³，含油率为0.3744%～0.9599%，可采系数为8.1%（表7-54）。

表 7-54　江汉盆地潜江凹陷潜江组页岩油资源量数据表

参数	P_5	P_{25}	P_{50}	P_{75}	P_{95}
TOC/%	> 0.5	>1	> 1.3	> 1.7	> 2
面积 /km²	1448	1122	793	341	212
厚度 /m	192	145	96	72	45
密度 /(t/m³)	2.27	2.27	2.27	2.27	2.27
含油率 /%	0.3744	0.3744	0.6594	0.6594	0.9599
资源量 /t	23.63	13.83	11.39	3.67	2.08
可采系数 /%	8.1	8.1	8.1	8.1	8.1

江汉盆地潜江凹陷新沟咀组下段页岩油资源量参数计算结果：有效页岩面积为431～1334km²，厚度为25～73m，密度为2.35t/m³，含油率为0.0843%～0.1197%，可采系数为5.724%（表7-55）。

表 7-55　江汉盆地潜江凹陷新沟咀组下段页岩油资源量数据表

参数	P_5	P_{25}	P_{50}	P_{75}	P_{95}
TOC/%	> 0.5	> 0.7	> 0.8	> 0.9	> 1.0
面积 /km²	1334	1034	742	544	431
厚度 /m	73	61	49	37	25
密度 /(t/m³)	2.35	2.35	2.35	2.35	2.35
含油率 /%	0.0843	0.0843	0.0843	0.0843	0.1197
资源量 /t	1.93	1.25	0.72	0.4	0.3
可采系数 /%	5.724	5.724	5.724	5.724	5.724

江汉盆地江陵凹陷新沟咀组下段页岩油资源量参数计算结果：有效页岩面积为535～2563km²，厚度为25～134m，密度为2.35t/m³，含油率为0.0846%～0.1269%，可采系数为5.8275%（表7-56）。

表 7-56　江汉盆地江陵凹陷新沟嘴组下段页岩油资源量数据表

参数	P_5	P_{25}	P_{50}	P_{75}	P_{95}
TOC/%	> 0.5	> 0.7	> 0.8	> 0.9	> 1.0
面积 /km²	2563	2102	1677	1079	535

参数	P_5	P_{25}	P_{50}	P_{75}	P_{95}
厚度 /m	134	107	80	53	25
密度 /(t/m³)	2.35	2.35	2.35	2.35	2.35
含油率 /%	0.0846	0.0846	0.0846	0.0846	0.1269
资源量 /t	6.28	4.47	2.67	1.14	0.4
可采系数 /%	5.8275	5.8275	5.8275	5.8275	5.8275

江汉盆地陈沱口凹陷新沟咀组下段页岩油资源量参数计算结果：有效页岩面积为 $115\sim276km^2$，厚度为 $25\sim55m$，密度为 $2.35t/m^3$，含油率为 $0.0416\%\sim0.0637\%$，可采系数为 5.454%（表 7-57）。

表 7-57 江汉盆地陈沱口凹陷新沟嘴组下段页岩油资源量数据表

参数	P_5	P_{25}	P_{50}	P_{75}	P_{95}
TOC/%	> 0.5	> 0.7	> 0.8	> 0.9	> 1.0
面积 /km²	276	245	217	163	115
厚度 /m	55	48	41	33	25
密度 /(t/m³)	2.35	2.35	2.35	2.35	2.35
含油率 /%	0.0416	0.0416	0.0416	0.0416	0.0637
资源量 /t	0.15	0.12	0.087	0.053	0.043
可采系数 /%	5.454	5.454	5.454	5.454	5.454

江汉盆地小板凹陷新沟咀组下段页岩油资源量参数计算结果：有效页岩面积为 $110\sim446km^2$，厚度为 $25\sim55m$，密度为 $2.35t/m^3$，含油率为 $0.0843\%\sim0.1197\%$，可采系数为 5.355%（表 7-58）。

表 7-58 江汉盆地小板凹陷新沟咀组下段页岩油资源量数据表

参数	P_5	P_{25}	P_{50}	P_{75}	P_{95}
TOC/%	> 0.5	> 0.7	> 0.8	> 0.9	> 1.0
面积 /km²	446	343	244	172	110
厚度 /m	55	48	41	33	25
密度 /(t/m³)	2.35	2.35	2.35	2.35	2.35
含油率 /%	0.0843	0.0843	0.0843	0.0843	0.1197
资源量 /t	0.43	0.28	0.17	0.1	0.068
可采系数 /%	5.355	5.355	5.355	5.355	5.355

江汉盆地沔阳凹陷新沟咀组下段页岩油资源量参数计算结果：有效页岩面积为

76～480km²，厚度为 18～53m，密度为 2.35t/m³，含油率为 0.0303%～0.0993%，可采系数为 5.355%（表 7-59）。

表 7-59   江汉盆地沔阳凹陷新沟咀组下段页岩油资源量数据表

参数	P_5	P_{25}	P_{50}	P_{75}	P_{95}
TOC/%	> 0.5	> 0.7	> 0.8	> 0.9	> 1.0
面积 /km²	480	380	282	191	76
厚度 /m	53	48	41	28	18
密度 /(t/m³)	2.35	2.35	2.35	2.35	2.35
含油率 /%	0.0303	0.0303	0.0303	0.0303	0.0993
资源量 /t	0.18	0.13	0.082	0.038	0.032
可采系数 /%	5.355	5.355	5.355	5.355	5.355

江汉盆地沅江凹陷沅江组下段页岩油资源量参数计算结果：有效页岩面积为 171～1343km²，厚度为 25～100m，密度为 2.27t/m³，含油率为 0.0303%，可采系数为 5.355%（表 7-60）。

表 7-60   江汉盆地沅江凹陷沅江组下段页岩油资源量数据表

参数	P_5	P_{25}	P_{50}	P_{75}	P_{95}
TOC/%	> 0.4	> 0.6	> 0.8	> 1.0	> 1.2
面积 /km²	1343	845	493	309	171
厚度 /m	100	81	63	43	25
密度 /(t/m³)	2.27	2.27	2.27	2.27	2.27
含油率 /%	0.0303	0.0303	0.0303	0.0303	0.0303
资源量 /t	9237.29	4707.72	2136.27	913.89	294.04
可采系数 /%	5.355	5.355	5.355	5.355	5.355

江汉盆地沅江凹陷桃园组组下段页岩油资源量参数计算结果：有效页岩面积为 135～1218km²，厚度为 18～53m，密度为 2.27t/m³，含油率为 0.0303%，可采系数为 5.355%（表 7-61）。

表 7-61   江汉盆地沅江凹陷桃园组上部页岩油资源量数据表

参数	P_5	P_{25}	P_{50}	P_{75}	P_{95}
TOC/%	> 0.4	> 0.5	> 0.6	> 0.7	> 0.8
面积 /km²	1218	831	473	352	135
厚度 /m	53	44	36	26	18
密度 /(t/m³)	2.27	2.27	2.27	2.27	2.27

参数	P_5	P_{25}	P_{50}	P_{75}	P_{95}
含油率 /%	0.0303	0.0303	0.0303	0.0303	0.0303
资源量 /t	4440.09	2514.91	1171.20	629.48	167.14
可采系数 /%	5.355	5.355	5.355	5.355	5.355

苏北盆地参数获取是以实测数据、测井解释数据为基础，结合含油页岩层的 TOC 分布图、R_o 等值线图和厚度等值线图等进行。

含油页岩层有效面积取各含油页岩层厚度 $H > 30m$、$R_o > 0.5\%$、TOC $> 0.5\%$ 的面积。由于高邮凹陷和金湖凹陷 $E_1f_2^{上}$、$E_1f_2^{下}$ 含油页岩层成熟范围差异不大，均小于厚度分布范围，因此，二者含油气页岩层有效面积相同，为 2800km²。含油页岩层厚度是在各含油页岩层有效面积内，依据含油页岩层厚度等值线图，由碾平厚度法求得。密度以钻井岩心样品实测数据为基础，结合测井解释资料综合求取。

高邮凹陷古近系页岩层系页岩油资源量参数中页岩厚度为 41~267m，密度为 2.2t/m³，轻烃补偿系数 $K_{a轻}$ 为 1.1533，氯仿沥青 "A" 为 0.1436%，吸附系数（$K_{吸}$）为 0.115，气油比为 30.45m³/t（表 7-62）。

表 7-62　高邮凹陷古近系页岩层系页岩油资源量参数表

参数	P_5	P_{25}	P_{50}	P_{75}	P_{95}
TOC/%			1.3667		
面积 /km²			2800		
厚度 /m	267	192	143	98	41
密度 /（t/m³）			2.2		
$K_{a轻}$			1.1533		
A/%			0.1436		
$K_{吸}$			0.115		
气油比 GOR/（m³/t）			30.45		

金湖凹陷古近系页岩层系页岩油资源量参数中页岩厚度为 18.5~86.5m，密度为 2.2t/m³，轻烃补偿系数（$K_{a轻}$）为 1.16，氯仿沥青 "A" 为 0.1678%，吸附系数（$K_{吸}$）为 0.11，气油比为 15.9m³/t（表 7-63）。

表 7-63　金湖凹陷古近系页岩层系页岩油资源量参数表

参数	P_5	P_{25}	P_{50}	P_{75}	P_{95}
TOC/%			1.63		
面积 /km²			2880		
厚度 /m	86.5	72.5	52.5	28.5	18.5

参数	P_5	P_{25}	P_{50}	P_{75}	P_{95}
密度 /（t/m³）			2.2		
$K_{a轻}$			1.16		
A/%			0.1678		
$K_{吸}$			0.11		
气油比 GOR/（m³/t）			15.9		

海安凹陷古近系页岩层系页岩油资源量参数中有效页岩面积为750km²，厚度为10.5～139m，密度为2.2t/m³，轻烃补偿系数（$K_{a轻}$）为1.13，氯仿沥青"A"为0.20995%，吸附系数（$K_{吸}$）为0.0975，气油比为17.3m³/t（表7-64）。

表 7-64　海安凹陷古近系页岩层系页岩油资源量参数表

参数	P_5	P_{25}	P_{50}	P_{75}	P_{95}
TOC/%			2.34		
面积 /km²			750		
厚度 /m	139	122	100	32	10.5
密度 /（t/m³）			2.2		
$K_{a轻}$			1.13		
A/%			0.20995		
$K_{吸}$			0.0975		
气油比 GOR/（m³/t）			17.3		

盐城凹陷古近系页岩层系页岩油资源量参数中有效页岩面积为1680km²，厚度为5.5～126.5m，密度为2.2t/m³，轻烃补偿系数（$K_{a轻}$）为1.13，氯仿沥青"A"为0.1847%，吸附系数（$K_{吸}$）为0.1，气油比为17.3m³/t（表7-65）。

表 7-65　盐城凹陷古近系页岩层系页岩油资源量参数表

参数	P_5	P_{25}	P_{50}	P_{75}	P_{95}
TOC/%			1.89		
面积 /km²			1680		
厚度 /m	126.5	115	100	27.5	5.5
密度 /（t/m³）			2.2		
$K_{a轻}$			1.13		
A/%			0.1847		
$K_{吸}$			0.1		
气油比 GOR/（m³/t）			17.3		

第四节 资源潜力评价结果

一、页岩气资源潜力评价结果

经初步估算，研究区页岩气地质资源量为 $28.79 \times 10^{12} \mathrm{m}^3$，其中，中扬子地区为 $13.19 \times 10^{12} \mathrm{m}^3$、湘中—湘东南—湘东北地区为 $2.69 \times 10^{12} \mathrm{m}^3$、下扬子地区为 $11.37 \times 10^{12} \mathrm{m}^3$、东南地区为 $1.53 \times 10^{12} \mathrm{m}^3$。可采资源量为 $5.89 \times 10^{12} \mathrm{m}^3$，其中，中扬子地区为 $2.22 \times 10^{12} \mathrm{m}^3$、湘中—湘东南—湘东北地区为 $0.66 \times 10^{12} \mathrm{m}^3$、下扬子地区为 $2.89 \times 10^{12} \mathrm{m}^3$、东南地区为 $0.12 \times 10^{12} \mathrm{m}^3$。

根据不同评价单元、不同层系等参数，分时代对中下扬子及东南地区页岩油气资源潜力进行评价（表 7-66）。

表 7-66 中下扬子及东南地区各评价单元页岩气估算资源量

地区	地质资源量 $/10^8 \mathrm{m}^3$	可采资源量 $/10^8 \mathrm{m}^3$
中扬子地区	131935.33	22219.93
湘中—湘东南—湘东北	26930.05	6629.94
下扬子地区	113745.15	28852.216
东南地区	15253.33	1209.61
合计	287863.86	58911.696

（一）元古代

震旦纪页岩气地质资源量为 $29748 \times 10^8 \mathrm{m}^3$，可采资源量为 $4462 \times 10^8 \mathrm{m}^3$。其中湘鄂西地区页岩气地质资源量为 $6948 \times 10^8 \mathrm{m}^3$，可采资源量为 $1042 \times 10^8 \mathrm{m}^3$；江汉平原地质资源量为 $12103 \times 10^8 \mathrm{m}^3$，可采资源量为 $1815 \times 10^8 \mathrm{m}^3$；鄂东地区地质资源量为 $10697 \times 10^8 \mathrm{m}^3$，可采资源量为 $1605 \times 10^8 \mathrm{m}^3$（表 7-67）。

表 7-67 震旦纪页岩气资源潜力评价结果

评价单元		层系	地质资源量 $/10^8 \mathrm{m}^3$					可采资源量 $/10^8 \mathrm{m}^3$				
			P_5	P_{25}	P_{50}	P_{75}	P_{95}	P_5	P_{25}	P_{50}	P_{75}	P_{95}
中扬子地区	湘鄂西地区	陡山沱组	21925	16087	6948	669	106	3289	2413	1042	100	16
	江汉平原	陡山沱组	27720	15817	12103	7237	3065	4158	2372	1815	1086	460
	鄂东地区	陡山沱组	8062	6053	10697	13676	6493	1209	908	1605	2051	974
	合计	总计	57707	37957	29748	21582	9664	8656	5693	4462	3237	1450

（二）下古生界

下寒武统、上奥陶统—下志留统页岩气资源潜力评价结果见表 7-68、表 7-69。

表 7-68 中下扬子及东南地区下寒武统页岩气资源潜力评价结果

评价单元		层系	地质资源量 /10⁸m³					可采资源量 /10⁸m³				
			P_5	P_{25}	P_{50}	P_{75}	P_{95}	P_5	P_{25}	P_{50}	P_{75}	P_{95}
下扬子地区	下扬子区块	荷塘组	112481.9	58735.3	30301.02	13704.5	4753.8	33744.57	17620.59	9090.306	4111.35	1426.14
	宣城地区	荷塘组	73635.17	53119.67	39199.16	21879.22	8703.85	14727.03	10623.93	7839.83	4375.84	1740.77
	九江地区	荷塘组	15614.45	9556.3	6640.05	3982.53	1607.47	3122.89	1911.26	1328.01	796.51	321.49
	安庆地区	荷塘组	15440.72	9736.12	6455.17	3859.49	1960.76	3088.14	1947.22	1291.03	771.9	392.15
	苏北地区	幕府山组	16230.86	10137.15	8169.13	5651.79	3561.92	6330.04	3345.26	2695.81	1582.5	783.62
东南地区	修武盆地	王音铺组	4426.81	2505.96	1631.43	978.14	491.77	796.83	463.6	318.13	195.63	100.81
	修武盆地	观音堂组	2560.01	1715.14	1239	567.51	273.58	460.8	317.3	241.61	113.5	56.08
	九瑞盆地	观音堂组	4144.62	2737.76	1546.28	794.09	496.05	746.03	506.49	301.52	158.82	101.69
	九瑞盆地	新开岭组	1004.95	487.36	288.13	175.11	100.46	180.89	90.16	54.74	35.02	20.59
中扬子地区	湘鄂西地区	水井沱组	39220	43274	45621	53059	47273	5883	6491	6843	7959	7091
	江汉平原	水井沱组	41043	21095	13084	5965	473	6156	3164	1963	895	71
	鄂东地区	水井沱组	14270	12282	9727	1548	473	2140	1842	1459	232	71
	麻阳盆地	水井沱组	30588	21994	17541	18875	11463	6806	4894	3903	4200	2551
合计			370660.5	247375.8	181442.4	131039.4	81631.66	84182.22	53216.81	37328.99	25427.07	14727.34

中下扬子及东南地区下寒武统页岩气地质资源量合计为 $18.14424 \times 10^{12} m^3$，可采资源量为 $3.732899 \times 10^{12} m^3$（表 7-68）。

下扬子地区中下扬子区块页岩气地质资源量为 $3.0301 \times 10^{12} m^3$，可采资源量为 $0.9090306 \times 10^{12} m^3$；宣城地区地质资源量为 $3.919916 \times 10^{12} m^3$，可采资源量为 $0.783983 \times 10^{12} m^3$；九江地区地质资源量为 $0.664005 \times 10^{12} m^3$，可采资源量为 $0.132801 \times 10^{12} m^3$；安庆地区地质资源量为 $0.645517 \times 10^{12} m^3$，可采资源量为 $0.129103 \times 10^{12} m^3$；苏北地区地质资源量为 $0.816913 \times 10^{12} m^3$，可采资源量为 $0.269581 \times 10^{12} m^3$。

东南地区修武盆地王音铺组页岩气地质资源量为 $0.163143 \times 10^{12} m^3$，可采资源量为 $318.13 \times 10^8 m^3$；修武盆地观音堂组地质资源量为 $1239 \times 10^8 m^3$，可采资源量为 $241.61 \times 10^8 m^3$；九瑞盆地观音堂组地质资源量为 $1546.28 \times 10^8 m^3$，可采资源量为 $301.52 \times 10^8 m^3$；九瑞盆地新开岭组地质资源量为 $288.13 \times 10^8 m^3$，可采资源量为 $54.74 \times 10^8 m^3$。

中扬子湘鄂西地区页岩气地质资源量为 $45621 \times 10^8 m^3$，可采资源量为 $6843 \times 10^8 m^3$；江汉平原地质资源量为 $13084 \times 10^8 m^3$，可采资源量为 $1963 \times 10^8 m^3$；鄂东地区地质资源量为 $9727 \times 10^8 m^3$，可采资源量为 $1459 \times 10^8 m^3$；麻阳盆地地质资源量为 $17541 \times 10^8 m^3$，可采资源量为 $3903 \times 10^8 m^3$。

中下扬子及东南地区上奥陶统—下志留统页岩气地质资源量合计为 $17493.24 \times 10^8 m^3$，可采资源量为 $4004.95 \times 10^8 m^3$（表 7-69）。

表 7-69　中下扬子及东南地区上奥陶统—下志留统页岩气资源潜力评价结果

评价单元		层系	地质资源量 /$10^8 m^3$					可采资源量 /$10^8 m^3$				
			P_5	P_{25}	P_{50}	P_{75}	P_{95}	P_5	P_{25}	P_{50}	P_{75}	P_{95}
东南地区	修武盆地	新开岭组	747.81	433.87	309.88	135.51	75.99	134.61	80.27	58.88	27.1	15.58
	九瑞盆地	新开岭组	1004.95	487.36	288.13	175.11	100.46	180.89	90.16	54.74	35.02	20.59
下扬子地区	苏北地区	五峰组—高家边组	2465.60	1566.40	1225.23	771.81	391.71	961.58	516.91	404.33	216.11	86.18
中扬子地区	湘鄂西地区	龙马溪组	7052	1028	1160	912	27	1569	229	258	203	6
	江汉平原	龙马溪组	18871	16367	14134	10784	6690	4199	3642	3145	2399	1489
	鄂东地区	龙马溪组	2627	1997	376	254	124	584	444	84	57	28
合计			32768.36	21879.63	17493.24	13032.43	7409.16	7629.08	5002.34	4004.95	2937.23	1645.35

下扬子地区中苏北地区上奥陶统—下志留统页岩气地质资源量为 $1225.23 \times 10^8 m^3$，可采资源量为 $404.33 \times 10^8 m^3$。

东南地区修武盆地新开岭组上奥陶统—下志留统地质资源量为 $309.88 \times 10^8 m^3$，可采资源量为 $58.88 \times 10^8 m^3$；九瑞盆地新开岭组地质资源量为 $288.13 \times 10^8 m^3$，可采资源量为 $54.74 \times 10^8 m^3$。

中扬子地区湘鄂西地区龙马溪组地质资源量为 $1160 \times 10^8 m^3$，可采资源量为 $258 \times 10^8 m^3$；江汉平原龙马溪组地质资源量为 $14134 \times 10^8 m^3$，可采资源量为 $3145 \times 10^8 m^3$；鄂东地区龙马溪组地质资源量为 $376 \times 10^8 m^3$，可采资源量为 $84 \times 10^8 m^3$。

（三）上古生界

泥盆系、石炭系下统、二叠系页岩气资源潜力评价结果见表 7-70～表 7-72。

中扬子地区泥盆系页岩气地质资源量合计为 $10543.25 \times 10^8 m^3$，可采资源量为 $2649.74 \times 10^8 m^3$（表 7-70）。其中，湘中地区棋梓桥组地质资源量为 $4622.06 \times 10^8 m^3$，可采资源量为 $1222.34 \times 10^8 m^3$；佘田桥组地质资源量为 $3616.94 \times 10^8 m^3$，可采资源量为 $956.53 \times 10^8 m^3$。湘东北地区棋梓桥组地质资源量为 $2304.25 \times 10^8 m^3$，可采资源量为 $470.87 \times 10^8 m^3$。

表 7-70 中扬子地区泥盆系页岩气资源潜力评价结果

评价单元	层系	地质资源量 /$10^8 m^3$					可采资源量 /$10^8 m^3$				
		P_5	P_{25}	P_{50}	P_{75}	P_{95}	P_5	P_{25}	P_{50}	P_{75}	P_{95}
湘中地区	棋梓桥组	7638.07	5956.51	4622.06	3222.35	2295.62	2039.60	1587.73	1222.34	852.82	599.34
	佘田桥组	5166.46	4263.81	3616.94	2725.16	2146.04	1379.61	1136.54	956.53	721.23	560.28
湘东北地区	棋梓桥组	4599.34	3652.49	2304.25	1248.51	789.08	919.87	740.50	470.87	249.70	159.81
合计		17403.87	13872.81	10543.25	7196.02	5230.74	4339.08	3464.77	2649.74	1823.75	1319.43

表 7-71 中扬子地区石炭系下统页岩气资源潜力评价结果

评价单元	层系	地质资源量 /$10^8 m^3$					可采资源量 /$10^8 m^3$				
		P_5	P_{25}	P_{50}	P_{75}	P_{95}	P_5	P_{25}	P_{50}	P_{75}	P_{95}
湘中地区	大塘阶测水段	7360.69	5490.44	3908.50	2474.38	1363.07	1965.53	1463.50	1033.63	654.86	355.87
湘东南地区	大塘阶测水段	9885.80	6681.11	4098.99	2369.03	1022.58	2112.51	1406.55	871.49	531.09	218.73
合计		17 246.49	12 171.55	8007.49	4843.41	2385.65	4078.04	2870.05	1905.12	1185.95	574.6

表 7-72 中扬子及东南地区二叠系页岩气资源潜力评价结果

评价单元		层系	地质资源量 /10⁸m³					可采资源量 /10⁸m³				
			P_5	P_{25}	P_{50}	P_{75}	P_{95}	P_5	P_{25}	P_{50}	P_{75}	P_{95}
	湘中地区	大隆组	4449.25	3306.47	2474.03	1670.94	1091.80	1188.09	881.35	654.28	442.23	285.05
	湘中地区	龙潭组	6507.31	4693.94	3187.73	2189.75	1454.55	1737.65	1251.19	843.02	579.53	379.75
	湘东南地区	龙潭组	5746.83	4341.11	2717.55	1596.01	844.77	1228.05	913.92	577.78	357.80	180.70
下扬子地区	下扬子区块	龙潭组	56167.7	26533.7	13917.6	6037.9	1891.1	16850.31	7960.11	4175.28	1811.37	567.33
	宣城地区	龙潭组—大隆组	6506.23	4364.42	2947.94	1686.09	141.27	1301.25	872.88	589.59	337.22	28.25
	九江地区	龙潭组—大隆组	465.96	307.2	209.37	117.3	4.85	93.19	61.44	41.87	23.46	0.97
	安庆地区	龙潭组—大隆组	1530.88	1009.27	687.85	385.39	23.01	306.18	201.85	137.57	77.08	4.6
	南陵地区	龙潭组—大隆组	917.5	588.54	382.8	209.32	16.28	183.5	117.71	76.56	41.86	3.26
	无为地区	龙潭组—大隆组	157.73	103.99	70.87	39.71	3.36	31.55	20.8	14.17	7.94	0.67
	苏北地区	龙潭组—大隆组	8672.3	5005	3538.96	2219.99	1641.27	3382.2	1651.65	1167.86	621.6	361.08
东南地区	萍乐坳陷	乐平组	9666.48	6003.32	4291.55	2955.55	1464.87	966.65	600.33	429.15	295.55	146.49
	萍乐坳陷	小江边组	7989.76	5045.1	2741.27	1821.42	1142.31	798.98	504.51	274.13	182.14	114.23
合计			108777.93	61302.06	37167.52	20929.37	9719.44	28067.6	15037.74	8981.26	4777.78	2072.38

中扬子地区石炭系页岩气地质资源量合计为 $8007.49 \times 10^8 m^3$，可采资源量为 $1905.12 \times 10^8 m^3$（表 7-71）。其中，湘中地区大塘阶测水段地质资源量为 $3908.50 \times 10^8 m^3$，可采资源量为 $1033.63 \times 10^8 m^3$；湘东南地区大塘阶测水段地质资源量为 $4098.99 \times 10^8 m^3$，可采资源量为 $871.49 \times 10^8 m^3$。

中下扬子及东南地区二叠系页岩气地质资源量合计为 $37167.52 \times 10^8 m^3$，可采资源量为 $8981.26 \times 10^8 m^3$（表 7-72）。

中扬子湘中地区大隆组地质资源量为 $2474.03 \times 10^8 m^3$，可采资源量为 $654.28 \times 10^8 m^3$；龙潭组地质资源量为 $3187.73 \times 10^8 m^3$，可采资源量为 $843.02 \times 10^8 m^3$。湘东南地区龙潭组地质资源量为 $2717.55 \times 10^8 m^3$，可采资源量为 $577.78 \times 10^8 m^3$。

下扬子区块龙潭组页岩气地质资源量为 $13917.6 \times 10^8 m^3$，可采资源量为 $4175.28 \times 10^8 m^3$；宣城地区龙潭组—大隆组地质资源量为 $2947.94 \times 10^8 m^3$，可采资源量为 $589.59 \times 10^8 m^3$；九江地区龙潭组—大隆组地质资源量为 $209.37 \times 10^8 m^3$，可采资源量为 $41.87 \times 10^8 m^3$；安庆地区龙潭组—大隆组地质资源量为 $687.85 \times 10^8 m^3$，可采资源量为 $137.57 \times 10^8 m^3$；南陵地区龙潭组—大隆组地质资源量为 $382.8 \times 10^8 m^3$，可采资源量为 $76.56 \times 10^8 m^3$；无为地区龙潭组—大隆组地质资源量为 $70.87 \times 10^8 m^3$，可采资源量为 $14.17 \times 10^8 m^3$；苏北地区龙潭组—大隆组地质资源量为 $3538.96 \times 10^8 m^3$，可采资源量为 $1167.86 \times 10^8 m^3$。

东南地区萍乐拗陷乐平组页岩气地质资源量为 $4291.55 \times 10^8 m^3$，可采资源量为 $429.15 \times 10^8 m^3$；小江边组地质资源量为 $2741.27 \times 10^8 m^3$，可采资源量为 $274.13 \times 10^8 m^3$。

（四）中生代

中扬子及东南地区中生代页岩气资源潜力评价结果见表 7-73，页岩气地质资源总量为 $2452.58 \times 10^8 m^3$；可采资源量为 $293.76 \times 10^8 m^3$。

表 7-73　中扬子及东南地区中生代页岩气资源潜力评价结果

评价单元		层系	地质资源量 /$10^8 m^3$					可采资源量 /$10^8 m^3$				
			P_5	P_{25}	P_{50}	P_{75}	P_{95}	P_5	P_{25}	P_{50}	P_{75}	P_{95}
东南地区	萍乐拗陷	安源组	4414.21	2655.37	1908.25	1302.6	694.82	441.42	265.54	190.83	130.26	69.48
中扬子地区	秭归盆地	上三叠统	1032.05	651.5	325.59	108.68	10.35	195.16	123.20	61.57	20.55	1.96
	秭归盆地	下侏罗统	692.6	437.78	218.74	73.06	7.15	130.97	82.78	41.36	13.82	1.35
合计			6138.86	3744.65	2452.58	1484.34	712.32	767.55	471.52	293.76	164.63	72.79

中扬子地区秭归盆地上三叠统页岩气地质资源量为 $325.59 \times 10^8 m^3$，可采资源量为 $61.57 \times 10^8 m^3$；下侏罗统地质资源量为 $218.74 \times 10^8 m^3$，可采资源量为 $41.36 \times 10^8 m^3$。

东南地区萍乐拗陷安源组页岩气地质资源量为 $1908.25 \times 10^8 m^3$，可采资源量为 $190.83 \times 10^8 m^3$。

（五）古近系

三水盆地古近系页岩气资源潜力评价结果见表 7-74，地质资源量为 $244.19 \times 10^8 m^3$，可采资源量为 $48.84 \times 10^8 m^3$。

表 7-74　三水盆地古近系页岩气资源潜力评价结果

评价单元		层系	地质资源量 /$10^8 m^3$					可采资源量 /$10^8 m^3$				
			P_5	P_{25}	P_{50}	P_{75}	P_{95}	P_5	P_{25}	P_{50}	P_{75}	P_{95}
东南地区	三水盆地	布心组	1809.03	789.84	244.19	45.32	4.48	361.81	157.97	48.84	9.06	0.9
合计			1809.03	789.84	244.19	45.32	4.48	361.81	157.97	48.84	9.06	0.9

二、页岩油资源潜力评价结果

古近系页岩油资源潜力评价结果见表 7-75，中下扬子地区页岩油总地质资源量为 $210491.43 \times 10^4 t$，可采资源量为 $15472.32 \times 10^4 t$。

中扬子地区潜江凹陷潜江组页岩油地质资源量为 $113900 \times 10^4 t$，可采资源量为 $9225.9 \times 10^4 t$；新沟咀组下段地质资源量为 $7200 \times 10^4 t$，可采资源量为 $412.1 \times 10^4 t$。江陵凹陷新沟咀组下段地质资源量为 $26700 \times 10^4 t$，可采资源量为 $1555.9 \times 10^4 t$；陈沱口凹陷新沟咀组下段地质资源量为 $870 \times 10^4 t$，可采资源量为 $47.4 \times 10^4 t$；小板凹陷新沟咀组下段地质资源量为 $1700 \times 10^4 t$，可采资源量为 $91 \times 10^4 t$；沔阳凹陷新沟咀组下段地质资源量为 $820 \times 10^4 t$，可采资源量为 $43.9 \times 10^4 t$；沅江凹陷沅江组下段地质资源量为 $2136.23 \times 10^4 t$，可采资源量为 $114.4 \times 10^4 t$；沅江凹陷桃园组上部地质资源量为 $1171.2 \times 10^4 t$，可采资源量为 $62.72 \times 10^4 t$。

表 7-75　古近系页岩油资源潜力评价结果

评价单元		层系	地质资源量 /$10^4 t$					可采资源量 /$10^4 t$				
			P_5	P_{25}	P_{50}	P_{75}	P_{95}	P_5	P_{25}	P_{50}	P_{75}	P_{95}
中扬子地区	潜江凹陷	潜江组	236300	138300	113900	36700	20800	19140.3	11202.3	9225.9	2972.7	1684.8
		新沟咀组下段	19300	12500	7200	4000	300	1104.7	715.5	412.1	229	171.7
	江陵凹陷	新沟咀组下段	62800	44700	26700	10014	400	3659.7	2604.9	1555.9	664.3	233.1
	陈沱口凹陷	新沟咀组下段	1500	1200	870	530	430	81.8	65.4	47.4	28.9	23.5
	小板凹陷	新沟咀组下段	4300	2800	1700	1000	680	230.3	149.9	91	53.6	36.4
	沔阳凹陷	新沟咀组下段	1800	1300	820	380	320	96.4	69.6	43.9	20.3	17.1

评价单元		层系	地质资源量 /10⁴t					可采资源量 /10⁴t				
			P_5	P_{25}	P_{50}	P_{75}	P_{95}	P_5	P_{25}	P_{50}	P_{75}	P_{95}
中扬子地区	沅江凹陷	沅江组下段	9237.29	4707.72	2136.23	913.89	294.04	494.66	252.1	114.4	48.94	15.75
	沅江凹陷	桃园组上部	4440.09	2514.91	1171.2	629.48	167.14	237.77	134.67	62.72	33.71	8.95
下扬子地区	高邮凹陷	阜四段上段	20472	14370	10827	7283	2707	29204.44	18125.34	758	510	979
	高邮凹陷	阜二段上段	13761	8297	5059	4452	2024	963	581	354	312	142
	金湖凹陷	阜二段上段	4361	3350	2212	1896	1454	305	235	155	133	102
	盐城凹陷	阜二段上段	1985	1751	1459	438	88	P5	123	102	31	6
	海安凹陷	阜二段上段	10702	8516	5754	2762	1496	749	596	403	193	105
	高邮凹陷	阜二段下段	18474	15047	11919	7524	3576	361.81	157.97	834	527	250
	金湖凹陷	阜二段下段	13424	11875	9035	3485	1807	940	831	632	244	126
	盐城凹陷	阜二段下段	6333	5820	5135	1369	445	443	407	359	96	31
	海安凹陷	阜二段下段	5666	4900	4594	3063	398	397	0	322	214	28
合计			434855.38	281948.63	210491.43	86439.37	37386.18	29204.44	18125.34	15472.32	6311.45	3960.3

下扬子地区高邮凹陷阜四段上段页岩油地质资源量为 10827×10^4t，可采资源量为 758×10^4t；阜二段上段地质资源量为 5059×10^4t，可采资源量为 354×10^4t；阜二段下段地质资源量为 11919×10^4t，可采资源量为 834×10^4t。金湖凹陷阜二段上段地质资源量为 2212×10^4t，可采资源量为 155×10^4t；阜二段下段地质资源量为 9035×10^4t，可采资源量为 632×10^4t。盐城凹陷阜二段上段地质资源量为 1459×10^4t，可采资源量为 102×10^4t；阜二段下段地质资源量为 5135×10^4t，可采资源量为 359×10^4t。海安凹陷阜二段上段地质资源量为 5754×10^4t，可采资源量为 403×10^4t；阜二段下段地质资源量为 4594×10^4t，可采资源量为 322×10^4t。

第五节　资源潜力分布特征

资源量评价结果可按照不同的方式进行归类统计，本书按照评价单元、沉积类型、层系、埋深、地表条件，共五种方式进行汇总。

一、评价单元

（一）页岩气

中下扬子及东南地区主要分为中扬子地区、下扬子地区、东南地区、湘中地区四个部分，各地区又划分为对应的评价单元，见表7-76～表7-79。

中扬子地区元古代、下古生界、上古生界、中生代页岩气总地质资源量为 $131935.33 \times 10^8 m^3$，包括湘鄂西地区下震旦统、下寒武统、上奥陶统—下志留统地质资源量 $53729 \times 10^8 m^3$，江汉平原下震旦统、下寒武统、上奥陶统—下志留统地质资源量 $39321 \times 10^8 m^3$，鄂东地区下震旦统、下寒武统、上奥陶统—下志留统地质资源量 $20800 \times 10^8 m^3$，麻阳盆地下寒武统地质资源量 $17541 \times 10^8 m^3$，以及秭归盆地侏罗系、上三叠统地质资源量 $544.33 \times 10^8 m^3$（表7-76）。

表 7-76　中扬子地区按评价单元进行页岩气资源量汇总　　（单位：$10^8 m^3$）

地质单元	层系	P_5	P_{25}	P_{50}	P_{75}	P_{95}
湘鄂西地区	下震旦统、下寒武统、上奥陶统—下志留统	68197	60389	53729	54640	47406
江汉平原	下震旦统、下寒武统、上奥陶统—下志留统	87634	53279	39321	23986	10228
鄂东地区	下震旦统、下寒武统、上奥陶统—下志留统	24959	20332	20800	15478	7090
麻阳盆地	下寒武统	30588	21994	17541	18875	11463
秭归盆地	侏罗系、上三叠统	1724.65	1089.28	544.33	181.74	17.5
合计		213102.7	157083.3	131935.33	113160.7	76204.5

下扬子地区皖南—苏南—浙西、宣城以及苏北等地区在元古代、下古生界、上古生界页岩气总地质资源量为 $113745.15 \times 10^8 m^3$（表7-77）。

表 7-77　下扬子地区按评价单元进行页岩气资源量汇总　　（单位：$10^8 m^3$）

地质单元	层系	P_5	P_{25}	P_{50}	P_{75}	P_{95}
龙潭组	上二叠统	56167.7	26533.7	13917.6	6037.9	1891.1
荷塘组	下寒武统	112481.9	58735.3	30301.02	13704.5	4753.8

续表

地质单元	层系	P_5	P_{25}	P_{50}	P_{75}	P_{95}
苏北地区	下寒武统、上奥陶统—下志留统、上二叠统	27368.76	16708.56	12933.32	8643.59	5594.9
宣城区块	下寒武统、上二叠统	80141.4	57484.09	42147.1	23565.31	8845.12
九江区块	下寒武统、上二叠统	16080.41	9863.5	6849.42	4099.83	1612.32
安庆区块	下寒武统、上二叠统	16971.6	10745.39	7143.02	4244.88	1983.77
南陵区块	上二叠统	917.5	588.54	382.8	209.32	16.28
无为区块	上二叠统	157.73	103.99	70.87	39.71	3.36
合计		310287	180763.07	113745.15	60545.04	24700.65

东南地区下古生界、上古生界、中生代以及古近系页岩气总地质资源量为 15253.33 × $10^8 m^3$，包括萍乐拗陷 8941.07 × $10^8 m^3$，修武盆地 3180.31 × $10^8 m^3$，九瑞盆地 2122.54 × $10^8 m^3$，金衢盆地 373.97 × $10^8 m^3$，永梅盆地 391.25 × $10^8 m^3$，三水盆地 244.19 × $10^8 m^3$（表 7-78）。

表 7-78　东南地区按评价单元进行页岩气资源量汇总　　（单位：$10^8 m^3$）

地质单元	层系	P_5	P_{25}	P_{50}	P_{75}	P_{95}
萍乐拗陷	二叠系、三叠系	22 070.44	13 703.8	8941.07	6079.56	3302
修武盆地	下寒武统、上奥陶统—下志留统	7734.63	4654.97	3180.31	1681.16	841.34
九瑞盆地	下寒武统、上奥陶统—下志留统	6154.52	3712.48	2122.54	1144.31	696.97
金衢盆地	中上二叠统	4387.7	1171.1	373.97	108.3	17.1
永梅拗陷	中晚二叠世	2083.3	934.2	391.25	77.9	7.6
三水盆地	古近纪	1809	789.8	244.19	45.3	4.5
合计		44239.59	24966.35	15253.33	9136.53	4869.51

湘中地区上古生界、中生代页岩气总地质资源量为 26930.06 × $10^8 m^3$，包括涟源凹陷 9859.87 × $10^8 m^3$，邵阳凹陷 9859.87 × $10^8 m^3$，零陵凹陷 2587.11 × $10^8 m^3$，桂耒凹陷 6816.54 × $10^8 m^3$，湘潭凹陷 2304.25 × $10^8 m^3$（表 7-79）。

表 7-79　湘中地区按评价单元进行页岩气资源量汇总　　（单位：$10^8 m^3$）

地质单元		层系	P_5	P_{25}	P_{50}	P_{75}	P_{95}
湘中地区	涟源凹陷	中泥盆统—晚二叠统	16972.24	13225.21	9859.87	6867.81	4853.02
	邵阳凹陷	中泥盆统—晚二叠统	9087.49	6771.35	9859.87	3703.89	2179.33
	零陵凹陷	晚二叠统	5054.66	3681.77	2587.11	1843.92	1330.41
湘东南地区	桂耒凹陷	晚石炭系、晚二叠统	15632.63	11022.23	6816.54	3965.04	1867.35
湘东北地区	湘潭凹陷	中泥盆统	4599.34	3652.49	2304.25	1248.51	789.08
合计			51346.36	38353.04	26930.06	17629.18	11019.18

（二）页岩油

中下扬子及东南地区页岩油评价主要分为中扬子地区、下扬子地区两个部分，各地区又划分为对应的评价单元，见表 7-80、表 7-81。

中扬子地区古近系页岩油总地质资源量为 $15.45 \times 10^8 t$，包括潜江凹陷 $12.11 \times 10^8 t$，江陵凹陷 $2.67 \times 10^8 t$，陈沱口凹陷 $0.087 \times 10^8 t$，小板凹陷 $0.17 \times 10^8 t$，沔阳凹陷 $0.0082 \times 10^8 t$，沅江凹陷 $0.33 \times 10^8 t$（表 7-80）。

表 7-80　中扬子地区按评价单元进行页岩油资源量汇总　　　（单位：$10^8 t$）

地质单元	层系	P_5	P_{25}	P_{50}	P_{75}	P_{95}
潜江凹陷	古近系	25.56	15.08	12.11	4.07	2.38
江陵凹陷	古近系	6.28	4.47	2.67	1.14	0.4
陈沱口凹陷	古近系	0.15	0.12	0.087	0.053	0.043
小板凹陷	古近系	0.43	0.28	0.17	0.1	0.068
沔阳凹陷	古近系	0.18	0.13	0.082	0.038	0.032
沅江凹陷	古近系	1.37	0.72	0.33	0.15	0.046
合计		33.97	20.8	15.45	5.56	2.97

下扬子地区古近系页岩油总地质资源量为 $5.5994 \times 10^8 t$，包括高邮凹陷、金湖凹陷、盐城凹陷和海安凹陷（表 7-81）。

表 7-81　下扬子地区按评价单元进行页岩油资源量汇总　　　（单位：$10^4 t$）

地质单元	层系	P_5	P_{25}	P_{50}	P_{75}	P_{95}
高邮凹陷	$E_1 f_4^{上}$	20472	14370	10827	7283	2707
高邮凹陷	$E_1 f_2^{上}$	13761	8297	5059	4452	2024
金湖凹陷	$E_1 f_2^{上}$	4361	3350	2212	1896	1454
盐城凹陷	$E_1 f_2^{上}$	1985	1751	1459	438	88
海安凹陷	$E_1 f_2^{上}$	10702	8516	5754	2762	1496
高邮凹陷	$E_1 f_2^{下}$	18474	15047	11919	7524	3576
金湖凹陷	$E_1 f_2^{下}$	13424	11875	9035	3485	1807
盐城凹陷	$E_1 f_2^{下}$	6333	5820	5135	1369	445
海安凹陷	$E_1 f_2^{下}$	5666	4900	4594	3063	398
合计		95178	73926	55994	32272	13995

二、沉积类型

1. 页岩气按沉积类型划分

中下扬子及东南地区页岩气资源量按沉积类型大致可划分为海相、海陆过渡相，见表 7-82。

中扬子地区海相页岩气资源量为 $131391 \times 10^8 m^3$，海陆过渡相页岩气资源量为 $544.33 \times 10^8 m^3$；下扬子地区海相页岩气资源量为 $91989.76 \times 10^8 m^3$，海陆过渡相页岩气资源量为 $21755.39 \times 10^8 m^3$；东南地区海相页岩气资源量为 $5302.85 \times 10^8 m^3$，海陆过渡相页岩气资源量为 $9706.29 \times 10^8 m^3$，陆相页岩气资源量为 $244.19 \times 10^8 m^3$；湘中地区海陆过渡相页岩气资源量为 $26930.09 \times 10^8 m^3$。

表 7-82 按沉积类型进行页岩气资源量汇总　　　　（单位：$10^8 m^3$）

地区	沉积类型	P_5	P_{25}	P_{50}	P_{75}	P_{95}
中扬子地区	海相	211378	155994	131391	112979	76187
	陆相＋海陆过渡相	1724.65	1089.28	544.33	181.74	17.5
下扬子地区	海相	235868.7	142850.9	91989.76	49849.34	20979.51
	海陆过渡相	74418.3	37912.12	21755.39	10695.7	3721.14
东南地区	海相	13889.15	8367.45	5302.85	2825.47	1538.31
	海陆过渡相	28541.47	15809.05	9706.29	6265.66	3326.63
	陆相	1809.03	789.84	244.19	45.32	4.48
湘中地区	海陆过渡相	51346.36	38353.04	26930.09	17629.18	11019.18
合计		618975.7	401165.7	287863.9	200471.4	116793.8

2. 页岩油按沉积类型划分

中下扬子地区页岩油资源量按沉积类型均为陆相，页岩油总资源量为 $21.05 \times 10^8 t$，见表 7-83。中扬子地区陆相页岩油总资源量为 $15.45 \times 10^8 t$，下扬子地区陆相页岩油总资源量为 $5.6 \times 10^8 t$。

表 7-83 按沉积类型进行页岩油资源量汇总　　　　（单位：$10^8 t$）

地区	沉积类型	P_5	P_{25}	P_{50}	P_{75}	P_{95}
中扬子地区	陆相	33.97	20.81	15.45	5.55	2.97
下扬子地区	陆相	9.52	7.42	5.6	3.05	1.36
合计		43.49	28.23	21.05	8.60	4.33

三、层系

1. 页岩气按层系划分

中下扬子及东南地区页岩气资源量按层系划分见表 7-84，其中古近系为 $244.19 \times 10^8 m^3$，侏罗系为 $218.74 \times 10^8 m^3$，三叠系为 $2233.84 \times 10^8 m^3$，二叠系为 $37932.74 \times 10^8 m^3$，石炭系为 $8007.49 \times 10^8 m^3$，泥盆系为 $10543.25 \times 10^8 m^3$，奥陶系—志留系为 $17493.24 \times$

$10^8 m^3$，寒武系为 $181442.4 \times 10^8 m^3$，震旦系为 $29748 \times 10^8 m^3$。

表 7-84　按层系进行页岩气资源量汇总　　　　　（单位：$10^8 m^3$）

层系	P_5	P_{25}	P_{50}	P_{75}	P_{95}
古近系	1809.03	789.84	244.19	45.32	4.48
侏罗系	692.6	437.78	218.74	73.06	7.15
三叠系	5446.26	3306.87	2233.84	1411.28	705.17
二叠系	115249	63407.32	37932.74	21115.46	9744.07
石炭系	17246.49	12171.55	8007.49	4843.41	2385.65
泥盆系	17403.87	13872.81	10543.25	7196.02	5230.74
奥陶系—志留系	32768.36	21879.63	17493.24	13032.43	7409.16
寒武系	370660.5	247375.8	181442.4	131039.4	81631.66
震旦系	57707	37957	29748	21582	9664
合计	618983.1	401198.6	287863.9	200338.4	116782.1

2. 岩油按层系划分

中下扬子及东南地区页岩油均分布于古近系（表 7-85）。

表 7-85　按层系进行页岩油资源量汇总　　　　　（单位：$10^8 t$）

层系	P_5	P_{25}	P_{50}	P_{75}	P_{95}
古近系	43.48564	28.22556	21.05014	8.597737	4.333018
合计	43.48564	28.22556	21.05014	8.597737	4.333018

四、埋深

1. 页岩气按埋深划分

中扬子及东南地区页岩气资源量按埋深可分为小于 1500m、1500～3000m、3000～4500m 三个区间，见表 7-86。其中，埋深小于 1500m 的页岩气资源量为 $95379.21 \times 10^8 m^3$，埋深为 1500～3000m 的页岩气资源量为 $133645.8 \times 10^8 m^3$，埋深为 3000～4500m 的页岩气资源量为 $42\,803.16 \times 10^8 m^3$。

表 7-86　按埋深进行页岩气资源量汇总　　　　　（单位：$10^8 m^3$）

埋深 /m	P_5	P_{25}	P_{50}	P_{75}	P_{95}
小于 1500	256751.6	148871.9	95379.21	60487.45	31267.82
1500～3000	237414.6	171125.2	133645.8	100219.6	65098.09
3000～4500	87181.79	57503.28	42803.16	30196.38	17215.24
合计	581348	377500.4	271828.1	190903.5	113581.2

2. 页岩油按埋深划分

与页岩气划分相同，中下扬子及东南地区页岩油资源量按埋深划分为小于 1500m、1500~3000m、3000~4500m 三个区间（表 7-87）。埋深小于 1500m 的页岩油资源量为 $1.3422 \times 10^8 t$，埋深为 1500~3000m 的页岩气资源量为 $22.62163 \times 10^8 t$，埋深为 3000~4500m 的页岩气资源量为 $4.3202 \times 10^8 t$。

表 7-87　按埋深进行页岩油资源量汇总　　　（单位：$10^8 t$）

埋深 /m	P_5	P_{25}	P_{50}	P_{75}	P_{95}
小于 1500	2.4542	1.8073	1.3422	0.8642	0.3772
1500~3000	46.01598	28.35193	22.62163	7.59217	3.58088
3000~4500	7.3251	4.5667	4.3202	1.5304	0.79
合计	55.79528	34.72593	28.28403	9.98677	4.74808

五、地表条件

1. 页岩气按地表条件划分

中下扬子及东南地区按地表条件划分为平原、丘陵、山区和中山，其页岩气资源量分布为平原 $55257.78 \times 10^8 m^3$，丘陵 $146088.8 \times 10^8 m^3$，山区 $85973 \times 10^8 m^3$，中山 $544.33 \times 10^8 m^3$，见表 7-88。

表 7-88　按地表条件进行页岩气资源量汇总　　　（单位：$10^8 m^3$）

地表条件	P_5	P_{25}	P_{50}	P_{75}	P_{95}
平原	143172.8	80660.5	55257.78	34638.68	18493.67
丘陵	348964.7	220803.8	146088.8	86071.98	39534.93
山区	125 121	98 645	85 973	79 446	58 736
中山	1724.65	1089.28	544.33	181.74	17.5
合计	618983.1	401198.6	287863.9	200338.4	116782.1

2. 页岩油按地表条件划分

下扬子及东南地区的页岩油均分布于平原地区（表 7-89）。

表 7-89　按地表条件进行页岩油资源量汇总　　　（单位：$10^8 t$）

地表条件	P_5	P_{25}	P_{50}	P_{75}	P_{95}
平原	55.79518	34.72583	80.02083	9.98677	4.74808
合计	55.79518	34.72583	80.02083	9.98677	4.74808

第八章

页岩气有利区优选

我国对页岩气、页岩油的研究已经大规模地展开，但尚未建立一套健全、完善的页岩气有利区优选体系，本章在大量收集、借鉴国内外研究成果的基础上，针对中下扬子及东南地区构造、沉积、有机地球化学等具体地质情况，根据页岩不同的沉积环境，确定页岩气远景和有利区优选参数指标，根据具体指标划分页岩气远景区、优选页岩气有利区，并利用体积法计算出有利区的地质资源量与可采资源量。

第一节　优选参数及其确定方法

页岩气战略选区的基本原则是依据 TOC、R_o、厚度、埋深、保存条件等条件进行综合考虑。TOC 是页岩气形成的物质基础，也是最重要的优选要素。R_o 是页岩气又一重要评价参数，美国页岩气整体 R_o 较低，基本在 2.5% 以下，而中下扬子地区有机质热演化程度普遍较高，有机质高热演化一方面会导致有机质的吸附能力下降，另一方面，对保存条件提出了更高的要求。页岩有效厚度保证了页岩气的规模聚集，美国页岩气页岩的厚度变化较大，从几米到上百米的都有，本书中页岩厚度的界定将考虑中下扬子地区构造改造强烈的特点。一定程度的埋深是为了强调页岩气能较好地保存，当然保存条件对于页岩气的成藏十分重要，也是选区需要考虑的重要因素。

中下扬子及东南地区沉积地层多样，海相、海陆过渡相、陆相均有分布。前述各项研究资料表明，区内发育的富有机质页岩具有较好的页岩气成藏前景。根据国土资源部油气战略研究中心有关页岩气远景区与有利区优选标准参考指标（表 8-1～表 8-3），结合研究区沉积环境、地层、构造、泥页岩空间分布、页岩地球化学特征及储集特征，并考虑保存条件的优劣，采用多因素叠加、综合地质评价、地质类比等多种方法，进行远景区及有利区优选工作。

远景区选区基础：在区域地质调查的基础上，结合地质、地球化学、地球物理等资

表 8-1 海相页岩气远景区优选参考指标

主要参数	变化范围
TOC	平均不小于 0.5%
R_o	不小于 0.9%（根据具体情况掌握，下同）
埋深 /m	100～4500
地表条件	平原、丘陵、山区、沙漠及高原等
保存条件	有区域性页岩发育、分布，保存条件一般

表 8-2 海相页岩气有利区优选参考指标

主要参数	变化范围
页岩面积下限	有可能在其中发现目标（核心）区的最小面积，在稳定区或改造区都可能分布。根据地表条件及资源分布等多因素考虑，面积下限为 200～500km²
泥页岩厚度	厚度稳定、单层不小于 10m
TOC	1.5%～2.0%，平均不小于 2.0%
R_o	Ⅰ型干酪根不小于 1.2%；Ⅱ型干酪根不小于 0.7%
埋深 /m	300～4500
地表条件	地形高差较小，如平原、丘陵、低山、中山、沙漠等
总含气量	不小于 0.5m³/t
保存条件	中等

表 8-3 陆相、海陆过渡相页岩气有利区优选参考标准

主要参数	变化范围
页岩面积下限	有可能在其中发现目标（核心）区的最小面积，在稳定区或改造区都可能分布。根据地表条件及资源分布等多因素考虑，面积下限为 200～500km²
泥页岩厚度	单层泥页岩厚度不小于 10m；或泥地比大于 60%，单层泥岩厚度大于 5m 且连续厚度不小于 30m
TOC	1.5%～2.0%，平均不小于 2.0%
R_o	Ⅰ型干酪根不小于 1.2%；Ⅱ型干酪根不小于 0.7%；Ⅲ型干酪根不小于 0.5%
埋深 /m	300～4500
地表条件	地形高差较小，如平原、丘陵、低山、中山、沙漠等
总含气量	不小于 0.5m³/t
保存条件	中等

料，从整体出发，了解区域构造、沉积及地层发育背景，查明含有机质泥页岩发育的区域地质条件，初步分析页岩气的形成条件，优选出具备规模性页岩气形成地质条件的潜力区域，对评价区域进行以定性–半定量为主的早期评价。远景区选区方法：在研究区页岩形成的构造–沉积环境背景上，通过 TOC、R_o、储层岩矿特征、保存条件等研究，采用类比、叠加、综合等技术，选择具有页岩气发育条件的区域，即远景区（表 8-1）。

有利区选区基础：主要依据页岩分布情况、地球化学指标、钻井页岩气显示以及少量含气性参数，掌握页岩沉积相特点、构造模式、页岩地球化学指标及储集特征等参数的基础上，依据页岩发育规律、空间分布及含气量等关键参数，经过进一步钻探在远景区内选出能够或可能获得页岩气工业气流的区域。有利区选区方法：基于页岩分布、地球化学特征及含气性等研究，结合保存条件较好的地区，采用多因素叠加、综合地质评价、地质类比等多种方法，开展页岩气有利区优选及资源量评价（表 8-2、表 8-3）。

第二节　页岩气有利区划分

依据前述标准及指导思想，结合具体盆地/地区页岩的分布特征、有机地球化学参数及储层特征，对中下扬子及东南地区的远景区、有利区进行了划分，共划分出远景区 26 个、有利区 12 个（图 8-1）。各自分布数量见表 8-4。

表 8-4　中下扬子及东南地区远景及有利区划分结果

地　区		地层	远景区	有利区
下扬子及东南地区	江西	安源组	2	
	福建	童子岩组	2	
	江西	龙潭组	3	
	苏北	龙潭组	2	2
	苏南—皖南	龙潭组	2	1
中扬子地区	湘中	测水段（C_1d^2）	3	
下扬子地区	苏北	五峰组—高家边组	2	
中扬子地区	湘鄂西—江汉	五峰组—龙马溪组	1	3
下扬子及东南地区	苏北	幕府山组	1	
	江西	王音铺组—观音堂组	2	
	苏南—皖南	荷塘组	2	1
中扬子地区	湘鄂西	水井沱组	2	2
	江汉平原	陡山沱组	2	3
总计			26	12

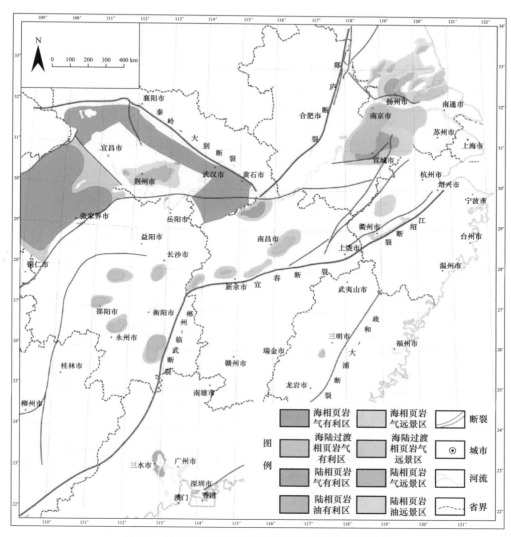

图 8-1　中下扬子及东南地区有利区与远景区分布图

一、中扬子地区

（一）页岩气远景区优选

据中扬子地区页岩气远景区判别标准，陡山沱组页岩是有利页岩气发育层位。通过资料的综合分析统计，陡山沱组页岩有机碳含量（TOC）超过 0.5% 的数据达 95% 以上，有机质类型为 Ⅱ 型，有机质成熟度（R_o）几乎全部达标。综合页岩有机碳含量预测图、有机质成熟度分布图、页岩预测埋深图及地表和保存条件的约束，陡山沱组划分出鄂北—湘鄂西和天门—嘉鱼两个远景区（图 8-2），水井沱组划分鄂北—湘鄂西和监利—嘉鱼两个远景区（图 8-3），五峰组—龙马溪组划分出湘鄂西—江汉平原远景区（图 8-4）。

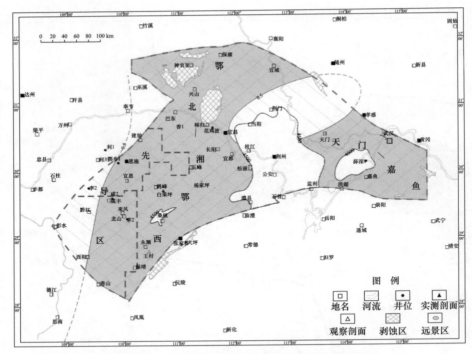

图 8-2 中扬子地区陡山沱组页岩气远景区分布图

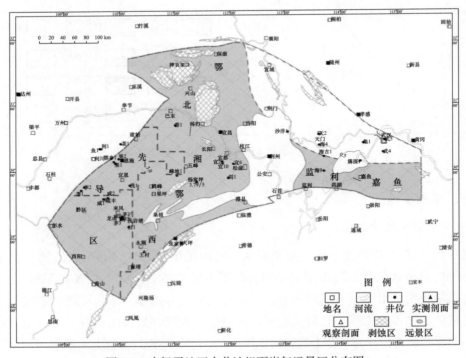

图 8-3 中扬子地区水井沱组页岩气远景区分布图

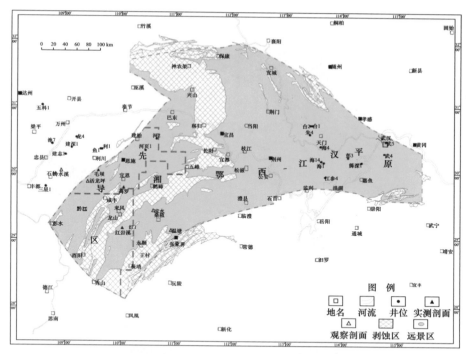

图 8-4　中扬子地区五峰组—龙马溪组页岩气远景区分布图

（二）页岩气有利区优选

依据有利区优选参考的标准，结合各层位的页岩厚度预测图、页岩有机碳含量分布图、有机质成熟度分布图、页岩深度预测分布图、地表和保存条件，中扬子地区陡山沱组页岩气有利区主要分布于保康—巴东、永顺—张家界和鄂东地区（图 8-5），水井沱组页岩气有利区主要分布于鄂西北—湘鄂西地区（图 8-6），五峰组—龙马溪组页岩气有利区主要分布于鹤峰、桑植和保康—武汉地区（图 8-7）。

（三）页岩油有利区优选

（1）潜江凹陷潜江组 TOC 大于 1% 的面积有 1122km²，厚度大于 50m，有机质成熟度 R_o 大于 1.0%，埋深小于 3000m 的页岩油资源量为 $12.04 \times 10^8 t$。

页岩油系统既有单韵律系统，又有复韵律系统和互层型系统，通过老井复查试油，潭 50 井于井深 1482～1485m 进行压裂试油获日产 0.5m³ 少量油流，最高日产 1.04m³；潭 57 斜 –1 井于井深 1833～1835m 常规试油，获日产 0.4～1.9m³ 油流。

（2）江陵凹陷新沟咀组 TOC 大于 1% 的面积为 535km²，厚度大于 25m，有机质成熟度 R_o 大于 0.5%，埋深小于 3000m 的页岩油资源量为 $2.01 \times 10^8 t$。

页岩油系统多为互层型，鄂深 22 井在 3200～3215m 暗色泥岩段气测值大，最大达到 25%，酸压后获得 0.24t/d 少量油流，累积油 6.58t。

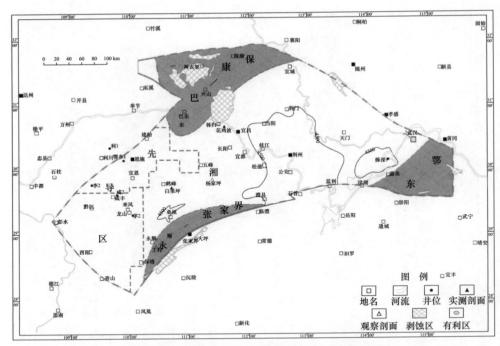

图 8-5　中扬子地区陡山沱组页岩气有利区分布图

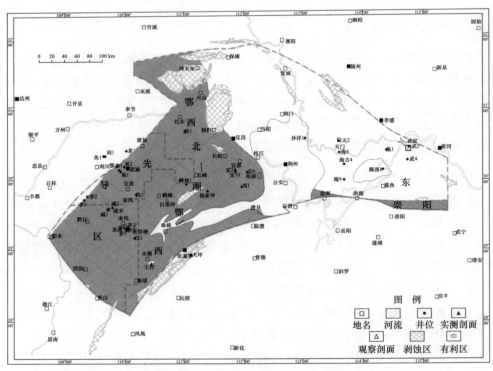

图 8-6　中扬子地区水井沱组页岩气有利区分布图

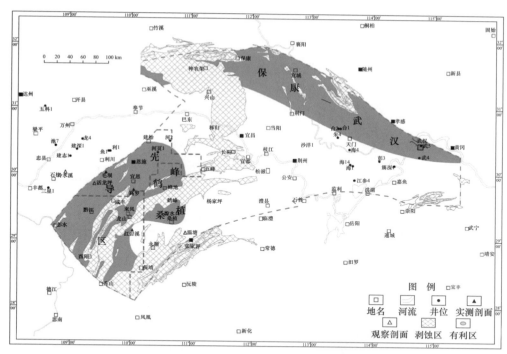

图 8-7　中扬子地区五峰组—龙马溪组页岩气有利区分布图

二、湘中及湘东南地区

（一）远景区优选

对湘中地区，前人及目前的研究工作相对不多，由于基础资料缺乏，根据该地区实际情况，本书的优选评价主要是找出泥页岩发育的有利区。结合泥页岩平面展布及纵向分布，进行地质条件调查并具备地震资料、钻井（含参数浅井）以及实验测试等资料，掌握研究区域泥页岩沉积相特点、构造模式、页岩地球化学指标及储集特征等参数的基础上，依据页岩发育规律、空间分布及含气量等关键参数优选出远景区域。

依据远景区评价标准，按照地质构造单元优选出了三个远景区，分布于涟源凹陷、邵阳凹陷和零陵凹陷，并按照七个页岩目标层系优选出远景区（表 8-5）。

涟源凹陷远景区位于研究区涟源凹陷及其周缘区域，面积约为 $6408km^2$。以台地海盆或台坪相的泥页岩沉积为主，泥页岩层系由深灰色中厚层状泥质灰岩、灰黑色泥灰岩、泥页岩及含碳质泥岩为主构成，且页岩厚度大，有机质丰度较高，Ⅱ型母质类型，处于过成熟阶段，同时具有埋深浅、地表平缓、保存条件较好、交通方便、水资源丰富的优势，是湘中地区页岩气勘探最为有利的远景区。

邵阳凹陷远景区位于邵阳凹陷及其周缘区域，面积约为 $9517km^2$。主要为台地海盆

表 8-5　湘中地区海相页岩气远景区分层参数表

主要层位	地理位置	面积 /km²
大隆组 P_2d	（涟源、邵阳、零陵）凹陷中心大部	5405
龙潭组 P_2l	（涟源、邵阳、零陵）凹陷及其周缘区域	5412
测水段 C_1d^2	（涟源、邵阳、零陵）凹陷及其周缘区域	6556
锡矿山组 D_3x	（涟源、邵阳、零陵）凹陷中心大部	4406
佘田桥组 D_3s	（涟源、邵阳、零陵）凹陷中心大部	4605
棋梓桥组 D_2q	（涟源、邵阳、零陵）凹陷中心大部	4809
跳马涧组 D_2t	（涟源、邵阳、零陵）凹陷中心大部	4852

相沉积，以泥页岩、泥灰岩为主，夹泥晶灰岩或碎屑灰岩，有机质丰度较高，Ⅱ型母质类型，处于过成熟阶段，具有交通方便、水资源丰富的优势。相比涟源凹陷远景区块，邵阳凹陷远景区块页岩层段地层埋深浅，地表较为起伏，剥蚀较为严重，部分地层出露较大，保存条件中等，是湘中地区页岩气勘探较为有利的远景区块。

零陵凹陷远景区位于零陵凹陷及其周缘区域，面积约为 4692km²。位于研究区的南部，整体上七个页岩层段地层均有不同程度发育，有机质丰度较高，Ⅱ型母质类型，处于过成熟阶段，相比于其他两个远景区块，零陵凹陷远景区块地表较为起伏，剥蚀较重，保存条件中等。

（二）有利区优选

湘中及湘东南地区按照地质构造单元优选划分出三个有利区，分布于涟源凹陷、邵阳凹陷和零陵凹陷，并在七套页岩目标层系中均有分布（表 8-6）。

表 8-6　湘中地区海相页岩气有利区分层参数表

主要层位	地理位置	面积 /km²
大隆组 P_2d	（涟源、邵阳、零陵）凹陷中心	4985
龙潭组 P_2l	（涟源、邵阳、零陵）凹陷中心大部	4966
测水段 C_1d^2	（涟源、邵阳、零陵）凹陷中心大部	6225
锡矿山组 D_3x	（涟源、邵阳、零陵）凹陷核心	3862
佘田桥组 D_3s	（涟源、邵阳、零陵）凹陷中心	4085
棋梓桥组 D_2q	（涟源、邵阳、零陵）凹陷中心	4515
跳马涧组 D_2t	（涟源、邵阳、零陵）凹陷中心	4596

涟源凹陷有利区位于研究区北部，面积约为 3040km²。这一地区集中了湘中地区常规钻探工作量 42.2%，地震工作量的 100%。开展过多项专题研究，是湘中地区多个勘探先导项目的传统领地，对于油气地质条件的了解程度、认识深度位居全区之首。以台地海盆或台坪相的泥页岩沉积为主，泥页岩层系由深灰色中厚层状泥质灰岩、灰黑色泥灰岩、泥页岩及含碳质泥岩为主构成。范围上包含涟源凹陷绝大部分区域，长沙以西，娄底市境内，构造上为涟源凹陷，是页岩气资源最为有利区。涟源区块海相页岩七个层段均有较好发育，其中二叠系龙潭组和大隆组、下石炭统大塘阶测水段、上泥盆统佘田桥组以及中泥盆统棋梓桥组页岩气资源量均较大，且页岩累积厚度都远远大于评价标准中泥页岩厚度下限（佘田桥组累计有效页岩厚度最大达到 448m），有机质丰度较高，Ⅱ型母质类型，处于过成熟阶段，同时具有埋深浅、地表平缓、保存条件较好、交通方便、水资源丰富的优势，是湘中地区页岩气勘探最为有利的区块。

邵阳凹陷有利区位于邵阳凹陷中心，邵阳市西南，面积约为 4095km²。主要为台地海盆相沉积，以泥页岩、泥灰岩为主，夹泥晶灰岩或碎屑灰岩，整体上七个层段泥页岩均有不同程度发育，且分布较为广泛，其中二叠系龙潭组和大隆组、下石炭统大塘阶测水段以及中泥盆统棋梓桥组页岩厚度都远远大于评价标准中泥页岩累计厚度下限，有机质丰度较高，Ⅱ型母质类型，处于过成熟阶段，具有交通方便、水资源丰富的优势。相比于涟源凹陷有利区块，邵阳凹陷有利区块页岩层段地层埋深浅，地表较为起伏，剥蚀较为严重，部分地层出露较大，保存条件中等，是湘中地区页岩气勘探较为有利区块。

零陵凹陷有利区位于零陵凹陷东北部，面积约 938km²，七个页岩层段地层均有不同程度发育。

三、苏北盆地

（一）页岩气有利区优选

根据泥页岩发育层位，苏北盆地共优选出两个页岩气有利区：幕府山组有利区和龙潭组有利区。

幕府山组页岩气有利区主要分布于苏北地区中部，以高邮—兴化一带为中心，沉积相主要为深海盆地相，泥页岩有效厚度大于 30m，由西向东厚度增大，有机碳含量较高，TOC 为 1.5%～4.0%，有机质成熟度较高，普遍大于 2.0%，干酪根类型以 Ⅰ 型、Ⅱ₁型为主，页岩顶面最大埋深不超过 4500m（图 8-8）。龙潭组页岩气有利区主要分布于大丰—东台和海安—如皋一带，沉积相以冲积平原相、滨海—沼泽相为主，泥页岩有效厚度大于 30m，由西向东厚度变大，有机碳含量丰富，TOC 为 1.5%～3.93%，有机质成熟度相对较低，R_o 为 0.9%～2.0%，干酪根类型以Ⅱ₁型、Ⅱ₂型为主，页岩顶面最大埋深不超过 4500m（图 8-9）。

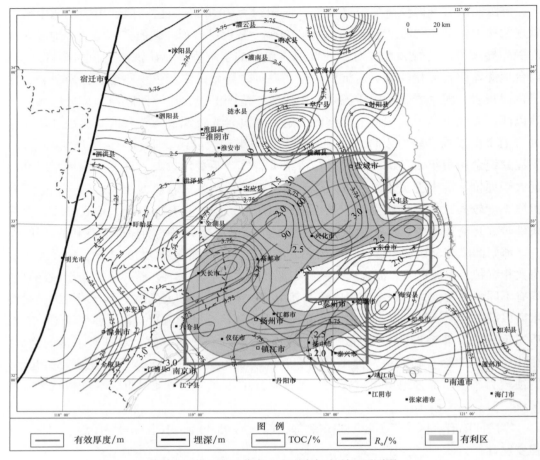

图 8-8　苏北地区幕府山组页岩气有利区预测图

（二）页岩油有利区优选

苏北盆地阜四段上段含油页岩层和阜二段泥页岩厚度大、丰度高、物性相对较好、脆性矿物含量高，更为重要的是其中油气显示丰富，并且已试获原油，是江苏油田页岩油气勘探最为有利的含油页岩层。K_2t^2 下含油页岩层虽然泥页岩丰度较高，但是由于泥页岩厚度太薄，多小于 30m，因此是页岩油气勘探较有利层位。

阜四段上段含油层系、阜二段上段、阜二段下段页岩油的有利区带如图 8-10～图 8-12 所示。

四、苏南—皖南—浙西地区

（一）远景区优选

根据泥页岩发育层位，苏南 – 皖南—浙西地区划分页岩气远景区两个：上二叠统

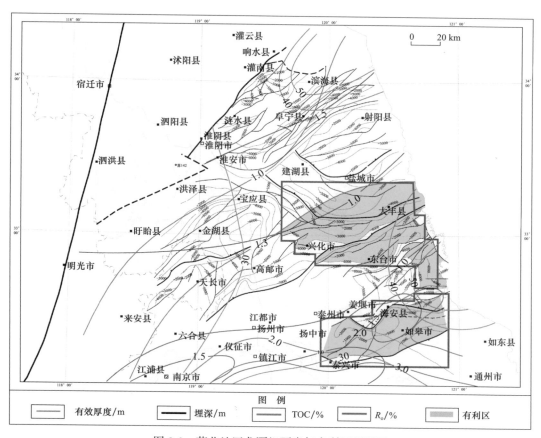

图 8-9 苏北地区龙潭组页岩气有利区预测图

龙潭组和下寒武统荷塘组。上二叠统龙潭组划分苏皖 – 宣城 – 常州页岩气远景区，南至泾县 – 广德断裂以北，北至宁镇山脉，面积约 $2.8 \times 10^4 km^2$（图 8-13）。下寒武统荷塘组优选划分两个远景区，分别是芜湖 – 广德远景区与淳安远景区（图 8-14），宁国以南地区由于抬升较高，荷塘组基本出露地表，R_o 较高，保存条件相对较差，故不作为重点区块。

（二）有利区优选

上二叠统龙潭组优选出泾县 – 溧水页岩气有利区，主要位于远景区的西部（图 8-13），TOC 为 1%～1.5%，R_o 为 0.5%～1.2%，埋藏深度小于 3000m，面积约 7000km²。该区主要包含广德 – 长兴煤山龙潭组沉积中心区，形成于印支运动的台褶下沉期，盆地基底为前震旦系至早三叠系海相沉积地层。在此基底上，拗陷内沉积自下白垩统—新生界厚度达 2000m 的沉积盖层，沉积序列相对完整。二叠纪时期，下扬子地区整体处于滨浅海相环境，高等生物繁荣，发育海陆交互相沉积夹煤系地层，泥页岩发育，同时大量钻井井下二叠统见油气显示。该区域泥页岩厚度最大，是龙潭组的沉积中心区，泥页岩发育。

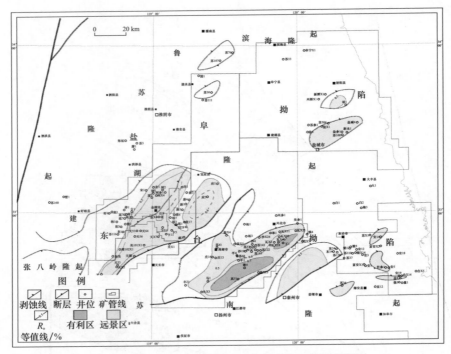

图 8-10　苏北盆地阜四段上段含油页岩有利区预测图

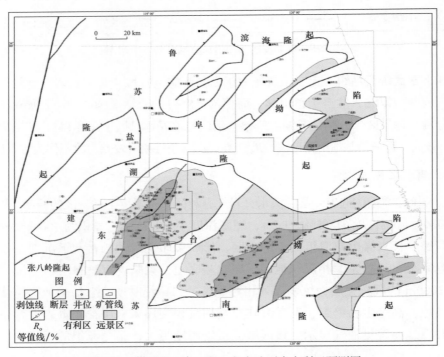

图 8-11　苏北盆地阜二段上段含油页岩有利区预测图

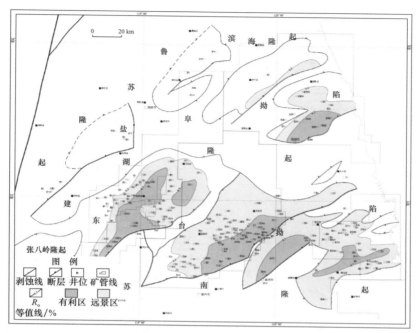

图 8-12　苏北盆地阜四段上段含油页岩有利区预测图

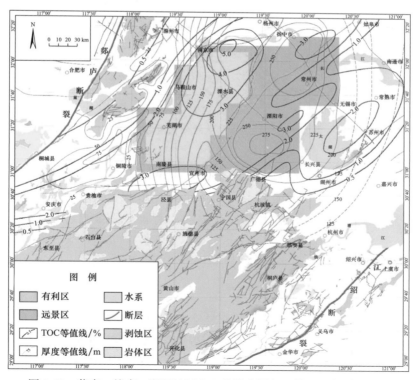

图 8-13　苏南—皖南—浙西地区上二叠统龙潭组远景区及有利区优选

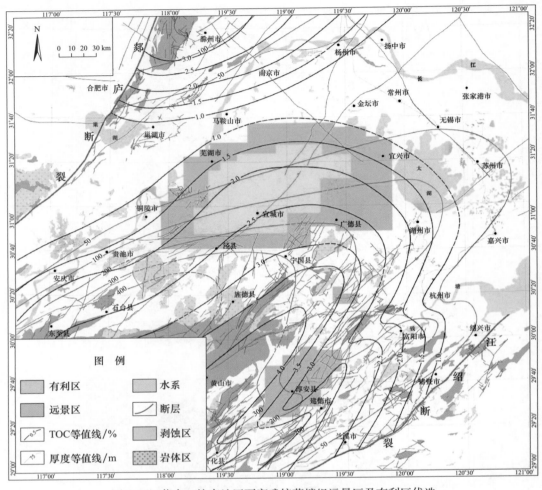

图 8-14　苏南—皖南地区下寒武统荷塘组远景区及有利区优选

　　下寒武统荷塘组有利区是处于芜湖 – 广德远景区内的宣城北有利区（图 8-14）。区内 TOC>2%，R_o<3.5%，干酪根类型为Ⅰ–Ⅱ型，该层位有利因素是有机碳含量较高、有机质类型较好，不利因素是热演化程度相对较高，推测埋藏较深在 3000m。

五、东南地区

（一）远景区优选

　　根据页岩气远景区划分标准，东南地区于萍乐拗陷、永梅拗陷、浙西北和三水盆地均划分多个远景区。萍乐拗陷二叠系优选出 3 个远景区，分别位于萍乡地区、清江地区、鄱阳地区（图 8-15），总面积为 10015km²；三叠系 1 个远景区，位于萍乡地区（图 8-16），面积为 1029km²。永梅拗陷岩浆作用强烈，岩浆岩分布广泛。童子岩组分布

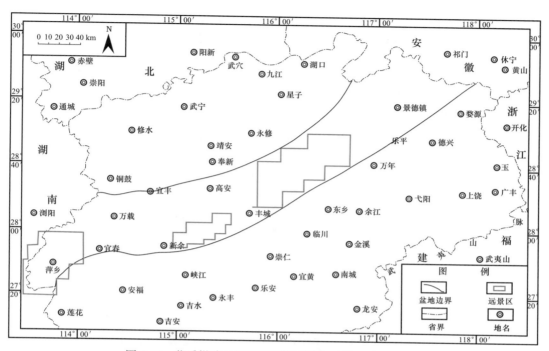

图 8-15 萍乐拗陷二叠系安源组页岩气远景区平面分布图

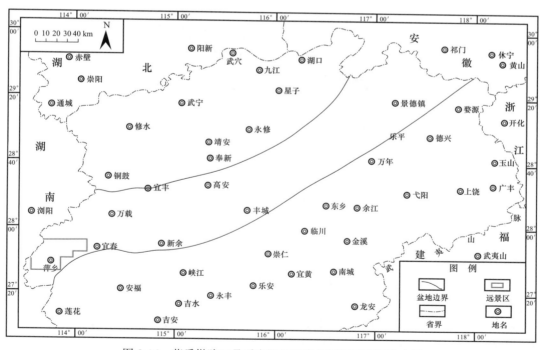

图 8-16 萍乐拗陷三叠系安源组页岩气远景区平面分布图

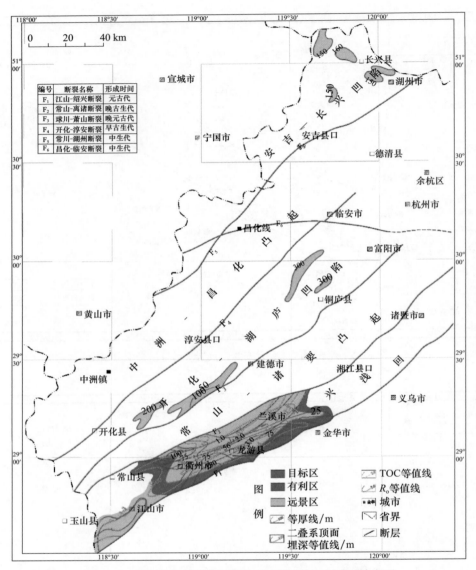

图 8-17　永梅拗陷童子岩组页岩气勘探远景区划平面分布图

零散，埋藏过浅，多出露地表，加之地层热演化程度过高，不利于页岩气的生成。因此仅划分出页岩气勘探远景区，位于为桂山一带和永安—大田一带，面积约 1853.67km² （图 8-17）。浙西北地区二叠系划分 1 个页岩气远景区，位于金衢盆地靠近江绍断裂一侧 （图 8-18），面积约 3574.02km²。三水盆地布心组远景区分布于盆地边缘，位于三水—佛山—顺德一带（图 8-19）。

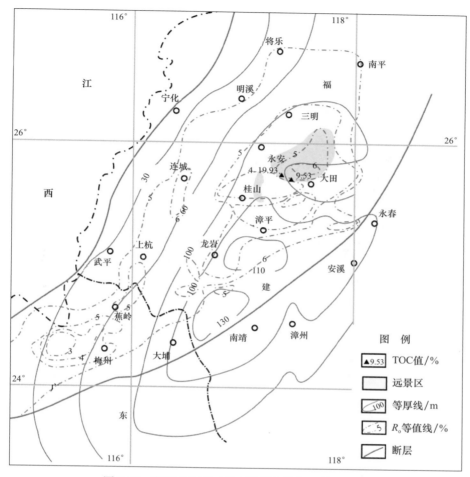

图 8-18　浙西北地区二叠系页岩气勘探远景区划图

（二）有利区优选

　　根据有利区优选标准，赣西北地区、浙西北地区和三水盆地共优选出 8 个页岩气有利区。赣西北地区下古生界优选 2 个页岩气有利区，分别位于修武盆地和九瑞盆地（图 8-20）。浙西北地区二叠系优选出页岩气有利区 1 个，埋深在 500～3500m，有利区面积约 883.82km²。三水盆地布心组页岩气勘探有利区优选出 5 个，分别为水 21 井—水深 8 井地区、水 34 井区、水 54 井—水 48 井地区、南 9 井区和水 17 井—水 38 井地区，埋深为 500～2500m（图 8-19）。

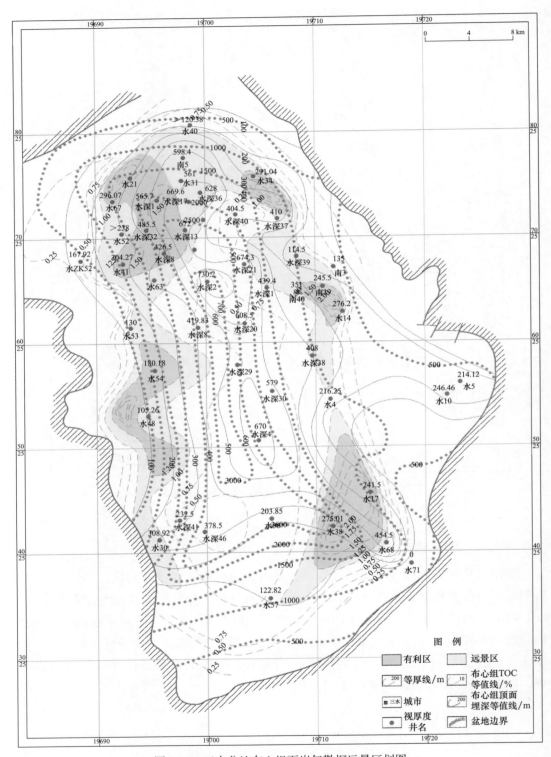

图 8-19 三水盆地布心组页岩气勘探远景区划图

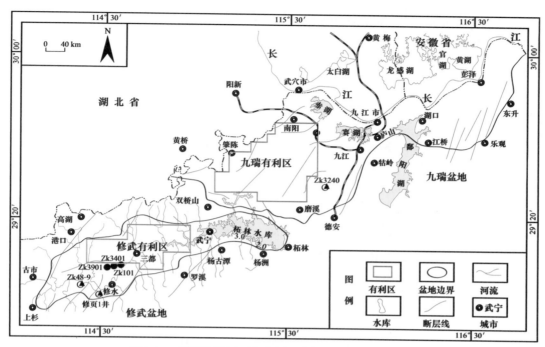

图 8-20 赣西北地区下古生界页岩气有利区平面分布图

第三节 有利区资源潜力估算

页岩油气储量评估的目的是确定形成页岩油气的核心区或"甜点"区，评估结果反映页岩油气藏连续分布的特点。

目前，我国页岩气勘探开发区域主要位于我国南方海相地区。我国海相古生界页岩分布面积广、厚度大，有机质含量与成熟度较高，具备页岩气成藏条件。下古生界海相页岩后期改造强烈，尤其是南方的扬子地块，盆地周缘页岩地层抬升出露，盆地内部页岩遭受断层切割，气体大量散失，保存条件不利。中国目前认为页岩气成藏最有利的南方海相地区，多处于地形复杂的山区。在中下扬子及东南地区页岩气（油）资源有利区评价优选的过程中，主要考虑各项参数指标中的页岩埋深、厚度以及根据 TOC 值的大小所圈定的面积和吸附气量，这是本书选区评价的总体思路。

一、页岩气

（一）中扬子地区

中扬子地区下震旦统、下寒武统和上奥陶统—下志留统三套海相页岩共优选 8 个有利区，运用体积法计算出中扬子地区有利区页岩气地质资源总量为 $22346 \times 10^8 m^3$，可采资源总量为 $3745 \times 10^8 m^3$（表 8-7）。从分布层系看来，上奥陶统—下志留统页岩气资源量最低，下寒武统最高。从地质单元看，尤其以下寒武统湘鄂西有利区资源量为首，其地质资源量为 $6778 \times 10^8 m^3$，可采资源量为 $1017 \times 10^8 m^3$；上奥陶统—下志留统的鹤峰有利区单元资源量最低，可采资源量仅为 $110 \times 10^8 m^3$。

表 8-7　中扬子地区按照地质单元、层系资源潜力评价结果表

层系	有利区名称	地质资源量 /$10^8 m^3$					可采资源量 /$10^8 m^3$				
		P_5	P_{25}	P_{50}	P_{75}	P_{95}	P_5	P_{25}	P_{50}	P_{75}	P_{95}
$Z_1 d$	保康–巴东	3027	2716	2435	2058	1716	454	407	365	309	257
	永顺–张家界	1150	1032	925	782	652	173	155	139	117	98
	鄂东区	2899	2600	2332	1970	1643	435	390	350	296	246
	总计	7076	6347	5692	4810	4011	1061	952	854	721	602
$\epsilon_1 s$	鄂西—湘西	10175	8416	6778	6134	4853	1526	1262	1017	920	728
	麻阳盆地	2861	2366	1938	1724	1364	644	532	436	388	307
	通山	8960	6811	4521	3403	2235	1344	1022	678	510	335
	总计	21996	17593	13237	11261	8453	3514	2816	2131	1818	1370
$O_3 w - S_1 l$	鹤峰	732	623	493	428	336	163	139	110	95	75
	保康–武汉	4343	3698	2924	2544	1995	966	823	651	566	444
	总计	5074	4321	3417	2972	2331	1129	961	760	661	519
总计		34147	28261	22346	19042	14795	5704	4730	3745	3201	2490

（二）下扬子地区

下扬子地区优选出南陵—溧水上二叠统龙潭组、宣城北下寒武统荷塘组两个页岩气有利区。龙潭组有利区地质资源量为 $8922.9 \times 10^8 m^3$，可采资源量为 $2676.9 \times 10^8 m^3$（表 8-8），荷塘组地质资源量为 $16068.7 \times 10^8 m^3$，可采资源量为 $4820.6 \times 10^8 m^3$（表 8-9）。由数据可见，页岩气地质资源量巨大。

表 8-8　南陵—溧水上二叠统龙潭组页岩气有利区资源量表

参数	P_5	P_{25}	P_{50}	P_{75}	P_{95}	参数选取方法
面积 /km^2	8435.3	8435.3	8435.3	8435.3	8435.3	定值
有效厚度 /m	50	50	50	50	50	定值
页岩密度 /（t/m^3）	2.73	2.62	2.58	2.45	2.37	概率赋值
总含气量 /（m^3/t）	1.21	1.02	0.82	0.69	0.55	类比法
地质资源量 /$10^8 m^3$	13932.2	11271.2	8922.9	7129.9	5497.7	体积法
可采资源量 /$10^8 m^3$	4179.6	3381.4	2676.9	2139.0	1649.3	类比法

表 8-9 宣城北有利区下寒武统荷塘组页岩气资源量表

参数	P_5	P_{25}	P_{50}	P_{75}	P_{95}	参数选取方法
面积 /km²	6367.1	6367.1	6367.1	6367.1	6367.1	TOC 关联法
厚度 /m	105	105	105	105	105	概率取值
页岩密度 /(t/m³)	2.58	2.58	2.58	2.58	2.58	类比法
总含气量 /(m³/t)	1.295	1.038	0.9316	0.873	0.84	现场解吸（宣页 1 井）
地质资源量 /10⁸m³	22336.8	17903.9	16068.7	15057.9	14488.7	体积法
可采资源量 /10⁸m³	6701.0	5371.2	4820.6	4517.4	4346.6	类比法

二、页岩油

（一）苏北盆地

苏北盆地有利区内阜四段上段、阜二段上段和阜二段下段三套含油泥页岩层共有页岩油地质资源量 1.635×10^8t，可采资源量 1144.518×10^8t（表 8-10），具有一定的资源潜力。有利区内阜二段地质资源量占绝大部分，共有 1.348×10^8t，占有利区内总量的 82.4%；另外少量阜四段资源量，主要分布在高邮凹陷深凹带，有利区内地质资源量为 0.287×10^8t，占有利区内总量的 17.6%。

表 8-10 苏北地区页岩油有利区资源潜力表

层系	凹陷	面积 / km²	厚度 / km	密度 / (g/cm³)	A/%	$K_{a轻}$	TOC/%	$K_{吸}$	可采系数	地质资源量 /10⁴t	可采资源量 /10⁴t
阜四段上段	高邮	390	0.26	2.2	0.1604	1.14	1.36	0.125	7	2867.916	200.754
阜二段上段	高邮	920	0.08	2.2	0.1407	1.16	1.66	0.09	7	2236.439	156.551
	金湖	710	0.05	2.2	0.2011	1.16	2.03	0.11	7	779.126	54.539
	盐城	440	0.06	2.2	0.2072	1.13	2.03	0.1	7	1808.379	126.587
	海安	160	0.06	2.2	0.2526	1.13	3.15	0.085	7	373.571	26.15
阜二段上段	高邮	920	0.19	2.2	0.1298	1.16	1.08	0.13	7	3910.206	273.714
	金湖	910	0.045	2.2	0.1342	1.16	1.23	0.11	7	1835.313	128.472
	盐城	440	0.18	2.2	0.1622	1.13	1.75	0.1	7	1443.753	101.063
	海安	160	0.15	2.2	0.1673	1.13	1.53	0.11	7	1095.547	76.688

（二）江汉盆地

江汉盆地共划分出了两个页岩油有利区，潜江凹陷潜江组页岩油地质资源量为 11.39×10^8t，可采资源量为 9225.9×10^4t（表 8-11）；江陵凹陷新沟咀组下段页岩油地质资源量为 1.37×10^8t，可采资源量为 798.4×10^4t（表 8-12）。

表 8-11　江汉盆地潜江凹陷潜江组页岩油有利区资源量数据表

参数	P_5	P_{25}	P_{50}	P_{75}	P_{95}
面积 /km²	1302	1122	793	341	212
厚度 /m	192	145	96	72	45
密度 /(t/m³)	2.27	2.27	2.27	2.27	2.27
含油率 /%	0.3744	0.3744	0.6594	0.6594	0.9599
地质资源量 /10⁸t	21.24	13.83	11.39	3.67	2.08
可采系数	0.081	0.081	0.081	0.081	0.081
可采资源量 /10⁴t	17204.4	11202.3	9225.9	2972.7	1684.8

表 8-12　江汉盆地江陵凹陷新沟咀组页岩油有利区资源量数据表

概率条件	P_5	P_{25}	P_{50}	P_{75}	P_{95}
面积 /km²	1185	1022	860	697	535
厚度 /m	134	107	80	53	25
密度 /(t/m³)	2.35	2.35	2.35	2.35	2.35
含油率 /%	0.0846	0.0846	0.0846	0.0846	0.1269
地质资源量 /10⁸t	3.16	2.17	1.37	0.7	0.4
可采系数 /%	0.058275	0.058275	0.058275	0.058275	0.058275
可采资源量 /10⁴t	1841.5	1264.6	798.4	407.9	233.1

第九章

主要认识与建议

第一节　主　要　认　识

（1）中下扬子地区发育三套计 21 个页岩层系，其沉积相类型分别为海相的震旦系的陡山沱组、下寒武统的水井沱组 / 荷塘组 / 幕府山组 / 王音铺组 / 观音堂组、上奥陶统—下志留统的龙马溪组 / 高家边组、中二叠统的孤峰组及上二叠统的龙潭组；海陆过渡相为上二叠统的龙潭组 / 乐平组；陆相为江汉盆地古近系的潜江组、新沟咀组，苏北盆地上白垩统的泰州组二段、古近系的阜二段与阜四段。

研究了富有机质页岩发育的岩相古地理特征，厘定了 10 个研究分区古生界—新生界发育的 21 套富有机质页岩，认为中扬子地区的上震旦统（陡山坨组）—下寒武统（水井沱组）、下扬子地区的下荷塘组 / 幕府山组、中二叠统的孤峰组、上二叠统（龙潭组 / 乐平组）及上二叠统的大隆组是中下扬子地区富有机质页岩发育的重点层位。

中扬子地区以下古生界为主，页岩主要发育于上震旦统系陡山沱组、下寒武统水井沱组、上奥陶统五峰组—下志留统高家边组。新生界暗色泥页岩主要发育于江汉盆地古近系的新沟咀组及潜江组。

湘中—湘东南地区以上古生界为主，页岩主要发育于下石炭统及中上泥盆统和二叠统，即下石炭统岩关阶与大塘阶测水段（C_1y—C_1d^2）、中泥盆统桥梓桥组与上泥盆统佘田桥组（D_2q—D_3s）、上二叠统（P_3l）。主要发育于海侵体系域上部和高水位体系域下部。

下扬子地区富有机质页岩主要发育于下古生界海相及中、新生界陆相地层，即下寒武统荷塘组 / 幕府山组、上奥陶统五峰组—下志留统高家边组和上二叠统龙潭组、大隆组。陆相泥页岩主要分布于江汉盆地及苏北盆地，江汉盆地主要发育在古近系的沙市组上段—新沟咀组下段和潜江组两套地层中；苏北盆地发育于上白垩统泰州组、古近系阜二段及阜四段。

赣西北地区修武盆地及九瑞盆地富有机质页岩主要发育于下寒武统的王音铺组和观

音堂组。萍乐拗陷暗色泥页岩主要发育于上二叠统乐平组。

东南地区发育古生界海相页岩和中、新生界陆相暗色泥页岩。其中，浙西北地区及金衢盆地发育下古生界下寒武统和中、上奥陶统及上二叠统海相富有机质页岩、煤系地层，石煤较发育。永梅拗陷暗色泥页岩层系为下二叠统童子岩组；三水盆地为古近系布心组。

（2）研究了21套富有机质泥页岩的基本地质及地化条件，认为中下扬子地区富有机质页岩具有较好的生气（油）条件。

古生界海相/海陆过渡相富有机质页岩主要分布于中扬子地区的湘鄂西、江汉平原和下扬子下苏南—皖南—浙西地区及湘中涟源、邵阳地区；赣西北、萍乐地区古生界富有机质页岩较发育。海相富有机质页岩层系厚度大，单层厚度为30~50m，埋深一般为1500~3000m。陆相暗色泥页岩主要发育在江汉、苏北等盆地，单层厚度相对较薄，一般为10~20m。

中下扬子及东南地区下古生界富有机质页岩有机质丰富，以Ⅰ型、Ⅱ型为主，热演化程度高，上古生界暗色泥页岩有机质丰富，以Ⅱ型、Ⅲ型为主，中–高热演化程度；新生界陆相暗色泥页岩有机质含量较高，中–低热演化程度。

中扬子地区上震旦统陡山沱组、下古生界水井沱组、五峰组—龙马溪组富有机质页岩有机质成熟度 R_o 值一般为2.0%~5.0%，总体上，各层位均达到过成熟–干气阶段。其中陡山沱组泥页岩有机质热成熟度 R_o 分布范围为2.30%~5.55%，在湘西桑植一带有机质成熟度较高，在江汉平原区有机质成熟度相对较低；水井沱组富有机质页岩有机质成熟度 R_o 分布范围为0.89%~6.28%，在湘西—黔北一带有机质成熟度较高；五峰组—龙马溪组富有机质页岩有机质成熟度 R_o 分布范围为1.35%~7.31%，在鄂西一带有机质成熟度相对较高，普遍已达到过成熟–干气阶段。

下扬子地区下寒武统荷塘组页岩厚度大，TOC含量高，平均值达5.10%，最高可达19%；有机质类型较好，为Ⅰ型干酪根，但有机质热演化程度较高，R_o 普遍大于3.0%，最高可达4.94%；普遍进入过成熟–干气阶段。

上二叠统龙潭组主要为海陆过渡相的（含）煤系沉积，有机质较丰富，TOC值一般为0.5%~18%，有机质类型主要为Ⅱ-Ⅲ型干酪根，与下寒武统荷塘组相比，其热演化程度稍低，R_o 平均值为1.95%。

东南地区小盆地古生界泥页岩TOC为2.5%~8.1%，R_o 较高，高达4%~6%，普遍达到过成熟阶段。

总体上，陡山坨组、水井沱组、荷塘组/幕府山组、二叠系页岩分布范围广，厚度大，有机质丰度较五峰组—高家边组高，是主要的页岩气富集层系。

陆相中、新生界主要位于江汉盆地及苏北盆地，有机质丰度高，但成熟度总体不高，是页岩油富集的主要层系。

（3）对比分析了页岩储层的岩石矿物学特征及孔隙类型，认为中下扬子地区下古生界海相页岩脆性矿物含量高，发育多类型微孔、微裂隙，储集物性良好，上古生界海相、海陆过渡相泥页岩脆性矿物相对偏低，发育原生、次生孔隙，物性较好。

中扬子地区上震旦统陡山沱组富有机质页岩石英含量为23.7%～66.61%，碳酸盐岩平均含量为41.81%～81.86%，黄铁矿平均含量为0.5%～0.82%；水井沱组页岩段石英含量为42.23%～66.79%，碳酸盐岩平均含量为3.25%～79.79%；五峰组—龙马溪组页岩段石英含量为56.12%～67.9%。

中扬子地区陡山沱组页岩孔隙度为0.61%～6%，平均为2.4%，渗透率为0.010×10^{-3}～$1.14 \times 10^{-3} \, \mu m^2$；水井沱组页岩孔隙度为0.80%～3.7%，平均为2.06%，渗透率为0.006×10^{-3}～$1.47 \times 10^{-3} \, \mu m^2$；龙马溪组泥页岩孔隙度为0.47%～25.8%，平均为1.23%，渗透率为0.004×10^{-3}～$1.64 \times 10^{-3} \, \mu m^2$。

下扬子地区下寒武统荷塘组／幕府山组富有机质页岩层段脆性矿物含量较高，一般为50%～60%，发育多种类型储集空间，主要包括残余原生孔隙、有机质生烃收缩孔、黏土矿物伊利石化、溶蚀孔及裂缝。孔隙度为0.5%～1.0%，渗透率为0.01×10^{-3}～$0.1 \times 10^{-3} \, \mu m^2$。上二叠统龙潭组页岩主要矿物含量——脆性矿物含量中等，石英为13.7%～49.3%、钾长石和斜长石为2%～6.8%、方解石为1%～36%。孔渗物性相对较好。

陆相的苏北盆地与江汉盆地岩矿特征基本相似，苏北盆地的泰二段、阜二段、阜四段的石英+长石+黄铁矿含量范围分别为23.3%～37%，黏土矿物含量为45.5%～56%，碳酸盐岩矿物含量为7%～21.3%。页岩储集空间以粒间孔、粒内溶孔、粒间溶孔和胶结物内溶孔及微裂缝为主。

（4）开展了含气性特征研究，普遍具有较好气显示，实测含气量普遍低于$1.0 m^3/t$，等温吸附实验普遍大于$1.5 m^3/t$，含油率为0.2%～0.7%。

中扬子地区共有6口钻井钻遇下古生界，其中5口钻遇下志留统，1口钻遇下寒武统。每口井都有较好的油气显示，湘鄂西地区河2井，528.71～584.01m井段（志留系下统）气水显示层段测试，产水量和产气量分别为$25.58 m^3/d$和$3.0 m^3/d$。下扬子地区的宣页1井也见到多层气显示，现场解吸气含量为0.6～$1.0 m^3/t$。海陆过渡相页岩也显示了较好成气潜力，其中湘中拗陷的湘页1井有气流产出并点火成功。等温吸附实验表明，富有机质页岩的吸附气含量均大于$1.5 m^3/t$。

（5）下扬子地区页岩气（油）资源比较丰富，资源潜力较大。

页岩油地质资源量为$21.05 \times 10^8 t$，可采储量为$1.54 \times 10^8 t$，主要分布在江汉盆地的潜江凹陷与江陵凹陷及苏北盆地的高邮凹陷与金湖凹陷。潜江凹陷页岩油地质资源量为$12.11 \times 10^8 t$，可采资源量为$0.96 \times 10^8 t$；江陵凹陷地质资源量为$2.67 \times 10^8 t$，可采储量为$5.60 \times 10^8 t$，可采资源量为$0.39 \times 10^8 t$。

（6）优选出了有利区、远景区，页岩气有利区主要分布于中扬子湘鄂西、湘中地区，下扬子苏北地区、苏南—皖南地区，萍乐凹陷及赣西北的修武盆地—九瑞盆地也具有较大的潜力；江汉盆地潜江凹陷、江陵凹陷和苏北盆地高邮凹陷、金湖凹陷是页岩油有利区。共优选出页岩气远景区 24 个、有利区 14 个；页岩油有利区 4 个。其中，中扬子地区页岩气远景区 5 个，有利区 8 个；下扬子地区远景区 10 个（包括九瑞盆地），有利区 6 个；湘中地区远景区 3 个；东南地区小盆地远景区 6 个（包括萍乐拗陷）。

第二节　下一步工作建议

（1）现有的常规测试实验主要是针对砂岩储层，不能更好地适用于泥页岩，严重影响实验效果（如地表泥页岩物性测试值偏大），也给更深层次的研究带来一定的难度，建议设立一套针对页岩物性的标准测试方法，有利于今后页岩气的研究工作。

（2）中下扬子及东南地区古生界富有机质泥页岩普遍埋藏深，下古生界富有机质泥页岩成熟度普遍偏高，后期多期构造运动及岩浆活动对页岩气形成、富集及保存等影响大，在今后调查与研究中应予以足够重视，并加强古生界页岩气富集保存条件的研究力度。

（3）泥页岩层系页岩气聚集机理与富集规律比较复杂，以后要加强这个方面的研究工作，尤其关注页岩气非常规气藏保存条件的研究。

针对预测的古生界页岩气有利区，尽快开展页岩气探井的设计并实施钻探，以获取页岩气最直接的第一手资料，并争取早日实现页岩气工业性突破。

主要参考文献

安晓璇，黄文辉，刘思宇，等．2010．页岩气资源分布、开发现状及展望．资源与产业，12（2）：103-109．

陈波，兰正凯．2009．上扬子地区下寒武统页岩气资源潜力．中国石油勘探，3：10-14．

陈波，皮定成．2009．中上扬子地区志留系龙马溪组页岩气资源潜力评价．中国石油勘探，3：15-19．

陈更生，董大忠，王世谦，等．2009．页岩气藏形成机理与富集规律初探．天然气工业，29（5）：17-21．

陈会年，张卫东，谢麟元，等．2010．世界非常规天然气的储量及开采现状．断块油气田，17（4）：439-442．

陈建渝，唐大卿，杨楚鹏．2003．非常规含气系统的研究和勘探进展．地质科技情报，22（4）：55-59．

陈尚斌，朱炎铭，王红岩，等．2010．中国页岩气研究现状与发展趋势．石油学报，31（4）：689-694．

程克明，王世谦，董大忠，等．2009．上扬子区下寒武统筇竹寺组页岩气成藏条件．天然气工业，29（5）：40-44．

褚会丽，檀朝东，宋健．2010．天然气、煤层气、页岩气成藏特征及成藏机理对比．中国石油和化工，9：44-45．

董大忠，程克明，王世谦，等．2009．页岩气资源评价方法及其在四川盆地的应用．天然气工业，29（5）：33-39．

董大忠，程克明，王玉满，等．2010．中国上扬子区下古生界页岩气形成条件及特征．石油与天然气地质，31（3）：288-308．

董清水，王立贤，于文斌，等．2006．油页岩资源评价关键参数及其求取方法．吉林大学学报，36（6）：899-903．

范泊伶，包书景，王毅，等．2008．页岩气成藏条件分析——以美国页岩气盆地为例．石油地质与工程，22（3）：33-36．

冯利娟，朱卫平，刘川庆．2010．煤层气藏与页岩气藏．国外油田工程，26（5）：24-27．

傅国旗，周理．2000．天然气吸附存储实验研究——少量乙烷对活性炭存储能力的影响．天然气化工，25（4）：12-14．

何艳青，等．2010．非常规天然气开采技术．石油科技论坛，3：9-10．

胡文瑞．2008．中国石油非常规油气业务发展与展望．天然气工业，28（7）：5-7．

黄籍中．2009．四川盆地页岩气与煤层气勘探前景分析．岩性油气藏，21（2）：116-120．

黄龙威．2005．东濮凹陷文留中央地垒带泥岩裂缝性油气藏研究．江汉石油学院学报，27（3）：289-292．

姬美兰, 赵旭亚, 岳淑娟, 等. 2002. 裂缝性泥岩油气藏勘探方法. 断块油气田, 9（3）: 19–22.

江怀有, 宋新民, 安晓璇, 等. 2008. 世界页岩气资源勘探开发现状与展望. 大庆石油地质与开发, 27（6）: 10–14.

江怀有, 宋新民, 安晓璇, 等. 2008. 世界页岩气资源与勘探开发技术综述. 天然气技术, 2（6）: 26–30.

姜照勇, 孟江, 祁寒冰, 等. 2006. 泥岩裂缝油气藏形成条件与预测研究. 西部探矿工程, 8: 94–95.

蒋裕强, 董大忠, 漆麟, 等. 2010. 页岩气储层的基本特征及其评价. 地质勘探, 30（10）: 7–12.

赖生华, 刘文碧, 李德发, 等. 1998. 泥质岩裂缝油藏特征及控制裂缝发育的因素. 矿物岩石, 18（2）: 47–51.

李登华, 李建忠, 王社教, 等. 2009. 页岩气藏形成条件分析. 天然气工业, 29（5）: 22–26.

李桂范, 赵鹏大. 2009. 地质异常找矿理论在页岩气勘探中的应用. 天然气工业, 29（12）: 119–124.

李海平, 贾爱林, 何东博, 等. 2010. 中国石油的天然气开发技术进展及展望. 天然气工业, 30（1）: 5–7.

李建华, 曹祖宾. 2007. 世界各国油页岩的组成及综合利用. 辽宁化工, 36（2）: 110–112.

李建忠, 董大忠, 陈更生, 等. 2009. 中国页岩气资源前景与战略地位. 天然气工业, 29（5）: 11–16.

李捷, 王海云. 1996. 松辽盆地古龙凹陷青山口组泥岩异常高压与裂缝的关系. 长春地质学院学报, 26（2）: 138–145.

李捷, 王海云, 张文宾. 1995. 松辽盆地古龙凹陷青山口组泥岩裂缝成因分析. 世界地质, 14（3）: 52–56.

李世臻, 曲英杰. 2010. 美国煤层气和页岩气勘探开发现状及对我国的启示. 中国矿业, 19（12）: 17–21.

李世臻, 乔德武, 冯志刚, 等. 2010. 世界页岩气勘探开发现状及对中国的启示. 地质通报, 29（6）: 918–924.

李新景, 胡素云, 程克明. 2007. 北美裂缝性页岩气勘探开发的启示. 石油勘探与开发, 34（4）: 392–400.

李新景, 吕宗刚, 董大忠, 等. 2009. 北美页岩气资源形成的地质条件. 天然气工业, 29（5）: 27–32.

李玉喜, 聂海宽, 龙鹏宇. 2009. 我国富含有机质泥页岩发育特点与页岩气战略选区. 天然气工业, 29（12）: 115–118.

李志明, 余晓露, 徐二社, 等. 2010. 渤海湾盆地东营凹陷有效泥页岩矿物组成特征及其意义. 石油地质实验, 32（3）: 270–275.

梁狄刚, 陈建平. 2005. 中国南方高、过成熟区海相油源对比问题. 石油勘探与开发, 32（2）: 8–14.

梁狄刚, 郭彤楼, 陈建平, 等. 2008. 中国南方海相生烃成藏研究的若干新进展（一）南方四套区域性海相泥页岩的分布. 海相油气地质, 13（2）: 1–16.

梁狄刚, 郭彤楼, 边立曾, 等. 2009. 中国南方海相生烃成藏研究的若干新进展（三）南方四套区域性海相泥页岩的沉积相及发育的控制因素. 海相油气地质, 14 (2): 1–19.

刘成林, 李景明, 李剑, 等. 2004. 中国天然气资源研究. 西南石油学院学报, 26 (1): 9–12.

刘成林, 葛岩, 范泊江, 等. 2010. 页岩气成藏模式研究. 油气地质与采收率, 17 (5): 1–5.

刘春丽, 张庆宽. 2009. Barnett 页岩对致密地层天然气开发的启示. 国外油田工程, 25 (1): 14–16.

刘洪林, 王莉, 王红岩, 等. 2009. 中国页岩气勘探开发适用技术探讨. 油气井测试, 18 (4): 68–71.

刘洪林, 王红岩, 刘人和, 等. 2010. 中国页岩气资源及其勘探潜力分析. 地质学报, 84 (9): 1374–1377.

刘良刚, 伍媛, 刘启亮, 等. 2010. 成熟指数 MI 值在页岩气预测中的应用. 海洋地质动态, 26 (11): 13–16.

刘树根, 曾祥亮, 黄文明, 等. 2009. 四川盆地页岩气藏和连续型 - 非连续型气藏基本特征. 成都理工大学学报, 36 (6): 578–591.

刘招君, 柳蓉. 2005. 中国油页岩特征及开发利用前景分析. 地学前缘, 12 (3): 315–323.

刘招君, 董清水, 叶松青, 等. 2006. 中国油页岩资源现状. 吉林大学学报, 36 (6): 869–876.

刘招君, 孟庆涛, 柳蓉. 2009. 中国陆相油页岩特征及成因类型. 古地理学报, 11 (1): 105–114.

龙鹏宇, 张金川, 李玉喜, 等. 2009. 重庆及其周缘地区下古生界页岩气资源勘探潜力. 天然气工业, 29 (12): 125–129.

罗跃, 朱炎铭, 陈尚斌. 2010. 四川省兴文县志留系龙马溪组页岩有机质特征. 黑龙江科技学院学报, 20 (1): 32–34.

慕小水, 苑晓荣, 贾贻芳, 等. 2003. 东濮凹陷泥岩裂缝油气藏形成条件及分布特点. 断块油气田, 10 (1): 12–14.

聂海宽, 张金川. 2010. 页岩气藏分布地质规律与特征. 中南大学学报, 41 (2): 700–708.

聂海宽, 唐玄, 边瑞康. 2009. 页岩气成藏控制因素及中国南方页岩气发育有利区预测. 石油学报, 30 (4): 484–491.

聂海宽, 张金川, 张培先, 等. 2009. 福特沃斯盆地 Barnett 页岩气藏特征及启示. 地质科技情报, 28 (2): 87–93.

宁方兴. 2008. 东营凹陷现河庄地区泥岩裂缝油气藏形成机制. 新疆石油天然气, 4 (1): 20–25.

潘继平. 2009. 页岩气开发现状及发展前景——关于促进我国页岩气资源开发的思考. 国际石油经济, 11: 12–15.

潘仁芳, 黄晓松. 2009. 页岩气及国内勘探前景展望. 中国石油勘探, 3: 1–5.

潘仁芳, 伍媛, 宋争. 2009. 页岩气勘探的地球化学指标及测井分析方法初探. 中国石油勘探, 3: 6–9.

潘仁芳, 赵明清, 伍媛. 2010. 页岩气测井技术的应用. 中国科技信息, 7: 16–18.

庞江平, 罗谋兵, 熊弛原, 等. 2010. 志留系页岩气录井解释技术. 石油钻采工艺, 32: 28–31.

蒲泊伶, 蒋有录, 王毅, 等. 2010. 四川盆地下志留统龙马溪组页岩气成藏条件及有利地区分析. 石油学报，31（2）：225-230.

蒲泊伶. 2008. 四川盆地页岩气成藏条件分析. 青岛：中国石油大学硕士学位论文.

钱伯章，朱建芳. 2010. 页岩气开发的现状与前景. 天然气技术，4（2）：11-13.

宋岩. 1990. 美国天然气分布特点及非常规天然气的勘探. 天然气地球科学，1：14-16.

苏朝光，刘传虎，高秋菊. 2002. 泥岩裂缝储层特征参数提取及反演技术的应用. 石油物探，41（3）：339-342.

苏晓捷. 2003. 辽河断陷盆地泥岩裂缝油气藏研究. 特种油气藏，10（5）：29-31.

孙超，朱筱敏，陈菁，等. 2007. 页岩气与深盆气成藏的相似与相关性. 油气地质与采收率，14（1）：26-31.

唐嘉贵，吴月先，赵金洲. 2008. 四川盆地页岩气藏勘探开发与技术探讨. 钻采工艺，31（3）：38-42.

腾格尔，高长林，胡凯，等. 2006. 上扬子东南缘下组合优质泥页岩发育及生烃潜力. 石油地质实验，28（4）：359-365.

王广源，张金川，李晓光，等. 2010. 辽河东部凹陷古近系页岩气聚集条件分析. 西安石油大学学报，25（2）：1-5.

王兰生，邹春燕，郑平，等. 2009. 四川盆地下古生界存在页岩气的地球化学依据. 天然气工业，29（5）：59-62.

王社教，王兰生，黄金亮，等. 2009. 上扬子区志留系页岩气成藏条件. 天然气工业，29（5）：45-50.

王世谦，陈更生，董大忠，等. 2009. 四川盆地下古生界页岩气藏形成条件与勘探前景. 天然气工业，29（5）：51-58.

王祥，刘玉华，张敏，等. 2010. 页岩气形成条件及成藏影响因素研究. 天然气地球科学，21（2）：350-356.

吴月先，钟水清. 2008. 川渝地区页岩气藏勘探新选向研讨. 青海石油，26（3）：7-12.

夏玉强. 2010. Marcellus 页岩气开采的水资源挑战与环境影响. 科技导报，28（18）：103-110.

向立宏. 2008. 济阳凹陷泥岩裂缝主控因素定量分析. 油气地质与采收率，15（5）：31-37.

徐波，郑兆慧，唐玄，等. 2009. 页岩气和根缘气成藏特征及成藏机理对比研究. 江汉石油学院学报，31（1）：26-30.

徐福刚，李琦，康仁华，等. 2003. 沾化拗陷泥岩裂缝油气藏研究. 矿物岩石，23（1）：74-76.

徐建永，武爱俊. 2010. 页岩气发展现状及勘探前景. 特种油气藏，17（5）：1-7.

徐士林，包书景. 2009. 鄂尔多斯盆地三叠系延长组页岩气形成条件及有利发育区预测. 天然气地球科学，20（3）：460-465.

徐文东，华贲，陈进富. 2006. 吸附天然气技术研究进展及发展前景. 天然气工业，26（6）：127-130.

薛会，张金川，刘丽芳，等. 2006. 天然气机理类型及其分布. 地球科学与环境学报，28（2）：53-57.

闫存章，黄玉珍，葛春梅，等. 2009. 页岩气是潜力巨大的非常规天然气资源. 天然气工业，29（5）：1-6.

闫剑飞，余谦，刘伟，等．2010．中上扬子地区下古生界页岩气资源前景分析．沉积与特提斯地质，30（3）：96–102．

杨勤生．2010．滇东下古生界页岩气成藏层位及远景．云南地质，29（1）：1–6．

杨镱婷，唐玄，王成玉，等．2010．重庆地区页岩分布特点及页岩气前景．重庆科技学院学报，12（1）：4–6．

杨振桓，李志明，沈宝剑，等．2009．页岩气成藏条件及我国黔南拗陷页岩气勘探前景浅析．中国石油勘探，3：24–28．

杨振桓，李志明，王果寿，等．2010．北美典型页岩气藏岩石学特征、沉积环境和沉积模式及启示．地质科技情报，29（6）：59–65．

叶军，曾华盛．2008．川西须家河组泥页岩气成藏条件与勘探潜力．天然气工业，28（12）：18–25．

尹克敏，李勇，慈兴华，等．2002．罗家地区沙三段泥质岩裂缝特征研究．断块油气田，9（5）：24–27．

岳炳顺，黄华，陈彬，等．2005．东濮凹陷测井泥页岩评价方法及应用．江汉石油学院学报，27（3）：351–354．

张大伟．2010．加速我国页岩气资源调查和勘探开发战略构想．石油与天然气地质，31（2）：135–150．

张淮浩，陈进富，李兴存，等．2005．天然气中微量组分对吸附剂性能的影响．石油化工，34（7）：656–659．

张金川，金之钧，袁明生．2004．页岩气成藏机理和分布．天然气工业，24（7）：15–18．

张金川，聂海宽，徐波，等．2008．四川盆地页岩气藏地质条件．天然气工业，28（2）：151–156．

张金川，汪宗余，聂海宽，等．2008．页岩气及其勘探研究意义．现代地质，22（4）：640–646．

张金川，徐波，聂海宽，等．2008．中国页岩气资源勘探潜力．天然气工业，28（6）：136–140．

张金川，姜生玲，唐玄，等．2009．我国页岩气富集类型及资源特点．天然气工业，29（12）：109–114．

张金功，袁政文．2002．泥质岩裂缝油气藏的成藏条件及资源潜力．石油与天然气地质，23（4）：336–338．

张抗．2010．在页岩气发展中重视综合勘探开发．当代石油石化，7：6–8．

张林晔，李政，朱日房，等．2008．济阳拗陷古近系存在页岩气资源的可能性．天然气工业，28（12）：26–29．

张林晔，李政，朱日房．2009．页岩气的形成与开发．天然气工业，29（1）：124–128．

张琴，边瑞康，唐颖，等．2010．库车拗陷页岩气聚集条件与勘探前景．大庆石油学院学报，34（6）：13–17．

张雪芬，陆现彩，张林晔，等．2010．页岩气的赋存形式研究及其石油地质意义，25（6）：597–603．

张言，郭振山．2009．页岩气藏开发的专项技术．国外油田工程，25（1）：24–27．

赵群，王红岩，刘人和，等．2008．世界页岩气发展现状及我国勘探前景．天然气技术，2（3）：11–14．

智凤琴，李琦，樊德华，等．2004．沾化凹陷泥岩裂缝油气藏油气运移聚集研究．油气地质与采收率，

11（5）：27–29.

朱华，姜文利，边瑞康，等．2009．页岩气资源评价方法体系及其应用——以川西拗陷为例．天然气工业，29（12）：130–134.

朱炎铭，陈尚斌，方俊华，等．2010．四川地区志留系页岩气成藏的地质背景．煤炭学报，35（7）：1160–1164.

邹才能，董大忠，王社教，等．2010．中国页岩气形成机理、地质特征及资源潜力．石油勘探与开发，37（6）：641–653.

左学敏，时保宏，赵靖舟，等．2010．中国页岩气勘探研究现状．兰州大学学报，46：73–75.

Alexander H, Hans-Martin S. 2010. Applyng classical shale gas evaluation concepts to Germany. Part Ⅰ: The basin and slope deposits of the Stassfurt Carbonate(Ca2, Zechstein, Upper Permian) in Brandenburg. Chemie der Erde, 70 (3):77–91.

Bowker K A. 2002. Recent development of the Barnett Shale play, Fort Worth Basin (extended abs.). Innovative Gas Exploration Concepts, 10(1): 1–16.

Bowker K A. 2003. Recent development of the Barnett Shale play, Fort Worth Basin. West Texas Geological Society Bulletin, 42(6): 1–11.

Chalmers G R L, Bustin R M. 2007.The organic matter distribution and methane capacity of the Lower Cretaceous strata of northeastern British Columbia, Canada. International Journal of Coal Geology, 70(5): 223–239.

Curtis J B. 2002.Fractured shale-gas systems. AAPG Bulletin, 86(11): 1921–1938.

Daniel J K R, Bustin R M. 2008. Characterizing the shale gas resource potential of Devonian–Mississippianstrata in the Western Canada sedimentary basin:Application of an integrated formation evaluation. AAPG Bulletin, 92(1): 87–125.

Daniel J K R, Bustin R M.2007. Impact of mass balance calculations on adsorption capacities in microporous shale gas reservoirs. Fuel, 86(2007): 2696–2706.

Daniel M J, Ronald J H, Richard M. 2005. Pollastro. Assessment of the gas potential and yields from shales: The barnett shale model. Oklahoma Geological Survey Circular, 110: 37–50.

Daniel M J, Ronald J H, Tim E R, et al.2007. Unconventional shale-gas systems: The Mississippian Barnett Shale of north-central Texas as one model for thermogenic shale-gas assessment. AAPG Bulletin, 91(4): 475–499.

David F M. 2007.History of the Newark East field and the Barnett Shale as a gas reservoir. AAPG Bulletin, 91(4): 399–403.

Fara J B, Williams H, Addison G, et al. 2004.Gas potential of selected shale formations in the western Canadian sedimentary basin. Gas TIPS, 10(1): 21–25.

George A D. 1978.A biogenic-chemical stratified lake model for the origin of oil shale of the Green River

Formation: An alternative to the paly-lake model. Geological Society of Amercia Bulletin, 89: 961–971.

Guo N F, Lei Y X.1998. Evaluation of the geologic conditions of Mesozoic hydrocarbons in the lower Yangtze area, southern China. Shiyou Shiyan Dizhi Experimental Petroleum Geology, 20(4): 354–361.

Hill D G. Nelson C R. 2000.Gas productive fractured shales-An overview and update. Gas TIPS, 7(2): 11–16.

Hill R, Jarvie D, Zumberge J, et al. 2007.Oil and gas geochemistry and petroleum systems of the Fort Worth Basin. AAPG Bulletin, 91(4): 445–473.

Jaqueline N, Betania F P, Clenio N P. 2011.Characterization of Brazilian oil shale byproducts planned for use as soil conditioners for food and agro-energy production. Journal of Analytical and Applied Pyrolysis, 90(2011): 112–117.

Martini A M, Walter L M, McIntosh J C. 2003. Identification of microbial and thermogenic gas components from Upper Devonian blackshale cores, Illinois and Michigan basins. AAPG Bulletin, 92(3): 327–339.

Martini A M, Walter L M, Tim C W K, et al. 2003. McIntosh, and Martin Schoell.Microbial productionand modification of gases in sedimentary basins:A geochemical case study from a Devonian shale gas play, Michigan basin. AAPG Bulletin, 87 (8): 1355–1375.

Melissa E S, Zhou Z, Jennifer C M. 2011.Constraining the timing of microbial methane generation in an organic-rich shale using noble gases, Illinois Basin, USA. Chemical Geology, 287: 27–40.

Peter E K D, Matthew D J, Gary J H, et al.2011. Characterization of stratigraphic architecture and its impact on fluid flow in a fluvial-dominated deltaic reservoir analog: Upper Cretaceous Ferron Sandstone Member, Utah. AAPG Bulletin, 95(5): 693–727.

Thomas W, Jörg E. 2011. Chemical and isotope compositions of drilling mud gas from the San Andreas Fault Observatory at Depth (SAFOD) boreholes: Implications on gas migration and the permeability structure of the San Andreas Fault. Chemical Geology, 284: 148–159.